W0246478

Atmosphärische Spurenstoffe und ihr pysikalisch-chemisches Verhalten

Ein Beitrag zur Umweltforschung

Herausgegeben von K. H. Becker und J. Löbel

Springer-Verlag
Berlin Heidelberg New York Tokyo

Prof. Dr. K. H. Becker
Bergische Universität –
Gesamthochschule Wuppertal
Physikalische Chemie/FB 9
Gaußstraße 20
5600 Wuppertal 1

Dr. J. Löbel
VDI-Kommission
Reinhaltung der Luft
Graf-Recke-Straße 84
4000 Düsseldorf 1

CIP-Kurztitelaufnahme der Deutschen Bibliothek
Atmosphärische Spurenstoffe und ihr physikalisch-
chemisches Verhalten: ein Beitrag zur Umweltforschung
hrsg. von K.H. Becker u. J. Löbel
Berlin; Heidelberg; NewYork; Tokyo: Springer 1985
NE: Karl H. (Hrsg.)

ISBN 3-540-15503-1 Springer-Verlag Berlin Heidelberg New York Tokyo
ISBN 0-387-15503-1 Springer-Verlag New York Heidelberg Berlin Tokyo

Druck: Color-Druck, G. Baucke, Berlin; Bindearbeiten: Lüderitz & Bauer, Berlin
2154/3020-543210

Vorwort

Wegen der in Mitteleuropa beobachteten Waldschäden, für die vor allem die Luftverschmutzung verantwortlich gemacht wird, hat sich das Interesse am physikalisch-chemischen Verhalten von Spurenstoffen in der Atmosphäre erheblich verstärkt. Häufig fehlt jedoch selbst bei Umweltexperten das notwendige Grundwissen über die wichtigsten physikalisch-chemischen Zusammenhänge der Umwandlung und Ausbreitung von atmosphärischen Spurenstoffen. Dieses Grundwissen ist für eine objektive Diskussion und Bewertung der Wirkungen von primären und sekundären Luftschadstoffen auf die menschliche Gesundheit, Ökosysteme etc. unerläßlich.

Zur Vermittlung solcher Kenntnisse über die Grundlagen und experimentellen Methoden der Luftchemie entstand dieses Buch zunächst als Materialiensammlung für ein Fortbildungsseminar im Rahmen des VDI-Bildungswerkes. Das Seminar hat bisher dreimal mit reger Beteiligung aus Industrie, Wissenschaft und Behörden stattgefunden. In dem jetzt vorliegenden Buch haben zwölf Autoren, jeder als Experte auf Teilgebieten der Luftchemie, aus ihrer jeweiligen Sicht einen Beitrag zum Thema »Atmosphärische Spurenstoffe und ihr physikalisch-chemisches Verhalten« zur Verfügung gestellt. Dabei wurden neueste Forschungsergebnisse berücksichtigt sowie Wert auf die didaktischen Erfordernisse bei der Abhandlung des Stoffes gelegt. Das Buch wendet sich an Naturwissenschaftler, Ingenieure und andere Fachleute, die auf dem Gebiet der Luftreinhaltung und für den allgemeinen Umweltschutz tätig sind. Daneben sollen auch Hochschullehrer und Studenten angesprochen werden, die in ihren Studiengängen je nach Schwerpunkt Inhalte der Luftchemie berücksichtigen müssen.

Ein besonderes Anliegen wird darin gesehen, die physikalisch-chemischen Zusammenhänge ebenfalls für Nichtspezialisten verständlich darzulegen. In diesem Sinne ist das Buch allerdings kein umfassendes, nach einheitlichem Muster angefertigtes Lehrbuch.

Die Verfasser hoffen, daß sie mit ihren Beiträgen die Versachlichung der Diskussion über Ursachen und ökologische Folgen der Luftverschmutzung unterstützen, ihr Buch stellt damit »Einen Beitrag zu Umweltfragen« dar.

Dem Springer-Verlag sei vielmals für die förderliche Zusammenarbeit beim Zustandekommen des Buches gedankt.

Karl H. Becker
Jürgen Löbel

Autorenverzeichnis

Becker, Prof. Dr. K. H.
  Bergische Universität –
  Gesamthochschule Wuppertal
  Physikalische Chemie/FB 9
  Gaußstraße 20
  5600 Wuppertal 1
  Tel. (0202) 439-2666

Ehhalt, Prof. Dr. D. H.
  KFA Jülich – Institut für Chemie 3
  Postfach 1913
  5170 Jülich
  Tel. (02461) 614692

Georgii, Prof. Dr. H.-W.
  Institut für Meteorologie und Geophysik
  der Universität Frankfurt
  Feldbergstraße 47
  6000 Frankfurt/Main
  Tel. (069) 7982375

Herbert, Prof. Dr. F.
  Universität Frankfurt
  Institut für Meteorologie und Geophysik
  Feldbergstraße 47
  6000 Frankfurt/Main
  Tel. (069) 7982477

Klockow, Prof. Dr. D.
  Universität Dortmund
  Abt. Anorg. Chemie
  Postfach 500500
  4600 Dortmund 50
  Tel. (0231) 755-3787

Kramm, Dr. G.
  Universität Frankfurt
  Institut für Meteorologie und Geophysik
  Feldbergstraße 47
  6000 Frankfurt/Main
  Tel. (069) 7982796

Löbel, Dr. J.
  VDI-Kommission
  Reinhaltung der Luft
  Graf-Recke-Straße 84
  4000 Düsseldorf 1
  Tel. (0211) 6214-255

Nießner, Dr. R.
  Universität Dortmund
  Abt. Anorg. Chemie
  Postfach 500500
  4600 Dortmund 50
  Tel. (0231) 755-3787

Röth, Dr. Ernst-Peter
  Universität Essen – GHS
  FB 8 - Phys. und Theoret. Chemie
  Universitätsstraße 5
  4300 Essen
  Tel. (0201) 183 3055

Schurath, Prof. Dr. U.
  Universität Bonn
  Institut für Physikalische Chemie
  Wegeler Straße 12
  5300 Bonn
  Tel. (0228) 732507

Spurny, Prof. Dr. K.
  Fraunhofer-Institut für Toxikologie
  und Aerosolforschung
  5948 Schmallenberg-Grafschaft
  Tel. (02972) 494

Stuhl, Prof. Dr. F.
  Ruhr-Universität
  Physikalische Chemie I
  Postfach 102148
  4630 Bochum 1
  Tel. (0234) 700 6713

Inhaltsverzeichnis

Emission von Spurenstoffen

J. Löbel

Luftchemische Umwandlungen von Spurenstoffen finden während ihres ganzen Weges durch die Atmosphäre statt. Die Luftchemie wäre also wie folgt in die in der Luftreinhaltung übliche Kausalkette einzuordnen:

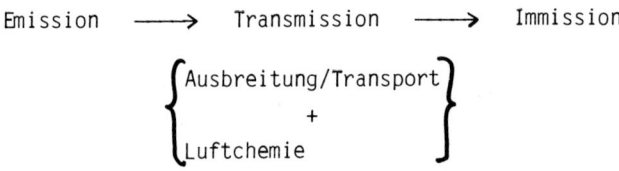

Folgerichtig gehören auch die Vorgänge, die kurz mit feuchter oder nasser Deposition (engl. "wet deposition") bezeichnet werden, zur Luftchemie, während die trockene Deposition ("dry deposition") eher der Immission bzw. der Grenzschicht-meteorologie zuzuordnen ist. Die Umwandlungsprozesse, die in Wolken, Regen und Nebel ablaufen, sind demnach ebenfalls Gegenstand der luftchemischen Untersuchungen.

Die Transmission beginnt an der Austrittsöffnung für die Emissionen (Schornstein, Auspuff, Lecks usw.) und endet an der einige mm dünnen laminaren Luftschicht über der Oberfläche eines Rezeptors (Mensch, Tiere, Pflanzen, Böden, Ökosysteme und Materialien).

Vergegenwärtigt man sich die Kausalkette Emission - Transmission - Immission - Wirkung, so folgt, daß sich die Untersuchung luftchemischer Vorgänge an der Menge und der Bedeutung der Emissionen orientieren muß. Der Luftchemiker erhofft sich hierzu eine Auflistung aller chemischen Verbindungen, die aus den einzelnen Quellen in einem Gebiet emittiert werden. Da luftchemische Reaktionen häufig von der Sonnenstrahlung oder von der relativen Feuchte abhängig sind, sollten die emittierten Massenflüsse idealerweise nach den meteorologischen Bedingungen differenziert werden, z.B. nach Jahres- und Tageszeit. Darüber hinaus müssen die Geschwindigkeitskonstanten und die Reaktionsprodukte der einzelnen Reaktionen mit den übrigen Luftbestandteilen bekannt sein.

Die einzelnen emittierten Stoffe sind also nicht nur nach ihrer direkten Wirkung, sondern auch nach der Geschwindigkeit ihrer Umwandlung und nach der Art der entstehenden Reaktionsprodukte zu bewerten.

Die Wirkung eines Stoffes wird häufig durch Vergleich seiner Istkonzentration c an einem Ort x', y', z' zur Zeit t' mit einem vorgegebenen Grenzwert festgestellt. Die Istkonzentration c (x', y', z', t') muß aus dem Emissionsmassenstrom E am Ort x, y, z zur Zeit t mit Hilfe der Transmissionsfunktion T ermittelt werden:

$$c \ (x', \ y', \ z', \ t') = T \ (E \ (x, \ y, \ z, \ t))$$

Diese Transmissionsfunktion transferiert ein Luftelement durch bestimmte atmosphärische Transportvorgänge von (x, y, z, t) nach (x', y', z', t') und beschreibt gleichzeitig die stattfindenden chemisch-physikalischen Umwandlungen des betrachteten Stoffes:

$$T = T \left((x, \ y, \ z, \ t) \quad \longrightarrow \quad (x', \ y', \ z', \ t'); \ \sum R_i\right)$$

Zur Bestimmung von c mit Hilfe von T und E ist im allgemeinen Fall ein umfangreiches System von gekoppelten Differentialgleichungen zu lösen.

Dieser komplizierten Zusammenhänge sollte man sich erinnern, wenn man quantitative Angaben der Emissionen eines Stoffes hinsichtlich der luftchemischen und wirkungsmäßigen Relevanz bewertet. Unter Berücksichtigung dieser Gedanken soll nun eine Übersicht über die emittierten Mengen einiger Verbindungen und Stoffklassen folgen.

Die Daten in den Tabellen wurden durch Auswertung der in Bundesländern der Bundesrepublik Deutschland vorliegenden Emissionskataster gewonnen. Beim Vergleich der Emissionen in verschiedenen Belastungsgebieten muß beachtet werden, daß in den einzelnen Gebieten verschiedene Erhebungs- und Meßmethoden angewendet und die Daten mit Zeitunterschieden von einigen Jahren ermittelt worden sind.

Tabelle 1 enthält die jährlichen Emissionen der wichtigsten Verbindungen oder Stoffklassen, von denen jede eine gewisse luftchemische Bedeutung hat.

Gebiet (jährliche Emissionen in t/a)

Stoff	Duisburg, Oberhausen, Mülheim, Moers, Voerde u.a.	Düsseldorf, Neuss, Dormagen, Ratingen u.a.	Köln, Leverkusen, Dormagen, Brühl, Hürth, Wesseling u.a.
CO	1618341	109284	184007
SO_2	210383	34563	119597
NO_x (als NO_2)	91115	34730	71132
CS_2			6
H_2S	388	5	77
HCl	4169	2287	1465
HF	709	71	118
NH_3	1002	86	902
Staub	201387	6528	15569
Organische Gase	172081	12846	45680
davon:			
Organische Gase aus Kfz-Verkehr	9054	6370	10388
Aromaten	1927	9496	2351
Halogenkohlenwasserstoffe	1979	1431	2735
Einwohner (Mio)	1,284	1,018	1,551
Fläche (km^2)	778	619	980

Tabelle 1: Emissionen in Belastungsgebieten in der Bundesrepublik Deutschland

4

Gebiet (jährliche Emissionen in t/a)

Stoff	Ludwigshafen, Frankenthal	Dortmund, Lünen, Castrop-Rauxel, Herdecke u.a.	Essen, Bottrop, Gelsenkirchen, Bochum, Herne u.a.
CO	67374	510505	501320
SO_2	34356	126343	311894
NO_x (als NO_2)	26970	95610	157490
CS_2			7
H_2S		602	426
HCl		29	1491
HF	91	4	101
NH_3	1974	1991	739
Staub	10852	22683	36242
Organische Gase	15612	19385	52362
davon:			
Organische Gase aus Kfz-Verkehr	2132	10159	13661
Halogenkohlen- wasserstoffe	1924	471	3337
Aromaten	491	1319	5546
Einwohner (Mio)	0,212	1,171	2,407
Fläche (km^2)	116	791	1245

Tabelle 1: Fortsetzung

Gebiet (jährliche Emissionen in t/a)

Stoff	Wiesbaden, Ginsheim	Mainz, Budenheim	Wetzlar, Asslar
CO	38610	34245	9346
SO_2	8807	18194	1171
NO_x (als NO_2)	6444	12004	1253
CS_2	4474		
H_2S	864	2	24
HCl	73		
HF	16	133	
Staub	2716	4204	2737
Organische Gase	12516	4340	1103
davon:			
Organische Gase aus Kfz-Verkehr	2064	789	505
Halogenkohlen-wasserstoffe	1735	411	177
Aromaten	655	149	83
Einwohner (Mio)	0,285	0,229	0,046
Fläche (km^2)	234	222	50

Tabelle 1: Fortsetzung

Neben den in Tabelle 1 aufgeführten Verbindungen haben in einigen Gebieten folgende Emissionen eine gewisse Bedeutung (Tabelle 2).

Tabelle 2: Anorganische Gase (jährliche Emissionen in t/a)

Stoff	Gebiet Duisburg u.a.	Gebiet Essen u.a.	Gebiet Köln u.a.
N_2O	16049		
Cl_2	22	27	
HCN	17	778	24
COS		3	
Hg		4	
ClCN			23
PH_3			5

Zu den in Tabelle 1 aufgeführten "organischen Gasen" zählen auch die folgenden Stoffgruppen:

Kohlenwasserstoffe (d.h. organische Verbindungen, die nur aus C und H bestehen), Halogenkohlenwasserstoffe, Alkohole, Ester, Ketone, Aldehyde, Phenole, Epoxide, Amide, Nitrile, Ether, Carbonsäuren, Amine, Polyzyklische Aromaten. Aus dieser Palette seien einige wichtige Verbindungen herausgegriffen (Tabellen 3 bis 6).

Tabelle 3: Kohlenwasserstoffe (jährliche Emissionen in t/a)

Stoff	Gebiet Duisburg u.a.	Gebiet Essen u.a.	Gebiet Köln u.a.
Methan	124336	963	321
Ethan	114	4	10
Ethen	4974	458	2117
Ethin		877	
Propan	308	538	173
Propen	131	25	68
Butan	2278	2	2
Buten	409	5	
Butadien		325	81
Benzin-KW (t_S < 200 °C)	8054	1877	1880
Benzol	959	1487	490
Toluol	286	459	306
Xylole	361	932	85
Styrol	20	953	169

Außer diesen Stoffen werden noch emittiert: Toluidin, Naphthalin, C_8- und C_9-Aromaten, Nitro-Aromaten, Ethyl- und Propylbenzol.

Über die wichtigsten Emissionen aus der Stoffgruppe der Halogenkohlenwasserstoffe gibt Tabelle 4 Aufschluß. Außerdem werden noch andere, meist chlorierte Alkane, Alkene oder Aromaten emittiert.

Tabelle 4: Halogenkohlenwasserstoffe (jährliche Emissionen in t/a)

Stoff	Gebiet Duisburg u.a.	Gebiet Essen u.a.	Gebiet Köln u.a.
Vinylchlorid	756	840	211
Dichlormethan	77	185	224
Trichlormethan		123	
Dichlorethan	162	163	825
Dichlorethen	184	321	
Trichlorethen	15	55	108
Ethylchlorid	210	58	75
Tetrachlor-Kohlenstoff	1	46	96
Tetrachlorethen	458	1204	25
Chlorbenzol	6		38
Methylchlorid		117	234
Difluordichlor-methan	7		28

An Alkoholen werden vor allem Methanol, Ethanol, Propanol, Butanol und Glykol emittiert.

Die Stoffgruppe der Ester enthält vornehmlich Ethyl- und Butylacetat, Methylformiat, Phthalsäureester und Acrylsäureester.

Zu den wichtigsten Keton-Emissionen gehören Aceton, Butanon-2 sowie andere C_4- und C_5-Ketone.

Phenolverbindungen werden fast ausschließlich als Phenol und Kresole emittiert.

Die wichtigsten Aldehydemissionen sind diejenigen von Formaldehyd, Acetaldehyd und Butyraldehyd.

Als weitere zu beachtende Emissionen von organischen Verbindungen wären aufzuzählen:

Propenoxid, Ethenoxid
Ameisensäure, Essigsäure, Buttersäure
Maleinsäure und Maleinsäureanhydrid
Methylamin, Diethylamin
Dimethylformamid
Acrylsäurenitril.

Einzelne dieser Verbindungen werden immerhin in Mengen von mehreren hundert t/a
je Belastungsgebiet emittiert.

Die in Tabelle 1 summarisch mit "Staub" bezeichneten Aerosole, Flugaschen und
mechanisch erzeugten Stäube bestehen aus Verbindungen praktisch aller in der
Erdkruste vorkommenden Elemente.

Etwa die Hälfte der emittierten Staubmasse entstammt verschiedenen Verbrennungsprozessen in industriellen, energieerzeugenden und häuslichen Feuerungen sowie
auch aus Kraftfahrzeugen. Die Zusammensetzung dieser Stäube hängt erheblich von
der Art der Feuerung und des Brennstoffes ab. Jedoch sind vollständige Analysen
der Stäube auf Elemente, deren chemische Verbindungen und ihre räumliche Verteilung in den Staubteilchen nur in einzelnen Studien durchgeführt worden. Einen
gewissen Hinweis auf die Zusammensetzung der Stäube aus Verbrennungsprozessen kann
ihre Herkunft geben (s. Tabelle 5).

Tabelle 5: Jährliche Staubemissionen aus Verbrennungsprozessen in t/a

Stäube aus der Verfeuerung von	Gebiet Duisburg u.a.	Gebiet Essen u.a.	Gebiet Köln u.a.
Braunkohle	700	245	6513
Öl	2693	636	1353
Steinkohle	14387	20094	1141
Müll	276	8	184
Gas	6		41
Holz	57		97
Benzin und Dieselöl	286	354	264

Die andere Hälfte der Staubemissionen verteilt sich auf branchen- bzw. anlagen-
spezifische Staubklassen wie Kohlenstäube, Stäube der Steine und Erden, Schlacken-
stäube, leichtmetallhaltige Stäube (z.B. $CaCO_3$, $MgCO_3$, CaO, SiO_2), schwermetall-
haltige Stäube (als Oxide, Chloride, Sulfide, Sulfate von Fe, Pb, Zn, Cd, Cu, Cr,
Mn, Sn, V, Co, Ni u.a., sowie elementar). Zu den organischen Staubemissionen zählen vor allem Polymere (PVC, Polystyrol).

Die wichtigsten Schwermetallemissionen für die betrachteten Belastungsgebiete sind
in Tabelle 6 zusammengestellt (ohne Berücksichtigung ihrer luftchemischen Bedeutung).

9

Tabelle 6: Jährliche Emissionen staubförmiger Schwermetalle und
ihrer Verbindungen in t/a

Schwermetall	Gebiet Duisburg u.a.	Gebiet Essen u.a.	Gebiet Köln u.a.
Blei	874	193	83
Kupfer	107	273	0,7
Zink	1072	210	29
Cadmium	6	1,4	0,15
Chrom	39		18
Cobalt	3		12
Nickel	1	0,14	0,13
Mangan	302		7
Vanadium	10		4

Einigen dieser Schwermetalle, vor allem Mangan, wird eine katalytische Wirkung bei
der SO_2-Oxidation an Aerosolen zugeschrieben. Welche Rolle Schwermetalle bei
anderen luftchemischen Prozessen spielen, ist noch weitgehend unbekannt.

Die weitaus meisten der in den vorangehenden Tabellen aufgeführten Stoffe sind
luftchemisch nicht inert. Auch wenn viele Verbindungen sowie deren Zwischen- und
Endprodukte harmlos sind, so können sie in Kettenreaktionen anderer Verbindungen
eingreifen und auf diese Weise die Bildung sekundärer Luftverunreinigungen fördern.

Luftverunreinigungen als auch ihre Reaktionsprodukte werden schließlich durch
trockene oder nasse Deposition wieder aus der Atmosphäre beseitigt und gelangen
so in andere Medien, in denen sie direkte Wirkungen hervorrufen und/oder in weitere
Medien transportiert werden. Die im Anfang dieses Beitrages erwähnte Kausalkette
kann man daher in vielen Fällen erweitern:

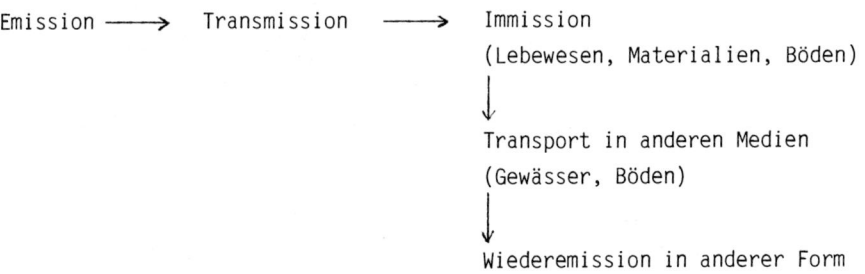

Emission ⟶ Transmission ⟶ Immission
(Lebewesen, Materialien, Böden)

Transport in anderen Medien
(Gewässer, Böden)

Wiederemission in anderer Form

10

Dies bedeutet letztlich, daß es zur Bewertung der Emission eines Elements oder
einer Verbindung notwendig sein kann, den atmosphärischen, hydrologischen und
geochemischen Kreislauf des Elements oder der Verbindung zu betrachten. Ein
erster Schritt hierzu ist die genaue Untersuchung luftchemischer Umwandlungen
möglichst vieler anthropogener Emissionen.

Bücher über Luftchemie und verwandte Gebiete

J. Heicklen: Atmospheric Chemistry
Academic Press, New York 1976

E. Mészáros: Atmospheric Chemistry
Elsevier Scientific Publ. Comp., Amsterdam 1981

M.J. McEwan, L.F. Phillips: Chemistry of the Atmosphere
Edward Arnold, London 1975

I.M. Campbell: Energy and the Atmosphere
John Wiley, London 1977

J.D. Butler: Air Pollution Chemistry
Academic Press, London 1979

S.K. Friedlander: Smoke, Dust and Haze
John Wiley, New York 1977

H.R. Pruppacher, J.D. Klett: Microphysics of Clouds and Precipitation
Reidel Publ. Comp., Dordrecht 1980

J.J. Bufalini, R.R. Arnts: Atmospheric Biogenic Hydrocarbons. Vol. 1 u. 2
Ann Arbor Science, Ann Arbor 1981

H.W. Georgii, W. Jaeschke: Chemistry of the Unpolluted and Polluted Troposphere
Reidel Publ. Comp., Dordrecht 1982

S. Twomey: Atmospheric Aerosols
Elsevier Scientific Publ. Comp., Amsterdam 1977

Physikalisch-chemische Eigenschaften der reinen und verschmutzten Atmosphäre

K.H. Becker

Einleitung:

Die Erdatmosphäre wird nach ihrem Temperaturverlauf mit der
Höhe in die Bereiche Troposphäre, Stratosphäre, Mesosphäre und
Thermosphäre eingeteilt, wie Abb. 1 zeigt. Für die aktuelle
Luftchemie ist die Troposphäre bis ca. 12 km Höhe und die sich
daran anschließende Stratosphäre von besonderem Interesse. Die
folgenden Ausführungen beschäftigen sich vorwiegend mit der
Troposphäre, da dieser Bereich in enger Wechselwirkung mit dem
Erdboden steht. Zwischen Troposphäre und Stratosphäre wird der
Austausch von Luftmassen infolge der Temperaturinversion an der

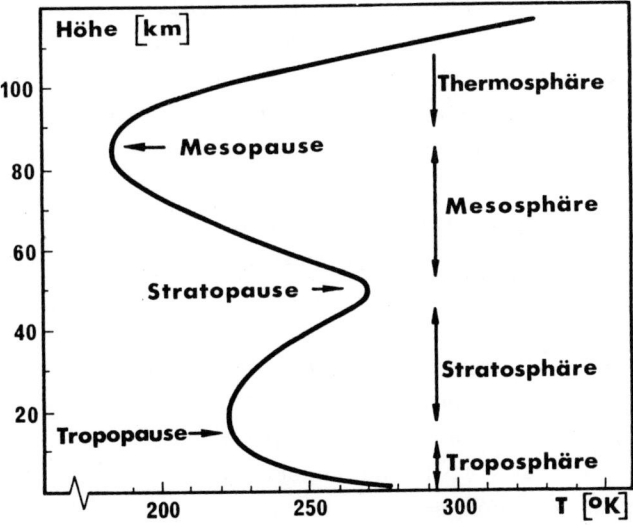

Abb. 1: Einteilung der Erdatmosphäre in verschiedene
Höhenbereiche nach dem Temperaturverlauf

Tropopause (Abb. 1) sehr verlangsamt. Es besteht jedoch ein
Zirkulationssystem für beide Hemisphären, in dem am Äquator
Luft aufsteigt und an den beiden Polan wieder in die bodennahen
Schichten zurückgeführt wird. Dadurch gelangen Spurenstoffe
nach mehrjährigem troposphärischem Aufenthalt in die
Stratosphäre, wo auch reaktionsträgere Stoffe vor allem über
photochemische Reaktionen abgebaut werden. Wegen der
Filterwirkung in den höheren Luftschichten gelangt das
Sonnenlicht erst oberhalb einer Wellenlänge von 300 nm in die
bodennahen Schichten. Die meisten Spurengase sind oberhalb von
dieser Wellenlänge für das Sonnenlicht transparent und können
daher keine photochemischen Primärreaktionen eingehen.

Begriffsbestimmungen:
Spurenstoffe werden vom Boden aus emittiert (primäre
Emissionen) oder entstehen in der Troposphäre über chemische
Reaktionen (sekundäre Emissionen) unter Beteiligung anderer,
primär emittierter Stoffe. Die sich einstellenden
Konzentrationen sind erheblichen Schwankungen unterworfen. Es
müssen daher repräsentative Mittelwerte der verschiedenen
Spurenstoffkonzentrationen in abgegrenzten Gebieten (global,
hemisphärisch, regional, lokal) über hinreichend lange
Meßzeiten (Stunde, Tag, Monat, Jahr) ermittelt werden. Im
Rahmen der Luftreinhaltung werden für einige Spurenstoffe
Grenzwerte vorgeschrieben, deren Einhaltung überwacht wird.
Diese Überwachung verlangt allgemein anerkannte und
festgeschriebene Verfahren der Konzentrationsbestimmung. In der
Bundesrepublik Deutschland werden die dafür notwendigen
Immissionskenngrößen über 1/2h-Mittel der Konzentrations-
meßwerte abgeleitet. Die Konzentrationen werden dabei
vorzugsweise in Masse/Volumen , z.B. mg/m³ , angegeben. In der
Luftchemie ist es dagegen üblich, die Konzentration der
Spurengase in Volumenmischungsverhältnissen anzugeben: ppmV (1
: 10^6), ppbV (1 : 10^9), pptV (1 : 10^{12}). Diese Angaben sind
gleichbedeutend mit den molaren Mischungsverhältnissen.
Zwischen der Massenkonzentration und dem
Volumenmischungsverhältnis besteht die Beziehung:
$$(mg/m^3) = 8,32 \cdot 10^{-2} \cdot (273 + t) \cdot M^{-1} \cdot p^{-1} \ (ppmV) \qquad (1)$$
M: relative molare Masse des Spurengases, t: Temperatur in
$^{\circ}$C, p: Luftdruck in bar

Tabelle 1 gibt für wichtige Spurengase die Umrechnungsfaktoren
zwischen den beiden Konzentrationseinheiten bei einer
Temperatur von 20°C an. Aus der Tabelle ist ersichtlich, daß
für luftchemische Betrachtungen (Gase reagieren miteinander
molekular) in Massenkonzentrationseinheiten leichte Spurengase
unter- und schwere überbewertet werden.
Aerosole und Stäube werden immer in Massenkonzentrationen
angegeben; ihre Teilchendichte läßt sich dann ermitteln, wenn
das Teilchengrößenspektrum bekannt ist.
Die meisten Spurenstoffe werden in Bodennähe aus natürlichen
Quellen (Biosphäre, Vulkanausbrüche, Sandstürme etc.) und aus
anthropogenen Quellen (Haushalte, Kleingewerbe, Verkehr,
Industrie, thermische Kraftwerke) emittiert. Die Quellenstärken
oder Emissionen werden in Masse/Zeit, z.B. t/a, angegeben. Für
die Senken, über die die Spurenstoffe aus der Atmosphäre wieder
entfernt werden, ergibt sich der Massenfluß ebenso in
Masse/Zeit. Da jedoch zwischen Quelle und Senke komplexe
Verteilungs- und Transportvorgänge liegen und zudem die Stoffe
über sehr verschiedene Prozesse wie chemische Umwandlung,
Ablagerung am Boden und Transport in die Stratosphäre aus der
Troposphäre entfernt werden, ist eine Gesamtbilanzierung, bei
der sich die Flüsse aus den Quellen und in die Senken
kompensieren, sehr wichtig.
Häufig wird ein Spurenstoff durch seine mittlere
troposphärische Lebensdauer τ charakterisiert (Becker 1977);
gleichbedeutend damit ist die Angabe einer Halbwertzeit $\tau_{1/2}$ =
0,69 τ. Eine solche Lebensdauerangabe hat allerdings nur dann
allgemeine Bedeutung, wenn die Abbaugeschwindigkeit, d(X)/dt,
des Spurenstoffes X linear mit seiner Konzentration (X)
anwächst:

$$d(X)/dt \ = \ - \ K \cdot (X), \quad mit \quad \tau = 1/K \tag{2}$$

Für chemische Reaktionen, die transportungehemmt ablaufen, gilt
Gl. (2), wenn die Größe K zeitlich konstant bleibt. Das
bedeutet, daß die Konzentrationen aller Reaktionspartner von X,
(Y_i), die Temperatur und andere meteorologische Größen, die
Einfluß auf die Reaktion nehmen, zeitlich konstant bleiben.
Gegebenenfalls müssen räumliche Änderungen von (Y_j),
insbesondere von der Höhe, gesondert berücksichtigt werden. Bei

Tabelle 1:

Umrechnungsfaktoren zwischen Massenkonzentrationseinheiten und Volumenmischungsverhältnissen bei 20°C

Verbindung/Mol.-Gewicht	$c_{ppm}= A \times c_{mg/m^3}$ $c_{mg/m^3}= B \times c_{ppm}$ $c_{ppb}= A \times c_{\mu g/m^3}$ $c_{\mu g/m^3}= B \times c_{ppb}$	
Formel	A	B
Methan: CH_4 16,0	1,50	0,67
Ammoniak: NH_3 17,0	1,41	0,71
Kohlenmonoxid: CO 28,0	0,86	1,17
Ethen: C_2H_4 28,1	0,86	1,17
Stickstoffmonoxid: NO 30,0	0,80	1,25
Formaldehyd: H_2CO 30,0	0,80	1,25
Ethan: C_2H_6 30,1	0,80	1,25
Schwefelwasser-stoff: H_2S 34,1	0,71	1,42
Propen: C_3H_6 42,1	0,57	1,75
Kohlendioxid: CO_2 44,0	0,55	1,83
Propan: C_3H_8 44,1	0,55	1,83
Stickstoffdioxid: NO_2 46,0	0,52	1,91
Salpetrige Säure: $HONO$ 47,0	0,51	1,96
Ozon: O_3 48,0	0,50	2,00
Salpetersäure: $HONO_2$ 63,0	0,38	2,62
Schwefeldioxid: SO_2 64,1	0,37	2,67
Schwefelsäure: H_2SO_4 98,1	0,25	4,08
PAN: $CH_3CO_3NO_2$ 121,1	0,20	5,02

Mittelung über hinreichend große Raum- und Zeitbereiche kann
diese Forderung annähernd erfüllt sein. Die im Mittel zeitlich
konstante Größe K ergibt sich dann durch Gl. (3):

$$K = K_{Photol.} + k_j(Y_j) \tag{3}$$

Die Konstanten $K_{Phot.}$ und k_j bedeuten die
Geschwindigkeitskonstanten folgender parallel ablaufender
Reaktionsschritte:

$$X + Y_j \longrightarrow Produkte, k_j$$
$$X + Licht \longrightarrow Produkte, K_{Phot.}$$

Der Massenfluß F_X bei der Ablagerung oder trockenen Deposition
eines Stoffes X am Boden wird in Masse/(Fläche · Zeit), z.B.
mg/(m^2· a) angegeben. Der Fluß kann dann proportional zur
Konzentration (X) gesetzt werden, wenn die
Ablagerungsgeschwindigkeit v_X eingeführt wird (Beilke 1975):

$$F_X = v_X \cdot (X) \tag{4}$$

Die mittlere Lebensdauer τ bezüglich der Ablagerung läßt sich
aber nur angeben, wenn eine mittlere Höhe $\bar{z}$ definierbar ist,
aus der die Ablagerung erfolgt, $\tau = \bar{z}/v_X$.
Für die nasse Ablagerung eines Spurenstoffes X durch Ausregnen
bzw. Auswaschen wird die Angabe seiner Konzentration c_X im
Wolken- bzw. Regenwasser notwendig. Der Fluß zum Boden ist dann
gegeben durch:

$$F_X = c_X \cdot Niederschlagsrate \tag{5}$$

Zusammensetzung der unteren Atmosphäre und Emissionsquellen:
Tabelle 2 gibt einen Überblick über die Konzentrationsbereiche
(ppmV, ppbV und pptV) wichtiger atmosphärischer Spurengase. Zum
Vergleich ist ebenfalls der typische Konzentrationsbereich
(μg/m^3) für partikulare Spurenstoffe angeführt. Die Tabellen-
werte sollen nur die Größenordnungen der Konzentrationen
wiedergeben, die für Reinluft- bzw. Industrieferne-Bedingungen
gelten. In Ergänzung sind bei einigen Stoffen auch
Konzentrationsangaben aus Ballungsgebieten aufgelistet. Die

meisten Spurenstoffe werden primär emittiert. Ozon ist dagegen
ein Spurengas , das ausschließlich sekundär in der Atmosphäre
über chemische Reaktionen entsteht. O_3 wird einmal über
Transport aus der Stratosphäre, wo es photochemisch gebildet
wird, in die Troposphäre getragen. Zum anderen entsteht es
zusätzlich in bodennahen Luftschichten über chemische
Umwandlung bestimmter Vorläufersubstanzen, die primär emittiert
werden (Becker et al. 1983). Tabelle 3 gibt einen Überblick
über die wichtigsten anthropogenen Emissionen in der
Bundesrepublik Deutschland, aufgeteilt nach verschiedenen
Quellen für den Zeitraum von 1966 - 1978. In Tabelle 4 sind zum
Vergleich Schätzwerte globaler Emissionen aufgeführt. Die
Tabelle enthält auch Abschätzungen über partikulare Emissionen,
die entweder primär oder über Gasreaktionen sekundär entstehen.

Reaktivität der Atmosphäre:
Spurengase wie CO_2 oder CCl_2F_2 bzw. CCl_3F verhalten sich unter
troposphärischen Bedingungen chemisch inert. Ihre
Konzentrationen müssen bei konstanter Quellenstärke so lange
ansteigen, bis sich zwischen Emission und Senke infolge
Ablagerung am Boden und Transport in die Stratosphäre ein
Gleichgewicht ausbildet. Mit wachsenden Quellenstärken steigen
ihre Konzentrationen in der Troposphäre ständig an, wie die
Messungen bestätigen. Dagegen überrascht die relativ niedrige
CO-Reinluftkonzentration, da dieser Spurenstoff global mit ca.
10^9 t/a emittiert wird. Aus der $^{12}C/^{14}C$-Zusammensetzung in CO
läßt sich eine troposphärische Lebensdauer von wenigen Monaten
für diesen Spurenstoff ableiten (Volz et al. 1981). Das
bedeutet, daß jährlich in der Troposphäre ca. 10^9 t CO chemisch
umgesetzt werden. Auch für anderen Spurengase, die in größeren
Mengen emittiert werden, müssen chemische Abbauvorgänge wirksam
werden, die eine Anreicherung dieser Stoffe in der Troposphäre
verhindern. Insbesondere die Frage nach der Abbaureaktion von
CO hat zu der Erkenntnis geführt, daß die Troposphäre Radikale
enthält, die genügend schnell bei Lufttemperatur reagieren. Für
den Abbau von CO in der homogenen Phase kommen nur OH-Radikale
infrage:

$$CO + OH \longrightarrow CO_2 + H,$$

Tabelle 2:

Zusammensetzung der unteren Atmosphäre aus Hauptbestandteilen und wichtigen Spurenstoffen ohne Edelgase[1]

Konzentrationsbereich: ppmV

N_2	:	780840
O_2	:	209460
CO_2	:	335 (0,7-1,0 Anstieg pro Jahr)
CH_4	:	1,4-1,6 (Stadt: 2-3)
H_2	:	0,5-0,6
N_2O	:	0,25-0,33
CO	:	0,1 (Stadt: 1-100)

Konzentrationsbereich: ppbV

O_3	:	20 - 40 (bodennah), (Stadt: 100-600 im Photosmog)
		50 - 70 (über Mischungsschicht)
$NMHC^2$	:	10 - 20 ppbC (Stadt: bis einige 100)
NO_x	:	0,1- 2 (Stadt: bis einige 100, davon
(NO und NO_2)		bis zu 1% als $HONO_2$ möglich)
SO_2	:	0,2- 1 (Stadt: bis einige 100, davon
		bis zu 1% als H_2SO_4 möglich)
NH_3	:	1 - 10
H_2S	:	0,7- 7
H_2CO	:	0,2- 2 (Stadt: bis zu 100 im Photo-
		smog)
PAN	:	0,02 (Stadt: bis zu 10 im Photosmog)

Konzentrationsbereich: pptV

CS_2	:	200 - 300
COS	:	100 - 500
CCl_4	:	100 - 200
CCl_2F_2	:	230 - 300 (F12)
CCl_3F	:	160 (F11)
SF_6	:	0,5

Aerosole, z.B. Sulfat- und Nitratpartikel:

20 - 50 $\mu g/m^3$

OH-Radikalkonzentration:

ca. 10^6 Radikale/cm^3

Tabelle 3:

Anthropogene Emissionen in der Bundesrepublik Deutschland
von 1966 bis 1978 (Umweltbundesamt 1981)

Stoff	Quelle	Emissionen in 10^3 t/a			
		1966	1970	1974	1978
Staub	Kraftwerke	460	290	190	170
	Industrie	1070	770	590	460
	Haushalt/Kleingew.	250	210	130	60
	Verkehr	24	29	30	30
	gesamt	1800	1300	950	720
SO_2	Kraftwerke	1460	1840	1940	2000
	Industrie	1410	1380	1190	990
	Haushalt/Kleingew.	560	630	520	450
	Verkehr	70	85	95	100
	gesamt	3500	3950	3750	3550
NO_x (als NO_2)	Kraftwerke	650	820	920	940
	Industrie	660	690	660	580
	Haushalt/Kleingew.	100	130	140	140
	Verkehr	640	820	990	1340
	gesamt	2050	2450	2700	3000
CO	Kraftwerke	20	30	30	30
	Industrie	1700	1780	1870	1360
	Haushalt/Kleingew.	6500	5400	3100	1700
	Verkehr	4300	5800	6300	6200
	gesamt	12500	13000	11300	9300
Organische Stoffe	Kraftwerke	6	8	9	9
	Industrie	350	450	480	470
	Haushalt/Kleingew.	640	720	710	630
	Verkehr	400	530	570	650
	gesamt	1400	1700	1800	1750

Tabelle 4:

Globale Emissionen aus natürlichen und anthropogenen Quellen

A. Gase[3]

CO_2	10^{10} t/a
CO	ca. 10^9 t/a
NH_3	10^9 t/a
CH_4	$(5-10)\cdot10^8$ t/a
SO_2	$(5-10)\cdot10^8$ t/a
NO_x	ca. 10^8 t/a
(als NO_2)	
H_2	10^8 t/a

ausschließlich aus anthropogenen Quellen:

$CFCl_3$ (F11) $2,8\cdot10^5$ t/a (1978), bis 1978 einschl. $3,7\cdot10^6$t

CF_2Cl_2 (F12) $3,4\cdot10^5$ t/a (1978), bis 1978 einschl. $5,5\cdot10^6$t

B. Aerosole[4]

a) primär $\qquad 1,4\cdot10^9$ t/a

b) aus der Gasphase durch

   chem. Umwandlung:

Sulfat aus H_2S	$0,23\cdot10^9$ t/a	
Sulfat aus SO_2	$0,16\cdot10^9$ t/a	
Nitrat aus NO_x	$0,51\cdot10^9$ t/a	
Nitrat aus NH_3	$0,30\cdot10^9$ t/a	
Zusammen:	$1,45\cdot10^9$ t/a	$1,5\cdot10^9$ t/a
insgesamt:		$2,9\cdot10^9$ t/a

Anmerkungen: [1](Becker et al. 1983, Heicklen 1976, Deimel 1982,
Singh und Hanst 1981, Lloyd 1979, Calvert 1980,
Rasmussen und Khalil 1980, Becker et al. 1978,
Ionescu et al. 1982, Schmitt und Lowe 1982, Kessler
et al. 1982)
[2]NMHC = Nichtmethankohlenwasserstoffe (NonMethan-
HydroCarbons), deren Konzentration im Gemisch aus
meßtechnischen Gründen in mg/m^3 bzw. /ug/m^3 oder auf
CH_4 bezogen in ppmC bzw. ppbC angegeben wird.

[3](Volz et al. 1981, Umweltbundesamt 1981,
    Ehhalt und Drummond 1982, Seiler 1975,
    Georgii 1975, Donahue 1980,
    Schmidt et al. 1980, Logan 1980, Jesson 1980)
[4](Strauss 1977, zitiert von Jordan und Dlugi 1980)

mit dem Folgeschritt:

$$H + O_2 + Luft \longrightarrow HO_2 + Luft$$

Eingehende Untersuchungen des Abbauverhaltens auch anderer
Spurengase haben zu der Vorstellung geführt, daß unter den
möglichen Reaktionen in der Troposphäre vor allem die
OH-Radikalreaktionen die Abbaugeschwindigkeit bestimmen. Das
bedeutet für K aus Gl. (3):

$$K \sim K_{OH}(OH),$$

da mit guter Näherung für die meisten Spurenstoffe gilt:

$$k_{OH}(OH) \succ K_{Phot.} + \sum_j k_j(Y_j) \; , \; j \neq OH$$

Es bleibt zu klären, wie die OH-Radikale in der Troposphäre
entstehen. Aus Untersuchungen der Oxidantienbildung im
Photosmog (Becker et al. 1983) weiß man, daß in mit NO_x und
reaktiven Kohlenwasserstoffen (Kohlenwasserstoffe ohne Methan)
belasteter Luft bei Sonneneinstrahlung O_3 als wichtigster
Vertreter der Oxidantien auftritt und daß in dem
Oxidantiensystem die Kohlenwasserstoffe beschleunigt abgebaut
werden. Die O_3-Bildung verläuft über die NO_2-Photolyse:

$$NO_2 + Licht \longrightarrow NO + O$$
$$O + O_2 + Luft \longrightarrow O_3 + Luft$$

Dabei reagiert O_3 allerdings mit NO zurück:

$$NO + O_3 \longrightarrow NO_2 + O_2$$

Eine höhere O_3-Konzentration kann sich nur dann ausbilden, wenn
daneben auf anderem Wege NO zu NO_2 oxidiert wird. Diese
Möglichkeit muß durch die Kohlenwasserstoffe entstehen, die für
die Oxidantienausbildung im Photosmog ebenfalls notwendig sind.

In Laborexperimenten konnte inzwischen gezeigt werden, daß auch im Photosmog die Kohlenwasserstoffe vor allem durch OH-Reaktionen abgebaut werden und dabei als Zwischen- oder Nebenprodukt HO_2-Radikale entstehen, die sehr schnell mit NO reagieren und dabei OH zurückbilden und NO oxidieren:

$$Kohlenwasserstoff + Luft + OH \longrightarrow Produkte + Luft + HO_2$$
$$HO_2 + NO \longrightarrow OH + NO_2$$

Andere ebenfalls beim Kohlenwasserstoffabbau gebildete Peroxiradikale, RO_2, verstärken die NO-Oxidation. Es muß weiterhin gefolgert werden, daß in diesem Mechanismus oder über andere Zwischenprodukte der OH-Kohlenwasserstoffreaktion die OH-Bildung selbst verstärkt wird. Dieses wird erfüllt, wenn die O_3-Photolyse als OH-Quelle wirkt:

$$O_3 + Licht \longrightarrow O_2^*(^1\Delta_g) + O^*(^1D)$$

$$O^*(^1D) + H_2O \longrightarrow 2\ OH$$

Andere Photolyseschritte (HONO + Licht, $HONO_2$ + Licht, H_2O_2 + Licht, H_2CO + Licht) sind an der Erzeugung von OH- und HO_2-Radikalen ebenfalls beteiligt. Die O_3-Photolyse ist jedoch als wichtigste OH-Quelle anzusehen, die auch die verstärkende Rückkopplung zwischen Oxidantienausbildung und Kohlenwasserstoffabbau erklärt. Abb. 2 zeigt schematisch noch einmal die wichtigsten Reaktionsschritte in diesem OH/HO_2-Radikalmechanismus. Da global immer ein natürlicher Konzentrationsuntergrund von Kohlenwasserstoffen und Stickstoffoxiden vorliegt, sorgen die im Photosmog verstärkt auftretenden Radikalketten auch in der Reinluft für eine ausreichende Reaktivität. Da die Radikale photochemisch entstehen, werden die OH-Abbaureaktionen auch allgemein als Photooxidation bezeichnet. Im weiteren Verlauf der Photooxidation, die durch OH-Reaktion eingeleitet wird, kann sich bei Folgeschritten auch der Luftsauerstoff beteiligen. Die Abbauvorgänge enden schließlich bei CO_2, H_2O, Sulfat und Nitrat. Mineralsäuren, organische Säuren, Aldehyde, organische Nitrat- oder Sauerstoffverbindungen treten als Zwischenprodukte auf.

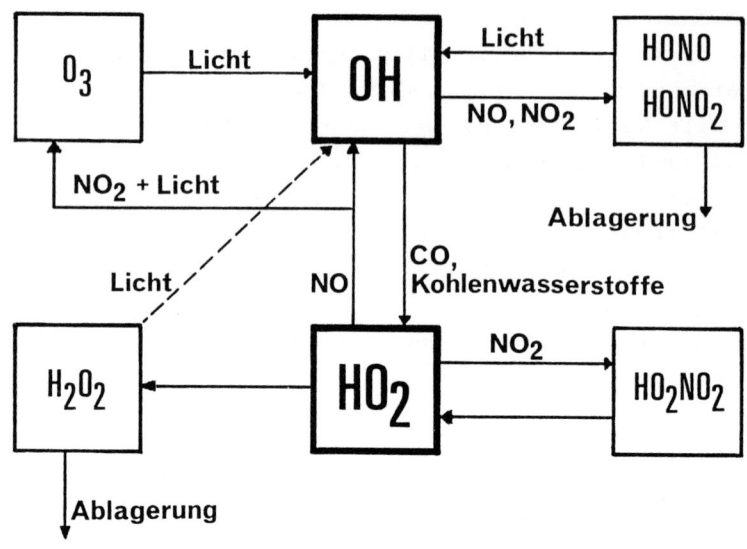

Abb. 2:   Troposphärische OH/HO$_2$-Radikalreaktionen

Die hier beschriebenen homogenen Reaktionen werden ergänzt
durch heterogene Vorgänge in Wassertröpfchen und am Aerosol.
Auch diese Vorgänge verlaufen in der sauerstoffhaltigen
Atmosphäre als Oxidation. Kenntnisse über Einzelheiten der
Reaktionsschritte fehlen noch. Es wird vermutet, daß z. B. in
Wassertröpfchen gelöste Oxidantien, wie O$_3$ und H$_2$O$_2$, die
Reaktionen beschleunigen. Bei heterogenen Prozessen kann der
Spurenstofftransport in die Tröpfchen oder an die
Partikeloberfläche geschwindigkeitsbestimmend werden. Es gibt
Hinweise darauf, daß vor allem Wolkenwasser wegen seiner
längeren Kontaktzeit mit den Spurenstoffen eine wichtige Rolle
bei den heterogenen Oxidationen spielt.

Simulation atmosphärischer Reaktionen im Laboratorium:
Im Laboratorium können atmosphärische Reaktionen unter gezielt
vereinfachten Bedingungen (a) oder bei möglichst
atmosphärennaher Simulation (b) untersucht werden (Zetzsch
1980, Barnes et al. 1982). In (a) werden die Reaktionen auf
einzelne Elementarschritte eingeengt und die

Geschwindigkeitskonstanten dieser Schritte (k-Werte) bestimmt.
Das erfolgt in der Regel bei reduzierten Drucken in inerten
Trägergasen, wo die Radikale stationär in einem Strömungsrohr
mit den Reaktionspartnern gemischt oder pulsförmig in Gegenwart
der Partner aus geeigneten Ausgangssubstanzen photolytisch
(Blitzlichtphotolyse) erzeugt werden. Im Falle von OH wird die
Radikalkonzentration in Abhängigkeit der Zeit bei praktisch
zeitlich konstanter Konzentration (X) des Reaktionspartners X
relativ gemessen und daraus mit bekannter Konzentration (X) die
Geschwindigkeitskonstante k_{OH} der Reaktion X + OH (absolut)
ermittelt:

$$d(OH)/dt \ = \ - K \cdot (OH), \ mit \ K = k_{OH}(X)$$

Reaktionen mit HO_2-Radikalen, O-Atomen oder O_3-Molekülen können
auf ähnliche Weise untersucht werden.
In (b) werden die Reaktionen in größeren abgeschlossenen
Reaktionsgefäßen (Smogkammern), in denen die Wandeinflüsse
möglichst gering gehalten werden, in Luft bei Atmosphärendruck
untersucht. Die OH-Radikale werden photolytisch oder thermisch
aus geeigneten Ausgangssubstanzen während des gesamten
Reaktionsablaufs erzeugt. Die Abbaugeschwindigkeitskonstante
eines Stoffes X wird in dem Verfahren relativ zu einer
Referenzsubstanz Y gemessen. Aus dem Verhältnis der
Abbaugeschwindigkeiten beider Stoffe ergibt sich nach folgendem
Gleichungssystem das Verhältnis der k-Werte:

$$d(X)/dt \ = \ - k_x \cdot (X) \cdot (OH); \qquad d(Y)/dt \ = \ - k_y \cdot (Y) \cdot (OH)$$

Es folgt:
$$1/k_x \cdot d \ ln(X)/dt \ = \ 1/k_y \cdot d \ ln \ (Y)/dt$$

Durch Integration ergibt sich:
$$\frac{lg \ (X)_t/(X)_{t_o}}{lg \ (Y)_t/(Y)_{t_o}} = \frac{k_x}{k_y}$$

mit den Konzentrationsverhältnissen $(\ )_t/(\ )_{t_o}$ zur Zeit t und
t_o.

Mit bekanntem k_y wird daraus k_x bestimmt (Relativmessung). Bei Verfahren (b) wird eine mögliche Einflußnahme des Luftsauerstoffs oder des Gesamtdruckes auf die Reaktion X + OH mitberücksichtigt. Abb. 3 zeigt die Auswertung einer k_x-Messung mit der Relativmethode (b) für n-Hexan als Test- und n-Butan als Referenzsubstanz. Aus dem k_x/k_y-Verhältnis von ca. 2 läßt sich der k_x-Wert ermitteln.

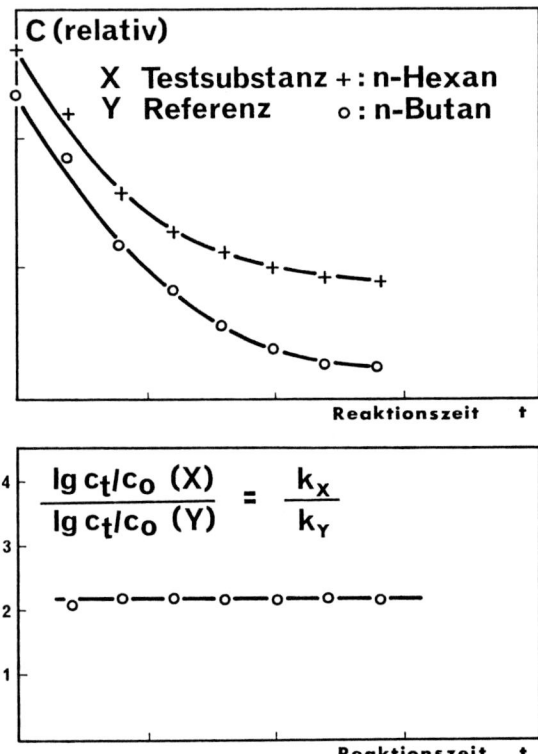

Abb. 3: Beispiel für die Anwendung der Relativmethode (b) zur Bestimmung von Reaktionsgeschwindigkeitskonstanten in einer Smogkammer

Die Kenntnisse über atmosphärische Spurengasreaktionen in der homogenen Phase sind während des letzten Jahres außerordentlich angewachsen. Es bleibt der nächsten Zukunft überlassen, einen vergleichbaren Wissensstand auch bei den komplexeren heterogenen Reaktionen der Atmosphäre zu erreichen.

Literatur:

Barnes I, Bastian V, Becker K H, Fink E H , Zabel F (1982)
    Reactivity Studies of Organic Substances towards Hydroxyl
    Radicals under Atmospheric Conditions. Atmos. Environ.
    16 : 545

Becker K H (1977) Stand der Untersuchungen über
    Reaktionen und Lebensdauern gasförmiger Stoffe in der
    Atmosphäre. In: Kraftwerk und Umwelt, VGB-Dampftechnik,
    Essen, S. 50-59

Becker K H, Ionescu A, Ionescu M (1978) Ground Level
    Measurements of Atmospheric Concentrations of CCl_2F_2 and
    CCl_3F in the Wuppertal-Düsseldorf Region. Pageoph
    116:567

Becker K H, Löbel J, Schurath U (1983) Bildung, Transport
    und Kontrolle von Photooxidantien. In: Umweltbundesamt
    (Hrsg) Berichte 5/83, Luftqualitätskriterien für
    photochemische Oxidantien, Erich Schmidt Verlag, Berlin,
    S. 5 - 132

Beilke S (1975) Die Abscheidungsprozesse der Spurenstoffe
    aus der Atmosphäre. In: Deutscher Wetterdienst (Hrsg) Die
    chemische Zusammensetzung der unteren Atmosphäre, Promet
    5 (Heft 2 und 3): 35

Calvert J G (1980) The Homogeneous Chemistry of Formaldehyde
    Generation and Destruction within the Atmosphere. In:
    Aikin AC (Hrsg) Proceedings of the NATO Advanced Study
    Institute on Atmospheric Ozone: Its Variation and Human
    Influences. U.S. Department of Transportation, High
    Altitude Program, Washington, D.C., S. 153

Deimel M (1982) Luftuntersuchungen im Raum Köln 1979-1980.
    Heft 1/1982, Stadt Köln Amt für Umweltschutz

Donahue T M (1980) The Atmospheric CH_4 Budget. In: siehe
    Calvert (1980), S. 301

Ehhalt D H, Drummond J W (1982) The Tropospheric Cycle of
    NO_x. In: Georgii H W, Jaeschke W (Hrsg) Chemistry of the
    Unpolluted and Polluted Troposphere, D Reidel Publ.
    Company, Dordrecht/Holland, S. 219

Georgii H W (1975) Die aerosolbildenden Spurengase. In:
    Deutscher Wetterdienst (Hrsg) Die chemische
    Zusammensetzung der unteren Atmosphäre, Promet 5 (Heft 2
    und 3): 21

Heicklen J (1976) Atmospheric Chemistry, Academic Press,
London

Ionescu A, Becker K H, McGrath W D (1982) Some measurements
of the concentration of chlorine and sulphur containing
molecules. In: Versino B, Ott H (Hrsg) Physico-Chemical
Behaviour of Atmospheric Pollutants, D Reidel Publ.
Company, Dordrecht/Holland, S. 39

Jesson J P (1980) Release of Industrial Halocarbons and
Tropospheric Budget. In: siehe Calvert (1980): S. 373

Jordan S, Dlugi R (1980) Das luftchemische Verhalten
anthropogener Aerosole. In: Arbeitsgruppe Luftchemie
(Hrsg) VDI-Kommission Reinhaltung der Luft, Düsseldorf,
S. 74

Kessler C, Perner D, Platt M (1982) Spectroscopic
measurements of nitrous acid and formaldehyde –
implications for urban photochemistry. In: siehe Ionescu
et al. (1982): S. 393

Lloyd A C (1979) Tropospheric Chemistry of Aldehydes. NBA
Special Publ. 557, Washington, D.C.

Logan J A (1980) Sources and Sinks of Carbon Monoxide. In:
siehe Calvert (1980): S. 323

Rasmussen R A, Khalil M A K (1980) Atmospheric Halocarbons:
Measurements and Analyses of Selected Trace Gases. In:
siehe Calvert (1980): S. 209

Schmidt U, Kulessa G, Roth E P (1980) The Atmospheric H_2
Cycle. In: siehe Calvert (1980): S. 307

Schmidt U, Lowe D C (1982) Vertical profiles of formaldehyde
in the troposphere. In: siehe Ionescu et al. (1982): S.
377

Seiler W (1975) Der Kreislauf von CO, H_2, N_2O und CH_4.
Deutscher Wetterdienst (Hrsg) Promet 5 (Heft 2 und 3): 14

Singh H B, Hanst P L (1981) Peroxyacetyl Nitrat (PAN) in the
Unpolluted Atmosphere. Geophys. Research Letters 8: 941

Strauss W (1977) Air Pollution Control III, John Wiley and
Sons, Inc., New York

Umweltbundesamt (1981) Luft-Reinhaltung 81,
Entwicklung-Stand-Tendenzen, Erich Schmidt Verlag, Berlin

Volz A, Ehhalt D H, Derwent R G (1981) Seasonal and
   Latitudinal Variation of ^{14}C and Tropospheric
   Concentration of OH Radicals. J. Geophys. Research 86:
   5163

Zetzsch C (1980) Gepulste Vakuum-UV-Photolyse mit
   Resonanzfluoreszenznachweis von OH als Testmethode
   troposphärischen Reaktionsverhaltens von Chemikalien. In:
   Tagungsbericht: Prüfungsmethoden und Bewertungsverfahren
   zur Bestimmung des photochemischen Abbauverhaltens von
   chem. Substanzen, Umweltbundesamt, Berlin, S. 149

Grundlagen der chemischen Kinetik

U. Schurath

EINLEITUNG

Die mittlere Verweilzeit und die dadurch beschränkte mittlere Reichweite
gasförmiger Emissionen in der Atmosphäre hängt von den physikalischen
und chemischen Umwandlungen ab, denen sie im luftgetragenen Zustand
unterworfen sind. Die Umwandlungen der Spurengase können parallel, d.h.
miteinander konkurrierend, und sequentiell, d.h. einander bedingend,
1. in der Gasphase, 2. nach dem Übertritt in die wäßrige Phase (Wolken-
oder Regenwasser), und 3. durch Adsorption an Aerosolen bzw. am Boden
erfolgen. Die Prozesse 2. und 3. sind nicht Gegenstand dieses Kapitels.

Man kann versuchen, die räumliche und zeitliche Verteilung von Spurengasen in der Atmosphäre durch Modellrechnungen zu beschreiben. In einer
umfassenden Modellrechnung müssen die Bildungs- und Verlustprozesse
aller gasförmigen Komponenten einschließlich der sekundären Spurengase
und der kurzlebigen Zwischenprodukte für jedes Volumenelement der Atmosphäre bilanziert und integriert werden. Die Behandlung der Konzentrationsänderungen sowohl durch chemische Reaktionen als auch durch den
Transport mit dem Windfeld und durch turbulente Diffusion erfordert
einen außerordentlich hohen Rechenaufwand (Lamb und Seinfeld 1973).

Im folgenden werden die durch chemische Reaktionen in der Gasphase ver-
ursachten Bildungs- und Verlustprozesse isoliert betrachtet, d.h. von
Konzentrationsänderungen durch Transport und turbulente Diffusion wird
abgesehen. Diese Betrachtungsweise ist gerechtfertigt, wenn die Konzentrationen der Spurengase im betrachteten Volumen keine Konzentrationsgradienten aufweisen, eine Situation, die nur in einer Smogkammer annähernd realisiert werden kann. Durch diese Vereinfachung werden die
Änderungsgeschwindigkeiten der Spurengase, die sonst durch partielle
Differentialgleichungen nach Zeit und Ortskoordinaten beschrieben werden
müssen, auf gewöhnliche gekoppelte Differentialgleichungen nach der Zeit
reduziert. Zu ihrer Integration stehen heute leistungsfähige numerische
Lösungsverfahren zur Verfügung (Chance et al. 1977).

Das zu integrierende Differentialgleichungssystem läßt sich formulieren, wenn der chemische Reaktionsmechanismus in seinen wesentlichen Schritten bekannt ist. Aus ihnen ergeben sich die Bildungs- und Verlustgeschwindigkeiten der Spurengase einschließlich der im Reaktionsmechanismus angenommenen Zwischenprodukte nach einem einfachen Formalismus aus den Konzentrationen der Reaktionspartner sowie den für jede Reaktion charakteristischen Geschwindigkeitskonstanten. Die Geschwindigkeitskonstanten hängen nur von der Temperatur, selten auch noch vom Totaldruck ab. Sie werden unter oft sehr speziellen Bedingungen, die nicht mit den Verhältnissen in der Atmosphäre vergleichbar sind, im Labor gemessen. Auf Grund ihres universellen Charakters, der durch die weit fortgeschrittene Theorie der Geschwindigkeitskonstanten chemischer Reaktionen erklärt wird (Nicholas 1976; Homann 1975), können sie auf die Bedingungen in der Atmosphäre übertragen und zur Berechnung der Geschwindigkeiten von dort ablaufenden chemischen Reaktionen verwendet werden.

ELEMENTARREAKTIONEN

Die Vielfalt stofflicher Umwandlungen durch chemische Reaktionen in der Gasphase läßt sich auf wenige Grundtypen elementarer Reaktionsschritte zurückführen, an denen ein, zwei, höchstens drei Moleküle beteiligt sind. Als Molekül wird in diesem Zusammenhang jeder physikalisch stabile, d.h. nicht spontan zerfallende Stoßpartner bezeichnet, außer Molekülen im herkömmlichen Sinne also auch chemisch hoch reaktive Radikale und Atome; zur Definition des Radikals wird auf Herzberg (1971) verwiesen. Die molekulare Betrachtungsweise begründet eine einheitliche Theorie der Stoßhäufigkeiten zwischen Gasmolekülen (Stoßtheorie).

Abbildung 1 zeigt die "Momentaufnahme" eines würfelförmigen Luftvolumens von 10 nm Kantenlänge, in dem sich bei Atmosphärendruck etwa 25 Stickstoff- und Sauerstoffmoleküle im Mischungsverhältnis 4 : 1 befinden. Der gaskinetische Moleküldurchmesser ist maßstäblich richtig gezeichnet. Offenbar ist die Raumerfüllung durch die Moleküle, die sich mit einer mittleren Geschwindigkeit von etwa 450 m/s geradlinig durch den leeren Raum bewegen und nur im Stoß mit einem anderen Molekül Flugrichtung und Geschwindigkeit ändern, äußerst gering: Der von einem Molekül zwischen zwei Stößen geradlinig zurückgelegte Weg beträgt etwa das Dreihundertfache seines eigenen Durchmessers!

Das schwarz markierte Molekül in Abb. 1 möge ein reaktionsfähiges Spurengasmolekül (z.B. Ozon) sein, das sich zufällig in dem betrachteten Luft-

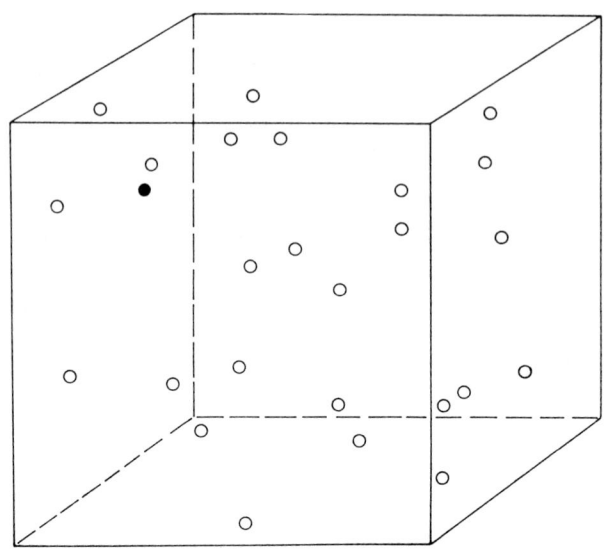

Abbildung 1:

"Momentaufnahme" eines würfelförmigen Luftvolumens von 10 nm Kantenlänge bei Atmosphärendruck. Der Durchmesser der Moleküle ist maßstäblich richtig dargestellt.

volumen befindet. Wenn das molare Mischungsverhältnis von Ozon in Luft 40 ppb beträgt, wird man im Mittel in jedem millionsten Volumenelement dieser Größe außer N_2 und O_2 auch ein Ozonmolekül antreffen. Ähnlich gering und teilweise noch viel geringer ist die Antreff-Wahrscheinlichkeit für andere Spurengase und Radikale. Stöße zwischen Spurengasmolekülen und Radikalen, in denen die Möglichkeit der Reaktion besteht, kommen demnach sehr viel seltener vor als nicht reaktive Stöße mit N_2 und O_2. Noch seltener treffen drei Moleküle (nahezu) gleichzeitig in einem Dreierstoß zusammen. Die statistische Wahrscheinlichkeit für Stöße zwischen mehr als drei Gasmolekülen schließlich ist praktisch Null. Auf dieser Überlegung beruht die folgende Klassifizierung elementarer Reaktionstypen (Nicholas 1976; Homann 1975).

Bimolekulare Reaktionen:

Bimolekular heißen Reaktionen, bei denen zwei Moleküle im Augenblick ihres Zusammenstoßes miteinander reagieren, also in zwei Moleküle anderer chemischer Identität übergehen. Dieser Reaktionstyp kommt in der Atmosphäre relativ am häufigsten vor. Die Reaktion

$$NO + O_3 \rightarrow NO_2 + O_2 \tag{1}$$

ist ein typischer Vertreter dieses Typs (Lippmann et al. 1980), weil ihre Reaktionsgleichung die Stöchiometrie und den elementaren Reaktionsakt gleichermaßen richtig beschreibt: Ein NO-Molekül stößt mit einem O_3-Molekül, wobei letzteres (erfolgreichen Ausgang des Stoßes vorausgegesetzt) ein Sauerstoffatom auf das NO-Molekül überträgt.

Als Reaktionsgeschwindigkeit R_1 definiert man die Änderungsgschwindig-
keit der Konzentrationen (O_3) und (NO) mit negativem Vorzeichen, bzw.
der Konzentrationen der Produkte mit positivem Vorzeichen:

$$R_1 = -\frac{d(O_3)}{dt} = -\frac{d(NO)}{dt} = \frac{d(NO_2)}{dt} = \frac{d(O_2)}{dt} = k_1 (O_3)(NO) \qquad (2)$$

Weil für jeden elementaren Reaktionsakt ein Stoß zwischen einem NO und
einem O_3 erforderlich ist, ist die Reaktionsgeschwindigkeit R_1 den Konzentrationen beider Edukte proportional. Die Proportionalitätskonstante
k_1 ist die schon erwähnte Geschwindigkeitskonstante der Elementarreak-
tion. Sie hat für bimolekulare Reaktionen die Dimension (Konzentration^{-1}
Zeit^{-1}).

Wenn elementare Stoßprozesse zwischen einzelnen Molekülen betrachtet
werden, bietet sich als Konzentrationsmaß die Teilchenzahldichte (d.h.
die Anzahl der Moleküle pro Volumeneinheit) an. Hieraus ergeben sich
bimolekulare Geschwindigkeitskonstanten in "molekularen" Einheiten
(cm^3 Molekül^{-1} s^{-1}).

Tabelle 1: Umrechnungsfaktoren für bimolekulare Geschwindigkeitskonstanten. Zur Umrechnung von den Einheiten a in die Einheiten b
wird die Geschwindigkeitskonstante mit dem in Zeile a, Spalte
b angegebenen Faktor multipliziert. M bezeichnet die Konzentrationseinheit Mol/Liter. Der Faktor f hat die Bedeutung
$f = (T_o \cdot p)/(T \cdot p_o)$.

a \ b	cm^3 Molekül^{-1} s^{-1}	M^{-1} s^{-1}	ppm^{-1} min^{-1}
cm^3 Molekül^{-1} s^{-1}	1	$6{,}02 \times 10^{20}$	$1{,}48 \times 10^{15} \times f$
M^{-1} s^{-1}	$1{,}66 \times 10^{-21}$	1	$2{,}46 \times 10^{-6} \times f$
ppm^{-1} min^{-1}	$6{,}77 \times 10^{-16}/f$	$4{,}07 \times 10^{5}/f$	1

In Tabelle 1 sind Faktoren angegeben, die der Umrechnung bimolekularer
Geschwindigkeitskonstanten von einer Maßeinheit in eine andere dienen.
In der Fachliteratur über atmosphärenchemische Modelle werden Geschwindigkeitskonstanten oft in den Einheiten ppm^{-1} min^{-1} angegeben. Da ppm
keine Konzentrationseinheit ist, sondern ein Mischungsverhältnis von
1 Mol Spurengas in 10^6 Molen Luft kennzeichnet, muß bei der Umrechnung
der Geschwindigkeitskonstanten von ppm^{-1} min^{-1} in die sonst üblichen

Konzentrationseinheiten ein druck- und temperaturabhängiger Umrechnungsfaktor verwendet werden:

$$1 \text{ ppm} = 2,429 \times 10^{13} \times \frac{T_O \cdot p}{T \cdot p_O} \quad [\text{Molekül cm}^{-3}]$$

$$T_O = 298 \text{ K}; \quad p_O = 1 \text{ bar} \quad (1 \text{ bar} = 100 \text{ kPa}).$$

Nach der Stoßtheorie kann die Geschwindigkeit R_{AB} einer bimolekularen Reaktion A + B $\rightarrow$ C + D höchstens so groß sein wie die Zahl der pro Zeit- und Volumeneinheit sich ereignenden Stöße zwischen den Reaktionspartnern A und B. Bezeichnet man mit W_{AB} die Reaktionswahrscheinlichkeit, d.h. die Zahl der erfolgreichen Stöße dividiert durch die Gesamtzahl der Stöße von A mit B, dann erhält man aus der einfachen Stoßtheorie für die Geschwindigkeitskonstante in den Einheiten cm^3 Molekül^{-1} s^{-1} den Ausdruck

$$k_{AB} = 1,98 \times 10^{-9} (d_A + d_B)^2 \sqrt{\frac{T(M_A + M_B)}{300 \cdot M_A \cdot M_B}} \; W_{AB}$$

$$= k_{AB}^{max} \times W_{AB} \tag{3}$$

d_A, d_B = gaskinetischer Moleküldurchmesser in nm;
M_A, M_B = relative molare Masse.

Die Reaktionswahrscheinlichkeiten W_{AB} sind aber für fast alle Reaktionen viel kleiner als 1, so daß k_{AB}^{max} eine obere Grenze für bimolekulare Geschwindigkeitskonstanten darstellt. Unter Berücksichtigung der relativen molarem Massen und der z.T. geschätzten Moleküldurchmesser erhält man für bimolekulare Reaktionen in der Atmosphäre k^{max}-Werte von einigen 10^{-10} cm^3 Molekül^{-1} s^{-1}.

k^{max} in Gleichung (3) ist nur schwach temperaturabhängig. Experimentell findet man aber bei bimolekularen Reaktionen oft starke Temperaturabhängigkeiten, die für alle in der Atmosphäre vorkommenden Temperaturen sehr gut durch die Arrhenius-Gleichung beschrieben werden (Menzinger und Wolfgang 1969):

$$k_{AB} = A \exp(-E/RT) \quad \text{bzw.} \quad \ln k_{AB} = \ln A - E/RT \qquad (4) \text{ bzw. } (4a)$$

Diese Gleichung eignet sich zur Tabellierung von Geschwindigkeitskonstanten durch Angabe der beiden konstanten Parameter A = präexponentieller Faktor und E = Aktivierungsenergie. An Stelle der Aktivierungsenergie E in kJ Mol^{-1} oder kcal Mol^{-1} wird heute oft die reduzierte Aktivierungsenergie E/R tabelliert, die die Dimension einer Temperatur hat (R = Gaskonstante = 8,314 J K^{-1} Mol^{-1}). Zur graphischen Bestimmung der

Parameter A und E aus Geschwindigkeitskonstanten, die im Labor bei verschiedenen Temperaturen gemessen wurden, wird die linearisierte Form (4a) verwendet (Arrhenius-Auftragung).

Tabelle 2: Stoßkonstanten k^{max}, präexponentielle Faktoren A, reduzierte Aktivierungsenergien E/R, Reaktionswahrscheinlichkeiten W, sowie Verhältnisse A/k^{max} für einige bimolekulare Reaktionen bei 300 K.

Reaktion	k^{max} in cm^3 Molekül^{-1} s^{-1}	A	E/R in K	W	A/k^{max}
a) $C_2H_4 + O_3$	$1,9 \times 10^{-10}$	9×10^{-15}	2560	9×10^{-9}	5×10^{-5}
b) $NO_2 + O_3$	$1,8 \times 10^{-10}$	$1,2 \times 10^{-13}$	2450	2×10^{-7}	7×10^{-4}
c) $NO + O_3$	$1,8 \times 10^{-10}$	$3,6 \times 10^{-12}$	1560	10^{-4}	0,02
d) $OH + CH_4$	$2,3 \times 10^{-10}$	$2,4 \times 10^{-12}$	1710	$3,5 \times 10^{-5}$	0,01
e) $OH + $ n-Butan	$3,7 \times 10^{-10}$	$1,7 \times 10^{-11}$	560	$7,1 \times 10^{-3}$	0,05
f) $O + NO_2$	$1,6 \times 10^{-10}$	$9,3 \times 10^{-12}$	ca. 0	0,06	0,06
g) $O + $ n-Butan	$3,3 \times 10^{-10}$	$1,4 \times 10^{-10}$	2400	$1,4 \times 10^{-4}$	0,4
h) $O + CH_3$	$3,0 \times 10^{-10}$	$1,3 \times 10^{-10}$	ca. 0	0,4	0,4

In Tabelle 2 werden Arrhenius-Parameter einiger bimolekularer Reaktionen mit ihren nach Gleichung (3) berechneten Stoßkonstanten k^{max} verglichen. Die Tabelle zeigt, daß Molekül-Molekül-Reaktionen durchweg sehr niedrige Reaktionswahrscheinlichkeiten aufweisen, wobei anzumerken ist, daß die Beispiele a) bis c) noch zu den schnellsten Molekül-Molekül-Reaktionen zählen. Die meisten anderen Molekül-Molekül-Reaktionen sind bei den in der Atmosphäre herrschenden Temperaturen unmeßbar langsam und tragen nicht zum Abbau von Spurengasen bei. Sehr viel höhere Reaktionswahrscheinlichkeiten ergeben sich bei Reaktionen von Radikalen mit Molekülen, Beispiele d) bis g), besonders wenn sie niedrige Aktivierungsenergien aufweisen. Die höchsten Reaktionswahrscheinlichkeiten, die oft nahe bei 1 liegen, findet man bei exothermen Radikal-Radikal-Reaktionen, die oft sehr niedrige oder gar keine Aktivierungsenergien besitzen (Beispiel h). In der Atmosphäre sind daher an nahezu allen elementaren Reaktionsschritten Radikale als Reaktionspartner beteiligt (Schurath 1977), die durch kurzwelliges Sonnenlicht aus wenigen stabilen Spurengasmolekülen erzeugt werden können. Da bei der Reaktion eines Radikals mit einem Molekül als eines der Produkte wieder ein Radikal entsteht, das seinerseits mit geeigneten Molekülen weiterreagieren kann, spricht man von

Radikalkettenreaktionen. Wegen ihrer außerordentlichen Reaktivität gegenüber fast allen anthropogenen und natürlichen Spurengasen sind OH-Radikale in der Atmosphäre besonders wichtige Reaktionsträger.

Die Theorie der Geschwindigkeitskonstanten läßt erwarten, daß der Quo-
tient A/k^{max} einer Reaktion umso größer ist, je geringere Anforderungen
an den Ordnungsgrad des Stoßkomplexes zu stellen sind, aus dem sich durch
Umordnung der Bindungen die Produkte entwickeln. Dieses Konzept liegt
verschiedenen statistisch-mechanischen und halbempirischen Methoden zur
näherungsweisen Berechnung präexponentieller Faktoren bimolekularer Reaktionen zugrunde (Benson 1976). Theoretische Berechnungen von Aktivierungsenergien sind dagegen noch nicht allgemein möglich. Ein Modellrechner
sollte sich nur dann, wenn experimentelle Daten vollkommen fehlen, mit
theoretischen Abschätzungen von Geschwindigkeitskonstanten behelfen.

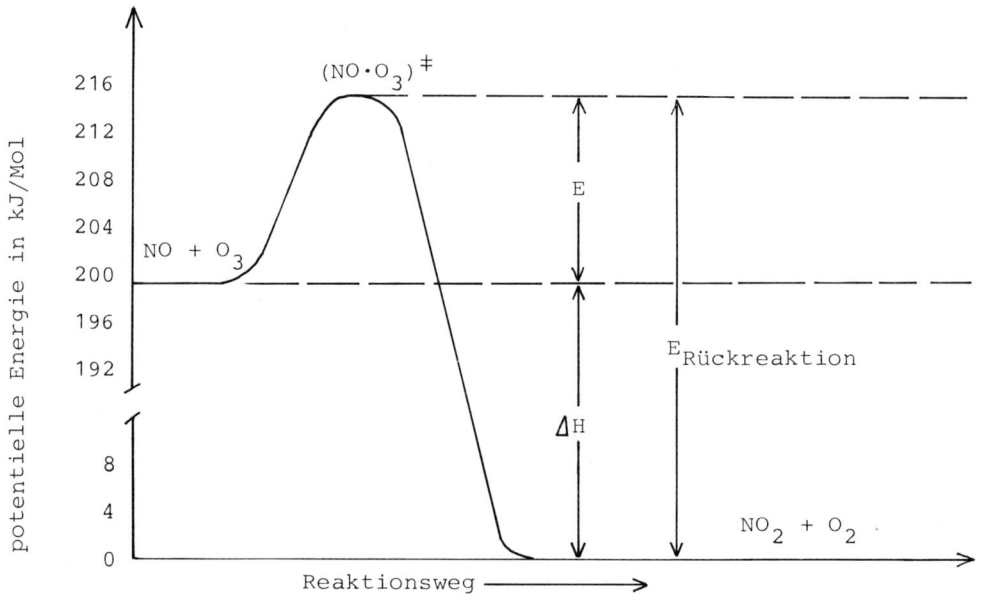

Abbildung 2: Verlauf der potentiellen Energie eines stoßenden Molekülpaares $NO + O_3$ auf dem Weg zu den Produkten $NO_2 + O_2$.
Zwischen 10 und 190 kJ/Mol ist die Energieskala gestaucht.

Eine einfache Deutung erfährt die Aktivierungsenergie E einer Reaktion
durch Abb. 2, die den Verlauf der potentiellen Energie des Molekülpaares
$NO + O_3$ entlang des Reaktionsweges beschreibt: Auf dem Weg von den Eduk-
ten zu den Produkten muß im Stoß eine Energiebarriere der Höhe E überwun-
den werden, die den Boltzmannfaktor $\exp(-E/RT)$ in Gleichung (4) plausibel
macht (Menzinger und Wolfgang 1969). Die molekülartige Vereinigung

$(NO \cdot O_3)^{\ddagger}$ der Reaktionspartner auf dem Gipfel der Barriere nennt man den aktivierten Komplex der Reaktion. Wie die Abbildung ferner zeigt, ist die zu einer stark exothermen Reaktion ($\Delta H < O$) gehörige Rückreaktion praktisch immer unendlich langsam, weil die Aktivierungsbarriere E für die Rückreaktion um den Betrag ΔH erhöht und damit der Exponentialfaktor in Gleichung (4) praktisch Null wird. Solche thermochemischen Betrachtungen sind nützlich, wenn aus einer sehr großen Zahl möglicher Paarunger zwischen verschiedenen in der Atmosphäre vorhandenen Molekülen und Radikalen die tatsächlich wichtigen herausgefiltert werden sollen.

Trimolekulare Reaktionen:

Chemische Reaktionen, bei denen drei Reaktionspartner gleichzeitig, quasi in einem Stoß, chemisch umgewandelt werden, sind sehr selten. Sie zeigen eine sehr schwache negative Temperaturabhängigkeit, die über größere Bereiche nicht gut durch die Arrheniusgleichung beschrieben wird. Für die Chemie der verunreinigten Atmosphäre spielt die Oxidation des NO durch Luftsauerstoff eine gewisse Rolle:

$$NO + NO + O_2 \longrightarrow NO_2 + NO_2 \tag{5}$$

Gemäß dem trimolekularen Charakter des elementaren Reaktionsschrittes ist die Geschwindigkeit der Reaktion den Konzentrationen aller drei Stoßpartner proportional:

$$R_5 = -\frac{1}{2} d(NO)/dt = k_5 (NO)(NO)(O_2) = k_5 (NO)^2 (O_2) \tag{6}$$

Geschwindigkeitskonstanten trimolekularer Reaktionen werden in den Einheiten cm^6 Molekül^{-1} s^{-1} oder ppm^{-2} min^{-1} angegeben. Auf Grund einer einfachen theoretischen Überlegung sollte die Geschwindigkeitskonstante einer trimolekularen Reaktion, in molekularen Einheiten ausgedrückt, von der Größenordnung 10^{-32} oder kleiner sein. Weil k_5 nur 2×10^{-38} cm^6 Molekül^{-1} s^{-1} beträgt, ist in diesem Fall die Reaktionswahrscheinlichkeit W von der Größenordnung 10^{-6}.

Mit einer gewissen Berechtigung kann Reaktion (5) auch als sehr rasche Abfolge zweier bimolekularer Reaktionen interpretiert werden:

$$NO + NO \underset{k_-}{\overset{k_+}{\rightleftharpoons}} N_2O_2 \tag{5a}$$

$$N_2O_2 + O_2 \xrightarrow{k_{5b}} NO_2 + NO_2 \tag{5b}$$

Hier bedeutet N_2O_2 ein sehr instabiles Dimeres des NO, das bei Zimmer-
temperatur in einem sehr weit nach links verschobenen Gleichgewicht mit
NO vorliegt. Aus diesem Mechanismus folgt für k_5 unter der Annahme, daß
das Gleichgewicht durch die langsame Reaktion (5b) nicht gestört wird,
ein zusammengesetzter Ausdruck:

$$k_5 = k_{5b} \cdot k_+ / k_- = k_5 \cdot \mathbb{K}$$

$\mathbb{K}$ ist die Gleichgewichtskonstante für die Bildung von N_2O_2 aus zwei NO-
Molekülen, deren negativer Temperaturkoeffizient die negative Aktivierungsenergie der Reaktion (5) plausibel macht (Heicklen und Cohen 1968).

Die quadratische Abhängigkeit der Reaktionsgeschwindigkeit R_5 von der
NO-Konzentration hat zur Folge, daß dieser Oxidationsmechanismus in der
Atmosphäre nur bei sehr hohen NO-Konzentrationen (z.B. in fast unver-
dünnten Kraftwerks-Abgasen) mit der Oxidation des NO durch Ozon, Reaktion (1), konkurrieren kann (Schurath und Ruffing 1981).

Rekombinationsreaktionen:

Dieser Reaktionstyp steht den trimolekularen Reaktionen formal sehr
nahe. Die Vereinigung kleiner Molekülfragmente zu einem stabilen Molekül
ist nur unter Mitwirkung eines dritten Stoßpartners möglich, der an der
Reaktion im chemischen Sinne nicht teilnimmt und deshalb als inert bezeichnet wird:

$$O + O_2 + M \longrightarrow O_3 + M \quad \text{(M = inerter Stoßpartner,}$$
$$\text{z.B. } N_2 \text{ oder } O_2) \tag{7}$$

Weil die Konzentration (M) des inerten Stoßpartners dem Luftdruck proportional und damit gewöhnlich konstant ist, kann man die Reaktion (7)
als quasi-bimolekular auffassen und ihr die Geschwindigkeitskonstante
$k_7' = k_7(M)$ zuordnen, die dem Totaldruck proportional ist.

Die einfache Proportionalität zwischen der quasi-bimolekularen Geschwindigkeitskonstanten k' und dem Druck ist in der Atmosphäre nur für die
Rekombination von Atomen mit kleinen Molekülen (z.B. für Reaktion 7)
über einen weiten Druckbereich erfüllt. Bei der Bildung größerer Moleküle
findet man experimentell eine kompliziertere Druckabhängigkeit, die in
Modellrechnungen zur Chemie der Stratosphäre berücksichtigt werden muß.
Das kann durch eine theoretisch begründete einfache Parametrisierung
geschehen (Troe 1979). Im sogenannten Hochdruckbereich, der für größere
Moleküle schon weit unter Atmosphärendruck erreicht werden kann, verlieren Rekombinationsreaktionen ihre Druckabhängigkeit.

Monomolekulare Reaktionen:

In der bodennahen Atmosphäre und in der Stratosphäre wurden in den letzten Jahren eine Reihe labiler Moleküle entdeckt, die "spontan" in Fragmente zerfallen können. Als Prototyp kann das in der verunreinigten Atmosphäre seit langem bekannte Peroxiacetylnitrat (PAN) betrachtet werden, dessen monomolekularer Zerfall gut untersucht ist:

$$CH_3C\overset{O}{\underset{OONO_2}{\diagdown}} \longrightarrow CH_3C\overset{O}{\underset{OO}{\diagdown}} + NO_2 \cdot \tag{9}$$

Der Zerfall des Moleküls erfolgt monomolekular, d.h. im Augenblick des Zerfalls hat das Molekül keinen Stoßkontakt mit anderen Gasmolekülen. Vorher muß dem Molekül allerdings durch einen aktivierenden Stoß mit einem beliebigen Stoßpartner die zum Bindungsbruch erforderliche Energie zugeführt worden sein, weshalb die Zerfallsgeschwindigkeit im Prinzip druckabhängig ist. Die Geschwindigkeit des Zerfalls kann durch folgende Differentialgleichung beschrieben werden:

$$R_9 = - d(PAN)/dt = k_9(PAN) \tag{10}$$

Geschwindigkeitskonstanten monomolekularer Reaktionen werden in s^{-1} angegeben. Wenn die Konzentrationsänderung von PAN ausschließlich durch den monomolekularen Zerfall (9) hervorgerufen wird und eine Rückreaktion (Rückbildung von PAN durch Rekombination der Zerfallsprodukte) z.B. durch eine hohe NO-Konzentration verhindert wird (Cox und Roffey 1976), ergibt sich durch Integration der Differentialgleichung (10) der zeitliche Verlauf der PAN-Konzentration:

$$(PAN)_t = (PAN)_{t=0} \; exp(-t \cdot k_9) \quad . \tag{11}$$

Demnach kann die Geschwindigkeitskonstante durch Messung der Halbwertszeit des Zerfalls bestimmt werden: $k_9 = 0,693/\tau_{1/2}$.

Die Temperaturabhängigkeit monomolekularer Zerfallsreaktionen wird sehr gut durch die Arrheniusgleichung beschrieben. Für PAN wurde folgende Temperaturabhängigkeit gemessen (Schurath et al. 1984):

$$k_9 = 6,3 \times 10^{15} \; exp(-13160/T) \quad s^{-1}.$$

Der präexponentielle Faktor hat in diesem Fall (im Gegensatz zu bimolekularen Geschwindigkeitskonstanten) die Dimension einer Frequenz und wird daher auch als Frequenzfaktor bezeichnet. Frequenzfaktoren liegen im Bereich von 10^{10} bis $10^{18} \; s^{-1}$, am häufigsten zwischen 10^{12} und 10^{15} s^{-1} (Kondradiev und Nikitin 1981). Die Aktivierungsenergien monomolekularer Zerfallsreaktionen hängen mit der Stärke der zu brechenden Bindung zusammen und sind dementsprechend sehr verschieden.

Zerfallsreaktionen von Molekülen sind im Prinzip stets umkehrbar. So erfolgt z.B. die Bildung von PAN in der Atmosphäre in Umkehrung der Reaktion (9) durch Rekombination von NO_2 mit dem Radikal $CH_3C{\overset{O}{\underset{OO}{\diagdown}}}$. Wegen der Größe des Moleküls ist diese Reaktion in der Atmosphäre nicht mehr druckabhängig. Soweit die Druckabhängigkeit monomolekularer Zerfallsreaktionen in der Atmosphäre von Bedeutung ist, kann sie durch die gleiche Parametrisierung beschrieben werden, die für den umgekehrten Prozeß, also die Bildung des Moleküls durch Rekombination der Fragmente, verwendet wird (Troe 1979).

Photochemische Reaktionen:

Ein Molekül A, welches bei der Wellenlänge $\lambda = c/\nu$ ein Photon der Energie $h\nu$ absorbiert, gelangt dadurch in einen angeregten Zustand A^*. Dieser Zustand ist sehr kurzlebig, oft vergleichbar oder kürzer als die Zeit zwischen zwei Stößen bei Atmosphärendruck. Von den miteinander konkurrierenden Folgereaktionen des angeregten Moleküls hängt es ab, ob der Absorptionsprozeß zu einer dauernden chemischen Veränderung des Moleküls A führt, oder ob er ohne Folgen für die Chemie der Atmosphäre bleibt. Ein typisches photochemisches Reaktionsschema umfaßt mindestens folgende Reaktionen:

$$A + h\nu \longrightarrow A^* \qquad \text{Lichtabsorption} \qquad (12)$$
$$A^* \longrightarrow A + h\nu_F \qquad \text{Fluoreszenz} \qquad (13)$$
$$A^* + M \longrightarrow A + M \qquad \text{Löschung im Stoß} \qquad (14)$$
$$A^* \longrightarrow B + C \qquad \text{Dissoziation} \qquad (15)$$

Von den Folgeprozessen (13) bis (15) ist luftchemisch nur die Dissoziation (15) von Interesse, erstens weil das Molekül A dadurch vernichtet wird, und zweitens weil die entstehenden Molekülfragmente B und C oft hoch reaktive Atome und/oder Radikale sind, die als Auslöser von Radikalkettenreaktionen in der Atmosphäre wirken (Schurath 1977). Die Geschwindigkeitskonstanten der nachgeschalteten Reaktionsschritte sind davon abhängig, bei welcher Wellenlänge das Photon im Schritt (12) absorbiert wurde. Insbesondere muß aus Energiegründen eine Grenzwellenlänge λ_{max} unterschritten werden, damit die Dissoziation (15) möglich wird. Z.B. erfolgt die Photodissoziation des NO_2 zu NO + O erst unterhalb von etwa 410 nm, obwohl Stickstoffdioxid auch langwelligeres, d.h. energieärmeres Licht absorbiert.

Ein photochemischer Prozeß, der in der Atmosphäre von Bedeutung ist, ist die Photolyse des Formaldehyds, H_2CO. Das Absorptionsspektrum des Moleküls ist in Abb. 3 aufgetragen. Abbildung 4 zeigt zum Vergleich das Spektrum des Tageslichtes in der bodennahen Atmosphäre. Wo sich beide Spektren überlappen, werden Formaldehydmoleküle durch Absorption von Tageslicht elektronisch angeregt. Das angeregte Molekül kann auf zwei Wegen dissoziieren:

$$H_2CO^* \longrightarrow H_2 + CO \qquad \text{(molekulare Produkte)}; \qquad (15a)$$

$$\longrightarrow H + HCO \qquad \text{(radikalische Produkte)}. \qquad (15b)$$

Die Grenzwellenlänge für den atmosphärenchemisch wichtigen, weil radikalbildenden Prozeß (15b) liegt bei 340 nm, während Reaktion (15a) im gesamten Überlappungsbereich energetisch möglich ist. Mit der Dissoziation konkurriert die Löschung des elektronisch angeregten Formaldehyds durch Stöße mit Luftmolekülen, Reaktion (14), während die Fluoreszenz (13) des Formaldehyds in der Atmosphäre keine Rolle spielt.

Die im einzelnen wegen der Wellenlängen- und Druckabhängigkeit komplizierten Verhältnisse können reaktionskinetisch durch einen einfachen Ansatz beschrieben werden, der die Photodissoziation formal wie eine molekulare Zerfallsreaktion behandelt. Die Reaktionsgeschwindigkeit der Dissoziation (15b) des Formaldehyds in der Atmosphäre beträgt z.B.

$$R_{15b} = d(H)/dt = j_{15b}(H_2CO). \qquad (16)$$

j_{15b} wird als Photolysefrequenz der Reaktion (15b) bezeichnet, weil sie dimensionsmäßig der Zerfallskonstanten einer monomolekularen Reaktion entspricht. Allerdings sind Photolysefrequenzen j keine Konstanten, sondern hängen von der Intensität des Tageslichtes und dem Überlappungsgrad mit dem Spektrum des Moleküls ab. Rechnerisch ergibt sich die Photolysefrequenz j einer photochemischen Reaktion aus folgendem Integral, das über den Überlappungsbereich des Absorptionsspektrums des betreffenden Moleküls mit dem Tageslicht zu erstrecken ist:

$$j = \int \sigma_\lambda \Phi_\lambda I_\lambda d\lambda .$$

$\sigma_{(\lambda)}$ ist der Absorptionsquerschnitt des zu dissoziierenden Moleküls, dessen Wellenlängenabhängigkeit durch das Absorptionsspektrum angegeben wird. $\Phi_{(\lambda)}$ ist die Quantenausbeute, d.h. die Wahrscheinlichkeit dafür, daß ein bei der Wellenlänge λ absorbiertes Photon unter atmosphärischen Bedingungen zur betrachteten photochemischen Reaktion führt. $I_{(\lambda)}$ ist die über alle Einfallswinkel gemittelte Intensität bei der Wellenlänge λ.

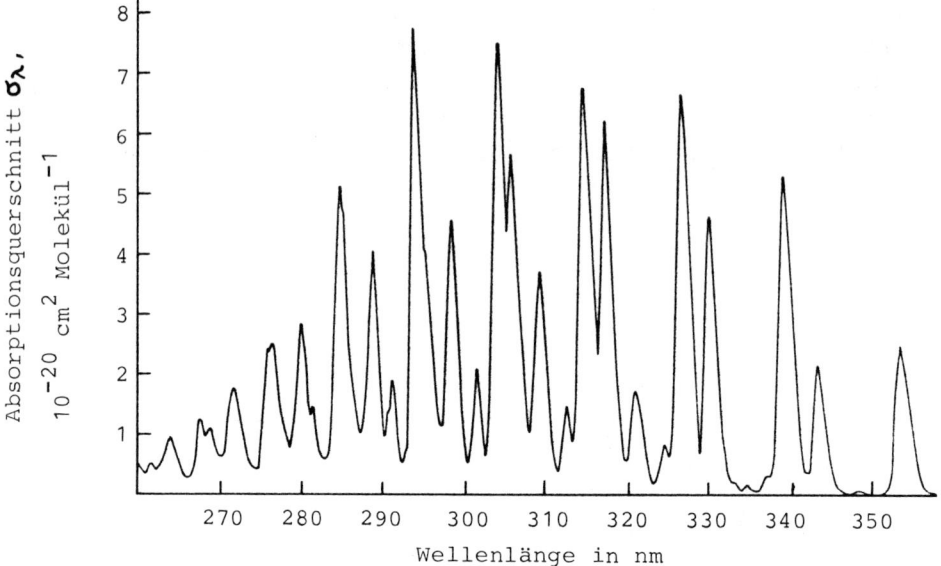

Abbildung 3: Absorptionsspektrum von gasförmigem Formaldehyd bei 277 K, nach G.K. Moortgat. Spektrale Auflösung 0,5 nm.

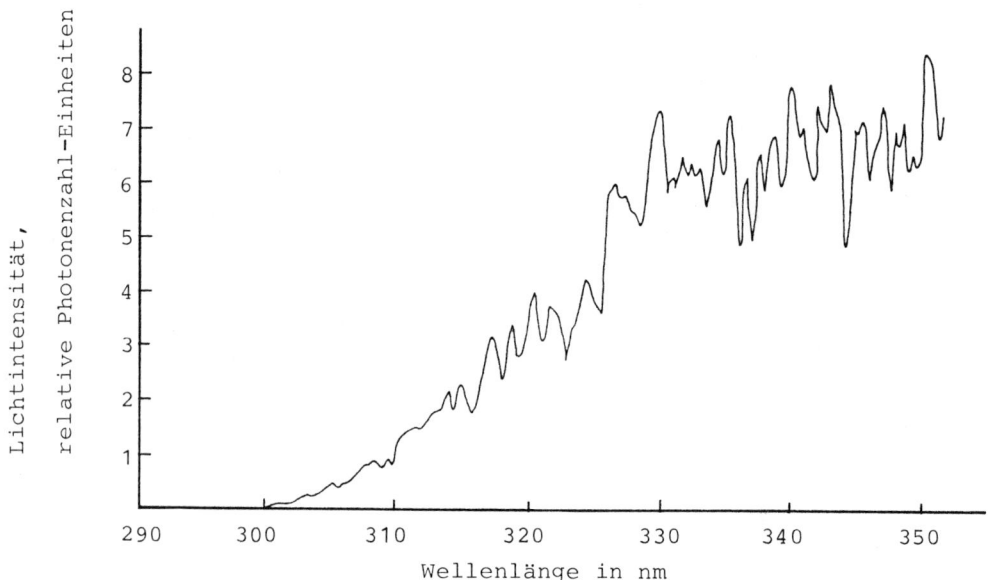

Abbildung 4: Tageslichtspektrum im ultravioletten Spektralbereich unter 350 nm. Eigene Messung in Bonn, spektrale Auflösung 0,4 nm.

In Abb. 5 ist etwas schematisch das Spektrum des Sonnenlichtes außerhalb und - vermindert um den überwiegend in der Stratosphäre durch Ozon absorbierten schraffierten Anteil - in der bodennahen Atmosphäre aufgetragen. Die Grenzwellenlängen und Erstreckungsbereiche wichtiger photochemischer Prozesse in der Atmosphäre sind durch Pfeile gekennzeichnet. Wegen der

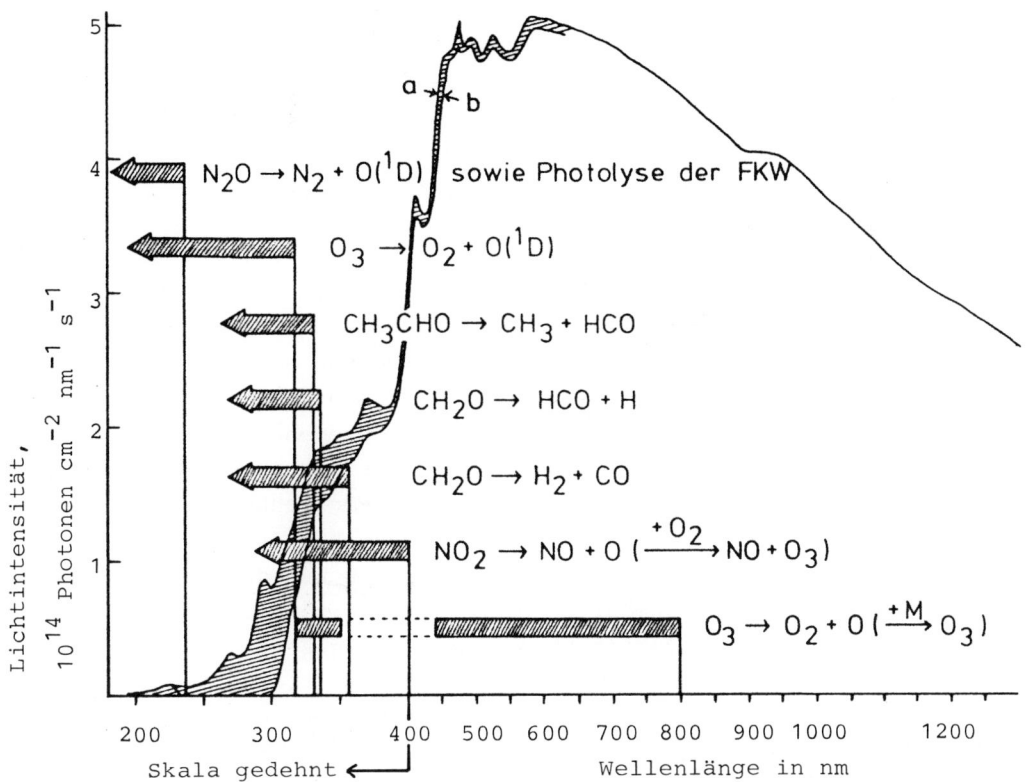

Abbildung 5: Einsatzwellenlängen wichtiger photochemischer Prozesse in der Atmosphäre. Das Spektrum des Sonnenlichtes außerhalb der Erdatmosphäre wird durch Kurve a, das nur durch molekulare Absorption geschwächte Spektrum an der Erdoberfläche schematisch durch Kurve b wiedergegeben. Im ultravioletten Spektralbereich unterhalb von etwa 350 nm wird das Sonnenlicht zunehmend vom Ozon in der Stratosphäre absorbiert und unterhalb von 300 nm praktisch vollständig von der Erdoberfläche ferngehalten (schraffierter Anteil).

bei 1 bar außerordentlich schnellen Rekombination der Sauerstoffatome mit molekularem Sauerstoff unter Rückbildung von Ozon (Reaktion 7) bewirkt die langwellige Ozonphotolyse in der Troposphäre praktisch keinen Nettoumsatz an Ozon oder anderen Spurengasen. Dagegen reagieren einige % der durch Photodissoziation des Ozons unterhalb von 310 nm entstehenden elektronisch angeregten Sauerstoffatome $O(^1D)$ mit Wasserdampf unter Bildung von OH-Radikalen. N_2O und die Fluorchlorkohlenwasserstoffe können in der bodennahen Atmosphäre überhaupt nicht photodissoziiert werden, weil sie erst weit unterhalb von 300 nm zu absorbieren beginnen.

ANWENDUNGEN

Gesichtspunkte zur Erstellung eines chemischen Reaktionsmechanismus:

Bei Einwirkung von Sonnenlicht auf eine verunreinigte Luftmasse werden aus den primär vorhandenen Spurengasen eine größere Zahl reaktiver Zwischenprodukte (labile Moleküle, Atome, Radikale) sowie sekundäre Schadstoffe erzeugt. Da jedes Molekül mit jedem anderen sowie mit seinesgleichen stoßen und u.U. chemisch reagieren kann, müssen in einem Reaktionsmechanismus insgesamt N(N+1)/2 Paarungen verschiedener und gleicher Spezies vorgesehen werden, wobei N die Zahl der bekannten Spezies ist. Für N = 100 ergeben sich bereits 5050 Paarungsmöglichkeiten, von denen einige mit großer Wahrscheinlichkeit zu Produkten führen, die in der Zahl N = 100 noch nicht enthalten sind. Folglich muß das Reaktionsschema um zahlreiche neue Paarungsmöglichkeiten erweitert werden. Theoretisch müßte dieses Erweiterungsverfahren so lange fortgesetzt werden, bis ein abgeschlossenens System von Reaktionen gefunden ist, aus dem keine Produkte mehr herausführen. Der konsequenten Verfolgung dieses Weges stehen jedoch praktische Erwägungen entgegen:

1. Den experimentellen Möglichkeiten zur Messung von Geschwindigkeitskonstanten sind Grenzen gesetzt;

2. Der Bedarf an Rechenzeit zur Integration der sich ergebenden gekoppelten Differentialgleichungen für die Konzentrationsänderungen der Reaktionspartner wächst rasch mit der Zahl der zu berücksichtigenden Moleküle.

Der Modellrechner muß daher beim Aufbau eines Reaktionsschemas aus der großen Zahl theoretisch möglicher Paarungen die tatsächlich wichtigen chemischen Reaktionen herausfinden. Ein wesentliches, wenn auch nicht allein ausreichendes Auswahlkriterium ist die absolute Größe von Geschwindigkeitskonstanten, die gemessen oder notfalls abgeschätzt werden müssen. Ein zweites wichtiges Auswahlkriterium sind die tatsächlichen

Geschwindigkeiten konkurrierender Reaktionen, die außer von den Geschwindigkeitskonstanten auch von den Konzentrationen verschiedener Reaktionspartner abhängen. Ein Reaktionsschema für die Atmosphäre läßt sich daher umso leichter aufstellen, je mehr Meßdaten über die tatsächlich in der Atmosphäre vorhandenen Teilchenkonzentrationen verfügbar werden.

Datensammlungen:

Sehr nützlich für den Atmosphärenchemiker sind Tabellen von Geschwindigkeitskonstanten, die ihm den Zeitaufwand zur Sichtung und Wertung der außerordentlich umfangreichen Literatur über Labormessungen von Geschwindigkeitskonstanten ersparen. Eine solche Liste, die Daten zu 228 chemischen und photochemischen Elementarreaktionen mit ausführlicher Kommentierung enthält, wurde von der CODATA Task Group on Chemical Kinetics herausgegeben, der deutsche, englische und amerikanische Wissenschaftler angehören. Die Liste wurde vorrangig zur Modellierung der Stratosphärenchemie erarbeitet. Wesentlich mehr Reaktionen sind zur Modellierung luftchemischer Reaktionen in der verunreinigten bodennahen Atmosphäre notwendig, in der insbesondere die komplexen Abbaumechanismen der Kohlenwasserstoffe berücksichtigt werden müssen. Für viele Kohlenwasserstoffe, insbesondere für Aromaten, kennt man bisher weder die genauen Abbaumechanismen noch die Geschwindigkeitskonstanten der einzelnen Reaktionsschritte.

Abschätzungsverfahren:

Eine bewährte Methode zur Abschätzung der relativen Bedeutung chemischer Reaktionsschritte benutzt die Tatsache, daß die Bildungs- und Verlustgeschwindigkeiten sehr reaktionsfähiger und daher kurzlebiger Atome und Radikale in sehr guter Näherung gleich sind ("steady state"-Näherung). Z.B. lautet die Differentialgleichung für die Bildung und Abreaktion von Sauerstoffatomen in der Atmosphäre

$$d(O)/dt = j(NO_2) - (O)\left[(O_2)(M)k_7 + \sum_i k_i(B_i)\right] = 0 \qquad (17)$$

$$\text{I.} \qquad\qquad \text{II.} \qquad\quad \text{III.}$$

Der Quellterm I. beinhaltet die Bildung von Sauerstoffatomen durch die Photolyse des NO_2. Der Senkenterm II. berücksichtigt die Ozonbildung durch Rekombination der Sauerstoffatome mit Luftsauerstoff in Reaktion (7), während der Term III. alle anderen Senken durch Reaktionen mit anderen Reaktionspartnern B_i (z.B. mit Kohlenwasserstoffen) zusammen-

44

faßt. Durch Einsetzen bekannter Geschwindigkeitskonstanten k_i und reali-
stischer Konzentrationen der Reaktionspartner B_i läßt sich zeigen, daß
in der nicht zu stark verunreinigten Atmosphäre der Term III. gegenüber
dem Term II. vernachlässigt werden kann. Wegen der kurzen Halbwertszeit
für die Rekombination der Sauerstoffatome mit Luftsauerstoff, die man
durch Integration der zu Reaktion (7) gehörigen Differentialgleichung
für die Sauerstoff-Abreaktion erhält,

$$T_{1/2} = \frac{0,693}{(O_2)(M)k_7} = 8,8 \times 10^{-6} \text{ s}, \tag{18}$$

gilt die Annahme eines "steady state" für die Sauerstoffatome in sehr
guter Näherung, so daß man unter Vernachlässigung des Terms III. die
Terme I. und II. gleichsetzen darf und so eine Bestimmungsgleichung für
die Sauerstoffatom-Konzentration erhält:

$$(O) = \frac{j \times (NO_2)}{(O_2)(M)k_7} \tag{19}$$

Bei einer NO_2-Konzentration von 20 ppb ergibt sich für eine Photolysefrequenz $j = 8 \times 10^{-3} \text{ s}^{-1}$ (Sommer-Mittagssonne, Bahe et al. 19) folgende Konzentration an Sauerstoffatomen in der Atmosphäre:

$$(O) = 5,1 \times 10^4 \text{ Atome cm}^{-3}.$$

Wenn nötig kann man die Abschätzung durch Berücksichtigung des vernach-
lässigten Terms II. verbessern.

Ähnlich lassen sich die Konzentrationen anderer Radikale in der Atmosphäre durch Anwendung der "steady state"-Näherung abschätzen, soweit
genügend Informationen über ihre Quellen und Senken zur Verfügung stehen.
Besonders wichtig ist dieses Verfahren zur Abschätzung der OH-Radikalkonzentration, die für Tageslichtverhältnisse Werte um 10^6 OH cm^{-3} ergibt.
Geschätzte Atom- und Radikalkonzentrationen eignen sich zur Berechnung
der Abbaugeschwindigkeiten von Spurengasen, die von diesen Atomen und
Radikalen angegriffen werden, ohne deren "steady state"-Konzentration
wesentlich zu beeinflussen.

Solche Abschätzungsverfahren können natürlich ausführliche Modellrechnungen nicht ersetzen. Sie stellen aber ein wesentliches Planungsinstru-
ment bei der Entwicklung von Reaktionsmechanismen dar.

LITERATUR

Bahe FC, Schurath U, Becker KH (1980) The frequency of NO_2 photolysis
at ground level, as recorded by a continuous actinometer. Atmos
Environ 14:711-718

Chance EM, Curtis AR, Jones IP. Kirby CR (1977) FACSIMILE: a computer
program for flow and chemistry simulation, and general initial value
problems. AERE-R.8775, H.M.S.O., London

CODATA Task Group on Chemical Kinetics (1982) Evaluated Kinetic and
Photochemical Data for Atmospheric Chemistry: Supplement I. J Phys
Chem Ref Data 11:327-496

CODATA Task Group on Chemical Kinetics (1980) Evaluated Kinetic and
Photochemical Data for Atmospheric Chemistry. J Phys Chem Ref Data
9:295-471

Cox RA, Roffey MJ (1977) Thermal Decomposition of Peroxyacetylnitrate
in the Presence of Nitric Oxide. Environ Sci Technol 11:900-906

Heicklen J, Cohen N (1968) The Role of Nitric Oxide in Photochemistry.
Adv Photochem 5:157-328

Herzberg G (1971) The Spectra and Structure of Simple Free Radicals.
Cornell University Press, Ithaca

Homann KH (1975) Reaktionskinetik. Steinkopff, Darmstadt

Kondradiev VN, Nikitin EE (1981) Gas-Phase Reactions - Kinetics and
Mechanisms. Springer, Berlin

Lamb RG, Seinfeld JH (1973) Mathematical Modeling of Urban Air Pollution.
Environ Sci Technol 7:253-261

Lippmann HH, Jesser B, Schurath U (1980) The Rate Constant of $NO + O_3 \rightarrow$
$NO_2 + O_2$ in the Temperature Range of 283 - 443 K. Int J Chem Kinet 12:
547-554

Menzinger M, Wolfgang RL (1969) Bedeutung und Anwendung der Arrhenius-
Aktivierungsenergie. Angew Chem 81:446-452

Nicholas J (1976) Chemical Kinetics - A Modern Survey of Gas Reactions.
Harper and Row, London

Schurath U (1977) Die Chemie des Photochemischen Smogs. VDI-Berichte
270: 13-18

Schurath U, Ruffing K (1981) Die Oxidation von NO durch Sauerstoff und
Ozon in Abgasfahnen. Staub-Reinhalt Luft 41:277-281

Schurath U, Kortmann U, Glavas S (1984) Properties, Formation, and De-
tection of Peroxyacetyl Nitrate. In Proceedings of the 3rd European
Symposium "Physico-Chemical Behaviour of Atmospheric Pollutants", D.
Reidel, Dordrecht, im Druck

Troe J (1979) Predictive Possibilities of Unimolecular Rate Theory. J
Phys Chem 83:114-126

Radikale in der reinen und verschmutzten Atmosphäre

F. Stuhl

1. EINLEITUNG

Eine große Anzahl von Spurengasen kann in der Atmosphäre nachgewiesen werden (Graedel 1978). Von einigen dieser Spurengase (z.B. CO) weiß man, daß ihre Konzentrationen nicht in dem Maße, wie sie in die Atmosphäre gelangen, anwachsen. Es müssen somit Vorgänge stattfinden, die diese Gase aus der Atmosphäre entfernen.

Es gibt verschiedene Prozesse, die Spurengase entfernen können, wie trockene und nasse Ablagerung, photolytische Zerstörung und chemische Reaktionen. In diesem Beitrag soll allein auf die Grundlagen der chemischen Umwandlungen eingegangen werden, die einen Teilaspekt der Reinhaltung der Luft darstellen.

Chemische Gasphase-Reaktionen können in der Atmosphäre recht schnell ablaufen, so daß sie einen wesentlichen Anteil am Schicksal eines Spurengases haben können. Der Grund dafür liegt darin, daß die Atmosphäre kein reaktionsträges Gemisch stabiler Moleküle darstellt, sondern daß in ihr Radikale gebildet werden, die höchst reaktiv sind. Als Radikale sollen hier chemisch instabile Bruchstücke stabiler Moleküle bezeichnet werden. Wegen ihrer hohen Reaktivität sind die Konzentrationen der Radikale in der Luft gewöhnlich sehr gering, so daß es sehr schwierig sein kann, sie quantitativ nachzuweisen. Einige einfache Radikale sind beispielsweise H (Wasserstoffatome), HO (Hydroxylradikale), HO_2 (Hydroperoxyradikale), CH_3O_2 (Methylperoxyradikale), $O(^3P)$ (Sauerstoffatome im Grundzustand), $O(^1D)$ (Sauerstoffatome im ersten angeregten, metastabilen Zustand), NO_3 (Nitratradikale).

Bei Radikal-Molekülreaktionen entstehen meistens neue Radikale, die dann weiter reagieren können. Es gibt Radikale in der Luft, die im Verlauf dieser Reaktionen zurückgebildet werden. Ein solcher Mechanismus chemischer Reaktionen wird Kettenreaktion genannt. Kettenreaktionen können in der Atmosphäre auf Radikalkonzentrationen stabilisierend wirken.

2. PHOTOCHEMISCHE PRIMÄRPROZESSE

Ein wesentlicher Beitrag zur Chemie der Atmosphäre wird durch photochemische Vorgänge ausgelöst. Dabei ist das Sonnenlicht die treibende Kraft. Die spektrale Verteilung des auf die Erde auftreffenden Sonnenlichts ist in Abb. 1 gezeigt. Wie aus dieser Abbildung ersichtlich ist, reicht die kurzwellige Strahlung am Erdboden bis zu einer Wellenlänge von ungefähr 300 nm, denn Licht von kürzerer Wellenlänge wird von der Ozonschicht der Stratosphäre absorbiert. Diese kurzwellige Wellenlängengrenze entspricht einer Photonenenergie von ca. 400 kJ mol^{-1}, welche ausreicht, viele Molekülarten, falls sie dieses Licht absorbieren, zu dissoziieren. Das die Stratosphäre erreichende Sonnenlicht ist mit 300 nm > λ > 190 nm (400 bis 630 kJ mol^{-1}) noch energiereicher. Viele der photochemischen Prozesse, die in diesem UV-Bereich ablaufen, sind recht gut untersucht (Okabe 1978). Ferner sind viele der Reaktionen der Photolysebruchstücke (Radikalreaktionen) ausführlich untersucht worden. Im folgenden sollen einige der photochemischen Ereignisse vereinfacht beschrieben werden.

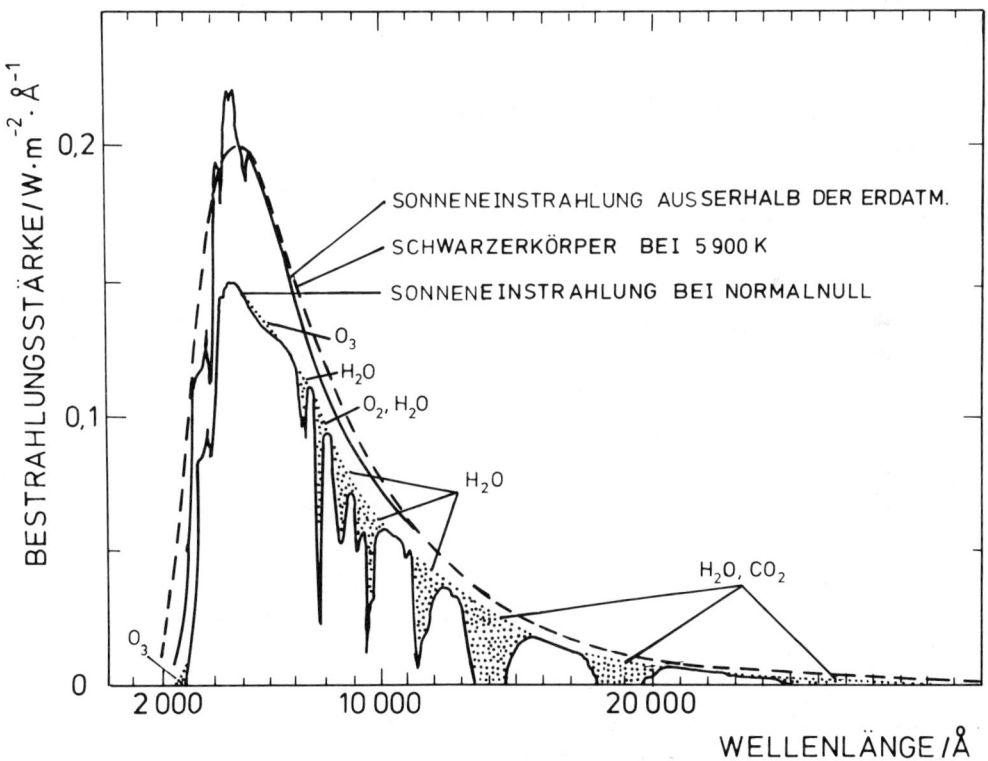

Abbildung 1

Spektrale Verteilung der Bestrahlungstärke des Sonnenlichtes. Die abschattierten Gebiete sind durch Absorptionen atmosphärischer Bestandteile verursacht (nach Valley, "Handbook of Geophysics and Space Environment", McGraw-Hill, N.Y., 1965; für 3000 – 4000 Å: siehe Knestrick und Curcio, Appl. Opt. 9, 1574 (1970)). 1 nm = 10 Å).

3. BILDUNG VON OZON

Unter Einwirkung des Sonnenlichtes wird NO_2, welches in der Troposphäre überwiegend aus der Oxidation von NO stammt, photodissoziiert und bildet Sauerstoffatome (Radikale)

$$NO_2 + h\nu \ (\lambda < 390 \ nm) \longrightarrow NO + O(^3P). \tag{1}$$

Diese Atome befinden sich im elektronischen (triplett) Grundzustand und sind durch das Termsymbol (^3P) gekennzeichnet. Die Sauerstoffatome reagieren mit dem Luftsauerstoff zu O_3

$$O(^3P) + O_2 \longrightarrow O_3. \tag{2}$$

Ozon oxidiert NO zu NO_2

$$NO + O_3 \longrightarrow NO_2 + O_2, \tag{3}$$

so daß sich in dieser Kettenreaktion ein Gleichgewicht einstellen kann, das "Photostationärer Zustand" genannt wird und die Konzentrationen von $O(^3P)$, O_3, NO und NO_2 festlegt. Dieser "Photostationäre Zustand" wird in den Beiträgen von Schurath in diesem Buch näher beschrieben. In Gleichungen werden dort die Konzentrationen dieser vier Bestandteile der Atmosphäre miteinander verknüpft.

4. BILDUNG VON OH UND HO_2-RADIKALEN

Kurzwelliges UV-Sonnenlicht dissoziiert Ozon und erzeugt angeregte, metastabile Sauerstoffatome $O(^1D)$

$$O_3 + h\nu \ (\lambda < 315 \ nm) \longrightarrow O(^1D) + O_2. \tag{4}$$

Diese Atome befinden sich im niedrigsten Singulett-Zustand und können ihre Anregungsenergie nicht durch Abstrahlung in den elektronischen $O(^3P)$-Grundzustand verlieren. Man nennt sie deshalb metastabil.

Ein Teil dieser Atome reagiert mit H_2O-Molekülen und bildet Hydroxylradikale (OH)

$$O(^1D) + H_2O \longrightarrow 2 \ OH. \tag{5}$$

Hinzu kommen noch einige zusätzliche OH-Quellen, wie die später beschriebene Reaktion (10). Es hat sich gezeigt, daß diese Hydroxylradikale eine dominierende Rolle bei verschiedenen luftchemischen Vorgängen spielen. Deshalb sollen sie hier eingehend behandelt werden.

In der reinen Troposphäre reagieren Hydroxylradikale überwiegend mit CO und auch mit CH_4

$$OH + CO \longrightarrow CO_2 + H \qquad (6)$$

$$OH + CH_4 \longrightarrow H_2O + CH_3. \qquad (7)$$

Sowohl die H-Atome wie auch die CH_3-Radikale lagern sich an Sauerstoffmoleküle an und bilden Radikale vom Typ RO_2 (R = H oder CH_3 etc.)

$$H + O_2 \longrightarrow HO_2 \qquad (8)$$

$$CH_3 + O_2 \longrightarrow CH_3O_2. \qquad (9)$$

Interessant ist nun, daß HO_2- (und RO_2-)Radikale mit NO reagieren. Dabei bilden sie OH- (und RO-)Radikale zurück.

$$HO_2 + NO \longrightarrow NO_2 + OH. \qquad (10)$$

Diese Reaktionskette (6),$\longrightarrow$(8),$\longrightarrow$(10) oder ähnliche Reaktionsketten begründen im wesentlichen die Zählebigkeit der OH-Radikale in der unteren Atmosphäre. Obwohl die Lebensdauer des individuellen OH-Radikals nur ungefähr 1 s beträgt, wird dennoch eine genügend große Konzentration an OH unter Sonneneinstrahlung aufgebaut, so daß weitere Reaktionen von OH mit vielen Spurengasen stattfinden können.

5. REAKTIONEN DER OH-RADIKALE

In Laborexperimenten zeigt sich, daß OH-Radikale höchst reaktiv sind und mit vielen Spurengasen in der Atmosphäre reagieren (Atkinson 1979). Einige dieser Reaktionen sind zusammen mit einigen OH-Bildungsreaktionen in Abb. 2 schematisch dargestellt. In dieser vereinfachten Darstellung sind unten die für die OH-Konzentration relevanten Verbrauchs- und Bildungsreaktionen gezeigt und oben solche Reaktionen, die wichtige Spurengase abbauen. An zentraler Stelle steht das OH-Radikal. Die die OH-Konzentration, [OH], unmittelbar betreffenden Reaktionsschritte sind durch dicke Pfeile angedeutet. Wenn mehrere Schritte für die Erzeugung eines Stoffes nötig sind, werden gewellte Pfeile benutzt. Der Reaktionspartner für die Umwandlung einer Spezies in eine andere ist neben dem entsprechenden Pfeil angegeben. So bedeutet z.B.

$$H \xrightarrow{\text{O}_2} HO_2 \qquad \text{oder} \qquad HO_2 \xrightarrow{\text{NO}} OH,$$

daß hier der Reaktionsschritt (8) bzw. (10) abläuft.

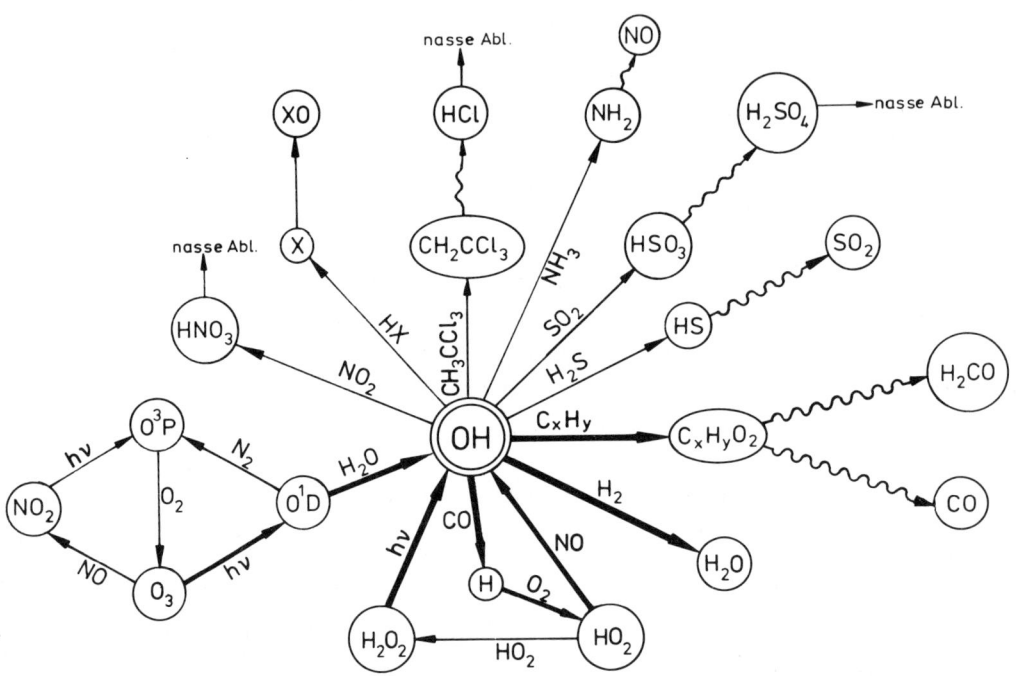

Abbildung 2
Schematisch dargestellte OH-Chemie in der Atmosphäre

➡ wichtige Reaktion, die [OH] bestimmt

→ wichtige Reaktion, die [Spurengas] bestimmt

〜➤ mehrere Reaktionsschritte

nasse Abl. = nasse Ablagerung

X = Cl, Br, J, F; C_xH_y = Kohlenwasserstoff; $h\nu$ = Photonen

6. LEBENSDAUERN VON SPURENSTOFFEN

Spurengase, die in die Atmosphäre gelangen oder dort gebildet werden, können mit anderen Bestandteilen der Atmosphäre (wie z.B. mit den reaktiven OH-Radikalen) reagieren. In diesen Reaktionen werden die entsprechenden Spurengase umgewandelt und zwar meistens in Oxidationsprodukte. Dabei wird das Spurengas selbst aus der Atmosphäre entfernt. Nehmen wir an, das Spurengas, SPG, reagiere nach der Gleichung

$$OH + Spurengase \longrightarrow Produkte, \qquad (11)$$

dann ist die Reaktionsgeschwindigkeit, mit der das Spurengas aus der Atmosphäre entfernt wird, durch

$$- \frac{d[SPG]}{dt} = \frac{d[Produkt]}{dt} = k \times [OH] \times [SPG] \qquad (12)$$

gegeben, wobei k die Geschwindigkeitskonstante der Reaktion (12) ist, und die eckige Klammer die Konzentration der entsprechenden Spezies angibt. Diese Geschwindigkeitskonstante ist entweder bekannt, oder sie kann im Laborexperiment bestimmt werden. Für eine derartige Reaktion (11) kann man zur Zeit t die "momentane" Lebensdauer, $\tau(t)$, des Spurengases bezüglich der Reaktion mit OH-Radikalen definieren durch die Beziehung

$$\tau(t) = (k \times [OH]_t)^{-1}. \qquad (13)$$

Diese "momentane" Lebensdauer entspricht dann einer mittleren Lebensdauer der Spurengasmoleküle, wenn $[OH]_t = \overline{[OH]} = (const.)$ ist. Wie wir noch sehen werden, ist $[OH]_t$ jedoch stark variabel.

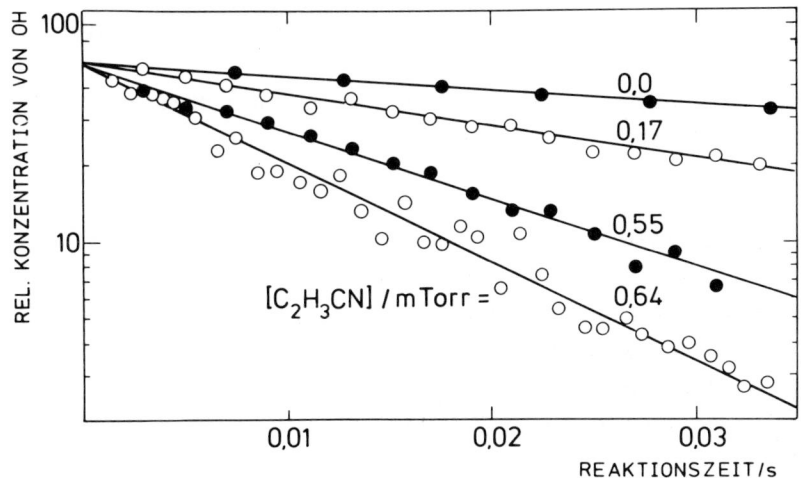

Abbildung 3

Abklingkurven für OH in Anwesenheit verschiedener Acrylnitril-Konzentrationen. Die OH-Konzentration ist im logarithmischen Maßstab aufgetragen.

Seit bekannt ist, daß OH-Radikale wesentlich am troposphärischen Abbau von Spurengasen beteiligt sein können, werden in Laborexperimenten verstärkt Hydroxylradikal-
reaktionen untersucht. Um die Geschwindigkeitskonstante, k, in Gleichung (12) zu
bestimmen, mißt man den zeitlichen Abklingvorgang der OH-Konzentration im Beisein
konstanter Mengen an Spurengas. Abbildung 3 zeigt derartige Abklingkurven in Gegenwart von Acrylnitril (Hansen et al. 1982). Die logarithmische Ordinate und die
Linearität der Kurvenverläufe zeigen, daß die Radikale entsprechend einer e-Funktion
verschwinden. Es kann somit eine experimentelle Lebensdauer, τ, angegeben werden, für
die gilt: $[OH] = [OH]_{t=0} \times e^{-1} = [OH]_{t=0} \times e^{-t/\tau}$. Wenn die Meßtechnik es ermöglicht,
kann man allerdings auch den Abbau eines Spurengases bei konstanter OH-Radikalkonzentration verfolgen. Auch auf diese Weise können Werte für die Geschwindigkeitskonstante k gewonnen werden.

7. TROPOSPHÄRISCHE OH-KONZENTRATIONEN

Leider liegt kein ausführliches Datenmaterial aus Feldmessungen vor, welches Radikalkonzentrationen (wie z.B. [OH]) und deren Änderungen zuverlässig beschreibt.
Deshalb ist man zur Zeit noch auf Modellrechnungen mit komplexen Reaktionssystemen
angewiesen. Abbildung 4 zeigt als Ergebnis einer solchen Rechnung (Logan et al. 1981)
den Tagesverlauf einiger Radikale (OH, HO_2, CH_3O_2) für die geographische Breite $45^{\circ}N$
in Abhängigkeit von der Tageszeit und von der Höhe über Normalnull (NN). In dieser
Rechnung wurden 51 Reaktionen berücksichtigt. Die jahreszeitlichen Veränderungen der
OH-Mittagskonzentration sind in Abb. 5 für die Süd- und Nordhalbkugel dargestellt.

Für diese Beispiele (OH, HO_2- und CH_3O_2-Radikale) wird also gezeigt, daß Radikalkonzentrationen sehr stark von der Tageszeit abhängen können. Ferner ist die Radikalkonzentration eine Funktion der geographischen Breite, der Höhe über NN und der
Jahreszeit. Zusätzlich kann die Radikalkonzentration (wie z.B. OH) von der Stärke der
Wolkendecke und der Schadstoffbelastung der Atmosphäre abhängen.

8. MITTLERE OH-KONZENTRATION

Wegen der großen Konzentrationsänderungen der OH-Radikale während eines Tages ist es
nützlich, die mittlere Konzentration, $\overline{[OH]}$, zu betrachten. Sie ist in Abb. 4 durch
Pfeile an den Ordinaten angegeben. Für diese über den Tagesgang gemittelten Konzentrationen sind in Abb. 6 die Höhenprofile angegeben. Bei dieser Berechnung (Logan
1981) wurde eine mittlere Wolkendecke berücksichtigt.

Nun kann man für viele Zwecke eine "gemittelte" Lebensdauer durch die Gleichung

$$\tau^{-1} = (k \times \overline{[OH]}) \qquad (14)$$

definieren, indem man $[OH]_t = \overline{[OH]} =$ (const.) setzt. Diese Näherung ist immer dann nützlich, wenn die so berechnete Lebensdauer wesentlich länger ($\tau > 3$ Tage) als die Tagesperiode der OH-Konzentrationsänderung ist.

Wie man in Abbildung 4 sieht, liegen die höchsten OH-Konzentrationen bei 45°N in der Größenordnung 10^6 cm^{-3}; sehr große Geschwindigkeitskonstanten liegen bei ca. 3×10^{-10}cm^{3}s^{-1}. Damit ergibt sich als kürzeste Lebensdauer eines Spurengases bezüglich dessen Reaktion mit OH ca. 1 Stunde. Eine in etwa konstante OH-Konzentration ist während der Mittagsstunden anzutreffen. Somit ist für extrem schnelle OH-Radikalkonzentrationen auch während der Mittagszeit das Konzept der Lebensdauer anwendbar.

9. WEITERE RADIKALREAKTIONEN

Neben OH-Radikalen werden weitere Radikale in der Luft photochemisch erzeugt. Einige dieser Radikale und einige andere reaktive Moleküle sind in Tabelle 1 zusammengestellt. Deren unter bestimmten Bedingungen abgeschätzte (Graedel 1978), mittlere Konzentration ist in der zweiten Spalte wiedergegeben. Als Maß für die Reaktivität sind entsprechende Geschwindigkeitskonstanten k für die Reaktionen mit Ethen in der dritten Spalte angegeben. Die letzte Spalte gibt die berechneten Lebensdauern wieder (Graedel 1978). Dieses Beispiel demonstriert klar die hohe Reaktivität der OH-Radikale in der Atmosphäre, obwohl in diesem Fall die Reaktion von O_3 mit C_2H_4 nicht vernachlässigt werden darf.

Reaktives Radikal oder Molekül	Konzentration cm^{-3}	k cm^{3}s^{-1}	τ s
OH	4.1×10^5	8.8×10^{-12}	2.5×10^5
O_3	1.0×10^{12}	1.9×10^{-18}	5.3×10^5
NO_3	3.0×10^8	9.3×10^{-16}	3.6×10^6
O	2.5×10^4	7.8×10^{-13}	5.1×10^7
HO_2	6.5×10^8	1.7×10^{-17}	9.1×10^7
CH_3O	1.3×10^6	6.2×10^{-17}	1.3×10^{10}
$O_2(^1\Delta)$	2.0×10^7	1.7×10^{-17}	2.9×10^9

Tabelle 1
Lebensdauern von Ethen; berechnet für verschiedene reaktive Radikale und Moleküle der Atmosphäre (Graedel 1978).

Für eine große Anzahl atmosphärischer Bestandteile sind derartige Reaktionen untersucht worden. Somit können entsprechende Lebensdauern angegeben werden. Die Anzahl bisher untersuchter Spurengase, die nach einer berechneten Lebensdauer durch chemische Reaktionen aus der Troposphäre entfernt werden, ist in Abb. 7 in einem Histogramm separat für mehrere reaktive Bestandteile angegeben (Graedel 1978).

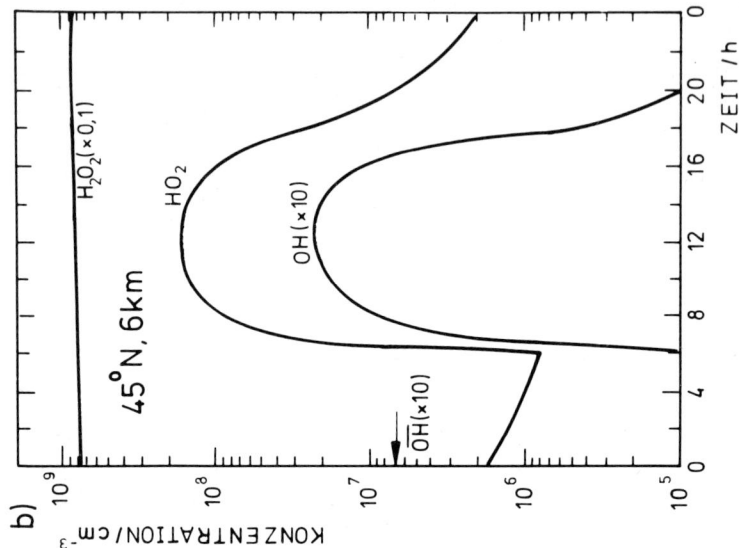

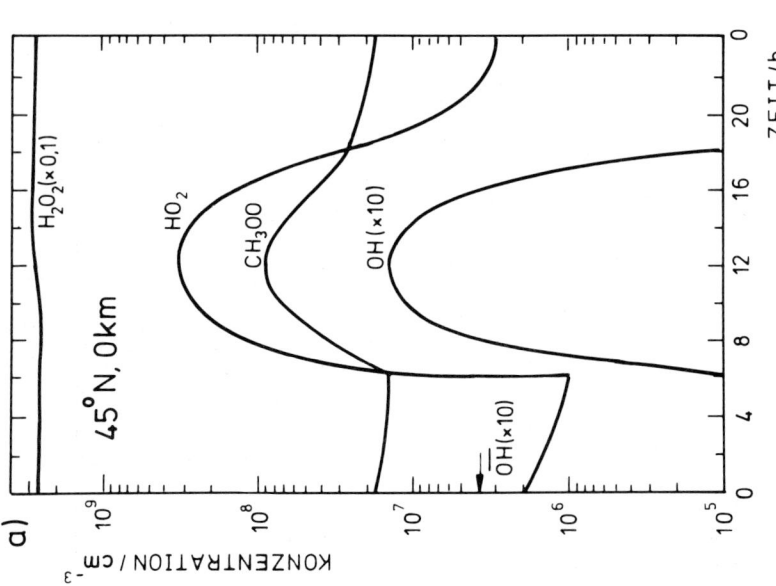

<u>Abbildung 4</u>

Berechneter Tagesverlauf der OH, HO$_2$- und CH$_3$O$_2$-Radikale bei 45°N und (a) O km bzw.
(b) 6 km über NN. Berechnung für Tag/Nachtgleiche und wolkenlosen Himmel. Mittlere
OH-Konzentrationen sind durch Pfeile gekennzeichnet (nach Logan et al. 1981).

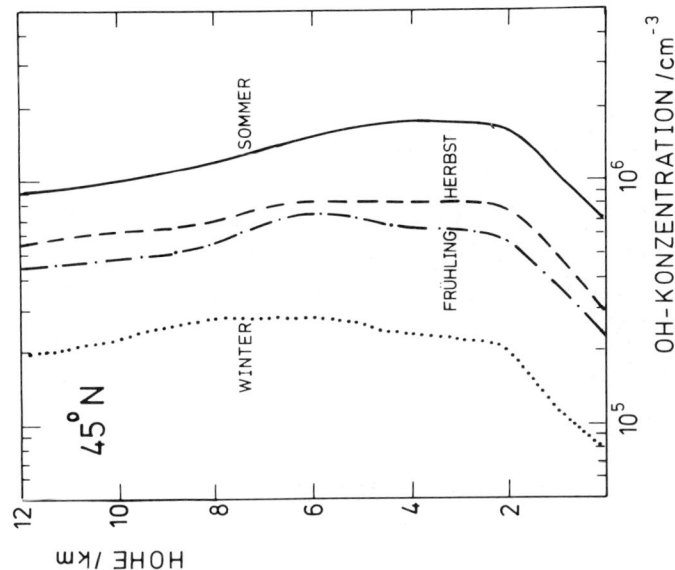

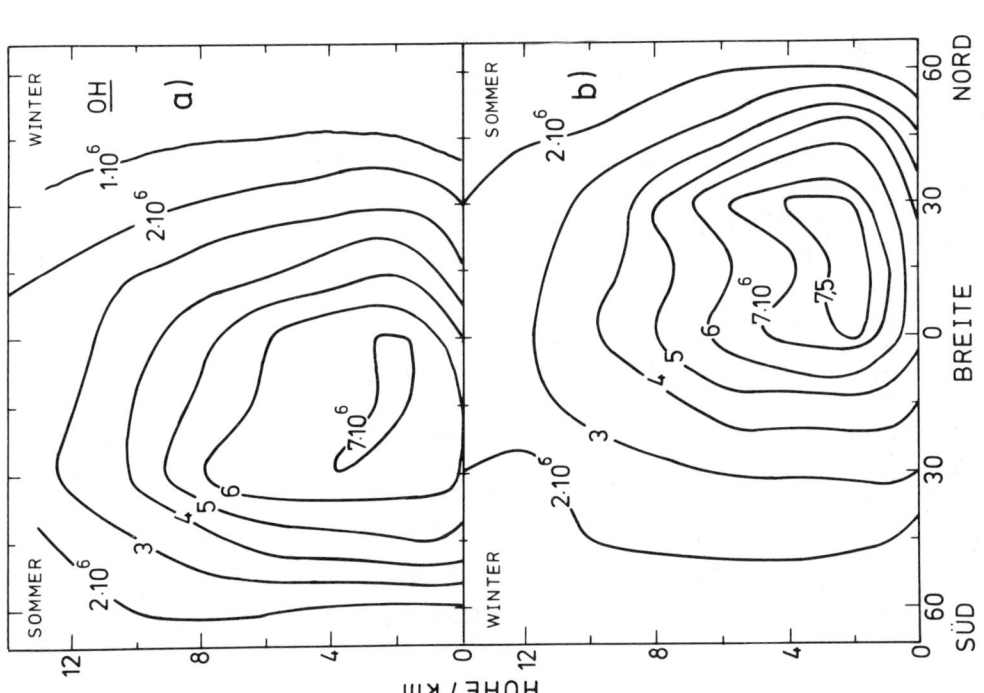

Abbildung 6
Höhenprofil für die über den Tagesgang gemittelte OH-Konzentration als Funktion der Jahreszeit. Eine mittlere Wolkendecke wurde berücksichtigt (Logan et al. 1981).

Abbildung 5
Mittagskonzentration von OH als Funktion von Breite, Höhe über NN und Jahreszeit. Berechnung für wolkenlosen Himmel (Logan et al. 1981).

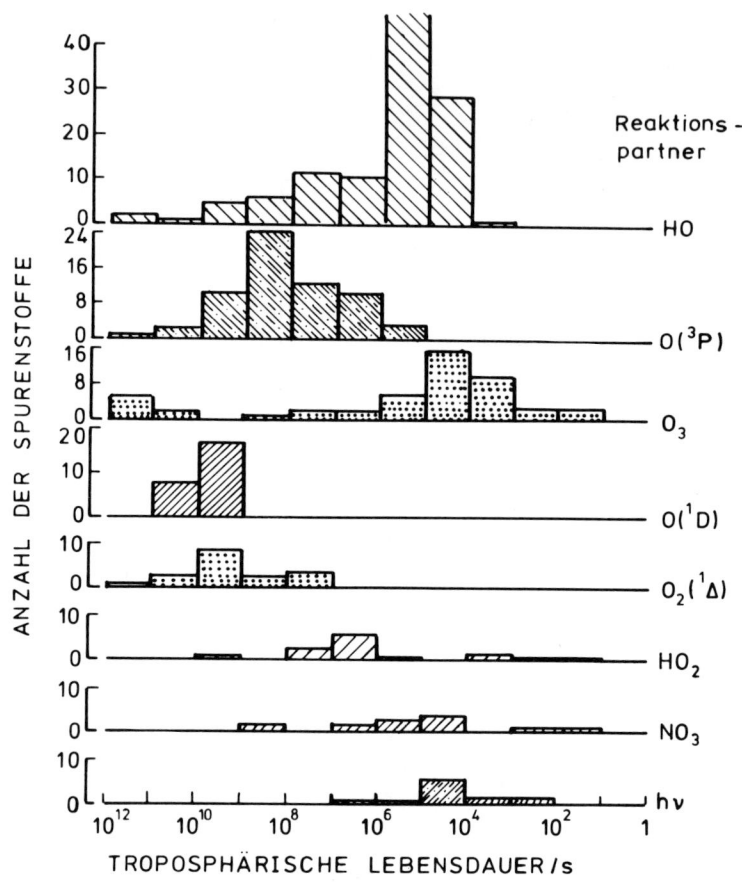

Abbildung 7

Histogramm von Lebensdauern atmosphärischer Spurengase; berechnet für verschiedene Reaktionspartner (Graedel 1978).

Ein weiteres Histogramm, welches in Abb. 8 gezeigt ist, stellt die jeweils kürzeste Lebensdauer und die die Lebensdauer beschränkende Spezies dar. Aus dieser Darstellung folgt, daß O_3 und OH äußerst wichtige, reaktive Bestandteile sind, die Spurengase innerhalb von Tagen aus der Atmosphäre entfernen können. Dabei können die meisten Spurengase im Mittel bis zu 1000 km transportiert werden.

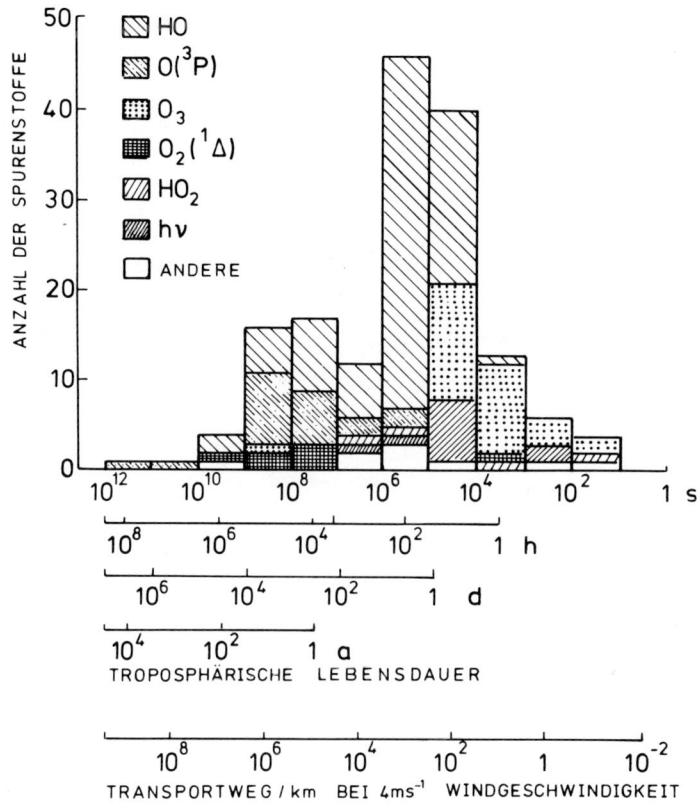

Abbildung 8
Histogramm kürzester Lebensdauern für atmosphärische Bestandteile (Graedel 1978).

10. ZUSAMMENFASSUNG

In diesem kurzen Beitrag wird ein Konzept vorgestellt, welches in vielen Fällen erlaubt, die Verweildauer von Spurengasen in der Atmosphäre zu berechnen. Dieses Konzept, welches in den frühen 70er Jahren entwickelt wurde, beruht u.a. auf folgenden Voraussetzungen:

(a) der Spurenstoff reagiert genügend schnell mit OH-Radikalen; andere Senken sind vergleichsweise gering,
(b) die OH-Radikalkonzentration und

(c) die Geschwindigkeitskonstante für die Reaktion OH + Spurenstoff in Gegenwart
     von 1 atm Luft sind bekannt.

An der Verbesserung und Vervollständigung der kinetischen Daten wird gearbeitet;
ebenso an der Methodenentwicklung zum Nachweis atmosphärischer OH-Radikalkonzentrationen.

11. LITERATUR

Atkinson R, Darnall KR, Lloyd AC, Winer AM, Pitts JN Jr. (1979) Advances   in Photo-
    chemistry. 11: 375
Graedel TE, (1978) Chemical Compounds in the Atmosphere. Academic Press,   New York
Hansen I, Zetzsch C, Stuhl F (1982) Forschungsbericht 82-10402421.   Umweltbundesamt,
    Berlin
Logan JA, Prather MJ, Wofsy SC, McElroy MB (1981) J. Geophys. Res. 86:   7210
Okabe H (1978) Photochemistry of Small Molecules, Wiley, New York

zur weiteren Lektüre werden empfohlen:

Chameides WL, Davis DD (1982) Chem. and Eng. News, S. 39
Heicklen J, (1976) Atmospheric Chemistry. Academic Press, New York
McEwan MJ, Phillips LF (1975) Chemistry of the Atmosphere. Edward Arnold, London

Chemische Reaktionen von SO_2, NO_X und organischen Verbindungen

U. Schurath

EINLEITUNG

SO_2 und NO werden bei der Verbrennung fossiler Brennstoffe emittiert. Während das erzeugte SO_2 allein aus dem Schwefelgehalt des Brennstoffs stammt und daher durch Entschwefelung des Brennstoffs reduziert bzw. bei Verwendung schwefelfreier Brennstoffe ganz vermieden werden kann, entsteht NO selbst bei der Verbrennung nicht stickstoffhaltiger Energieträger durch die bei hohen Temperaturen einsetzende Oxidation des Luftstickstoffs. Der Grad der Umwandlung des im Energieträger chemisch gebundenen Stickstoffs in NO bzw. in unschädlichen molekularen Stickstoff hängt - ebenso wie die Oxidation des Luftsauerstoffs in Flammen stickstofffreier Brennstoffe - stark von der Verbrennungsführung, insbesondere von der Verbrennungstemperatur, dem Sauerstoffangebot und der Abkühlungsgeschwindigkeit der Abgase ab (Pohl et al. 1983).

Gesättigte Kohlenwasserstoffe gelangen als flüchtige Bestandteile fossiler Brennstoffe durch Leckagen direkt in die Atmosphäre. Eine zweite Gruppe von Kohlenwasserstoffen entsteht bei der unvollständigen Verbrennung von Erdölprodukten besonders in Verbrennungsmotoren. Infolge teilweiser Dehydrierung, Crackung und partieller Oxidation ist der Anteil der ungesättigten Kohlenwasserstoffe, Aromaten und Aldehyde mit niedrigem Molekulargewicht in dieser Gruppe hoch, ebenso in Emissionen der erdölverarbeitenden chemischen Industrie, soweit diese Verbindungen gezielt hergestellt werden oder als Nebenprodukte entstehen.

Gasförmige Emissionen belasten die Atmosphäre so lange, bis sie zu unschädlichen Endprodukten (CO_2, H_2O) abgebaut oder in Verbindungen überführt worden sind, die infolge erhöhter Löslichkeit (oft verbunden mit erhöhter Reaktivität in der flüssigen Phase) der Gasphase durch Übertritt in die Tröpfchenphase oder durch Adsorption an Oberflächen entzogen werden können. Sie werden direkt oder auf dem Umweg über die Aerosolphase trocken oder naß deponiert.

Infolge ihrer spezifischen chemischen und physikalisch-chemischen Eigenschaften (Löslichkeit, Absorptionsvermögen im kurzwelligen Bereich des Sonnenlichtes) werden die Spurenstoffe SO_2, NO_x und Kohlenwasserstoffe von den luftchemischen Abbaumechanismen in unterschiedlicher Weise betroffen. In Tabelle 1 werden die Verhältnisse qualitativ beurteilt. Aus der Zusammenstellung geht hervor, daß die Spurengase NO_x und Kohlenwasserstoffe von den Radikal-Kettenreaktionen der Atmosphäre nicht nur am stärksten angegriffen werden, sondern diese weitgehend auch selbst unterhalten und verstärken. Die Rolle des SO_2 in der Gasphase ist dagegen eher passiv: Seine Anwesenheit in der Atmosphäre beeinflußt die Umwandlungsgeschwindigkeit der anderen Spurengase nicht nennenswert (Clark et al. 1976).

Die Oxidation des SO_2 in der Gasphase

Wie schon aus Tabelle 1 hervorgeht, sind Gasphasen-Reaktionen des SO_2 (Schurath et al. 1978) in der feuchten aerosolreichen und oberflächennahen planetarischen Grenzschicht im Mittel wahrscheinlich weniger wirksame Senken des SO_2 als heterogene Prozesse.

Das stark strukturierte Absorptionsspektrum des SO_2 weist zwischen 240 und 325 nm eine starke Bande auf; mit rund 1000mal niedrigerem Absorptionskoeffizienten werden sogar noch bis 400 nm Photonen absorbiert, wobei das SO_2 unter Multiplizitätswechsel direkt in einen Triplettzustand angeregt wird. Da die Energie der absorbierten Lichtquanten erst unter 217 nm zum Bruch der O-SO-Bindung ausreicht, wird SO_2 durch Absorption von Sonnenlicht nicht photodissoziiert. Es kann jedoch energetisch nicht ausgeschlossen werden, daß ein durch Sonnenlicht angeregtes SO_2-Molekül von Luftsauerstoff zu SO_3 oxidiert wird:

$$SO_2 + h\nu \text{(Sonne)} \longrightarrow SO_2^* \tag{1}$$

$$SO_2^* + O_2 \longrightarrow SO_3 + O \quad \text{(chemische Reaktion)} \tag{2}$$

$$\longrightarrow SO_2 + O_2 \quad \text{(physikalisches Löschen)} \tag{3}$$

Messungen von Cox (1972) haben ergeben, daß SO_2^* im Stoß mit Sauerstoff fast ausschließlich physikalisch gelöscht wird, ohne chemisch zu reagieren. Photochemische Reaktionen von SO_2^* mit Kohlenwasserstoffen wurden zwar im Labor nachgewiesen, sie können aber selbst in stark verschmutzter Luft nicht mit der Löschreaktion (3) konkurrieren und tragen deshalb ebenso wie die direkte Photolyse nicht zur Umwandlung des SO_2 in der bodennahen Atmosphäre bei.

Tabelle 1: Luftchemisches Verhalten von SO_2, NO_x und flüchtigen organischen Verbindungen.

	Schwefeldioxid (SO_2)	Stickstoffoxide (NO, NO_2)	Kohlenwasserstoffe, Aldehyde
Photochemisches Verhalten:	inaktiv, Lichtabsorption ohne chemische Folgen	NO_2 sehr aktiv, Photolyse ist Ursache der Bildung von anthropogenem Ozon	nur Aldehyde und Ketone absorbieren Sonnenlicht, wichtige HO_2^-, RO_2-Quelle
radikalchemisches Verhalten:	passiv, wirkt als schwacher OH-Radikalfänger (H_2SO_4-Bildung)	sehr reaktiv, insbesondere durch $HO_2 + NO \rightarrow OH + NO_2$. NO_2 wirkt als Radikalpuffer, Radikalsenke, z.B. durch $OH + NO_2 \rightarrow HNO_3$	schnelle Reaktionen mit OH, Peroxiradikal-Quelle, wichtig für die NO-Oxidation und für die PAN-Bildung
Verhalten gegen Ozon:	keine Reaktion	schnelle Reaktion mit NO, langsamer mit NO_2, Bildung von N_2O_5	mit Olefinen langsame Reaktion, vmtl. kaum Radikalbildung
Aufnahme in die Tropfenphase, Umwandlung:	sehr wichtige Senke	wichtig, aber wenig erforscht. Verläuft vmtl. über N_2O_5	unwichtig. Löslichkeit der Oxidationsprodukte zunehmend
Trockene Deposition:	wichtige Senke	weniger wichtig	wenig bekannt
Endprodukte:	Schwefelsäure und Sulfat im Aerosol, im Regen	Salpetersäure gasförmig, Nitrate im Aerosol, im Regen	CO_2, CO, organische Oxiverbindungen (organische Säuren)

Außer kurzwelligem Sonnenlicht müssen als Reaktionsprtner des SO_2 die in der Atmosphäre vorkommenden Atome, Radikale, höheren Oxide des Stickstoffs und Ozon in Betracht gezogen werden. Da Atom- und Radikalkonzentrationen in der Atmosphäre entweder gar nicht oder noch nicht routinemäßig gemessen werden können (Perner und Hübler 1982), kennt man ihre Konzentrationen meist nur aus Abschätzungen oder Modellrechnungen. Selbst wenn man den Modellrechnungen prinzipiell Glauben schenkt, lassen sich Atom- und Radikalkonzentrationen nur für "mittlere" Verhältnisse, z.B. als Tagesmittelwert für die natürliche Troposphäre, einigermaßen sinnvoll angeben. Im konkreten Einzelfall, z.B. im Windschatten eines Ballungsgebietes oder in der Abgasfahne eines Schornsteins, muß wegen der Variationsbreite der Spurengaszusammensetzung und der stark veränderlichen Lichtintensität mit ganz erheblichen Abweichungen von diesen "mittleren" Konzentrationen gerechnet werden.

In Tabelle 2 wurden aus neueren Modellrechnungen (Röth 1982; CODATA 1982) entnommene "mittlere" und geschätzte Höchstwerte wichtiger Atom- und Radikalkonzentrationen in der bodennahen Atmosphäre zusammengestellt, soweit sie als Reaktionspartner des SO_2 in Betracht kommen. Mit Hilfe der in Spalte 4 angegebenen Geschwindigkeitskonstanten (CODATA 1982) wurden die in Spalte 5 aufgelisteten Umsetzungsgeschwindigkeiten des SO_2 mit dem jeweiligen Reaktionspartner berechnet. Reaktionsprodukte sind in allen Fällen, in denen eine Reaktion nachgewiesen werden konnte, SO_3 oder andere Zwischenprodukte (z.B. $HOSO_2$ aus der Reaktion mit OH-Radikalen), die in der feuchten Atmosphäre Aerosole bilden oder an bereits vorhandene Aerosole angelagert werden.

Die Berechnung der in Spalte 5 angegebenen Umsetzungsgeschwindigkeiten erfolgt nach der Gleichung

$$- \frac{100 \; d(SO_2)}{(SO_2) \; dt} = 3,6 \times 10^5 \times k \times (R) \qquad [\% \; h^{-1}] \qquad (4)$$

(R) = Konzentration des Reaktionspartners (Molekül cm^{-3});

k = Geschwindigkeitskonstante der Reaktion in (cm^3 Molekül^{-1} s^{-1});

$3,6 \times 10^5$ = Faktor zur Umrechnung der Reaktionsgeschwindigkeit von s^{-1} in $\% \; h^{-1}$.

Zusätzlich zu den in Tabelle 2 berücksichtigten Reaktionen kann SO_2 auch durch ein Zwischenprodukt der Ozonolyse ungesättigter Kohlenwasserstoffe der allgemeinen Struktur RCHOO oxidiert werden (Schurath et al. 1978). Die Umsetzungsgeschwindigkeit des SO_2 mit dieser Spezies, über deren

Tabelle 2: Mittlere und geschätzte maximale Konzentrationen möglicher gasförmiger Reaktionspartner des Schwefeldioxids (in Molekül cm^{-3}), sowie Geschwindigkeitskonstanten und nach Gleichung (4) berechnete mittlere und maximale Umsetzungsgeschwindigkeiten des Schwefeldioxids. Angaben in $\% \ h^{-1}$, Maximalwerte in Klammern.

Reaktions-partner	mittlere Konzentration, Röth 1982; CODATA 1982	maximale Konzentration	k (cm^3 Molekül^{-1} s^{-1}) CODATA 1982	Umsatzgeschwindigkeit in $\% \ h^{-1}$, Maximalwert i. Kl.
OH	10^6	10^7 a)	$1,15 \times 10^{-12}$	0,4 (4,0)
HO_2	3×10^8	10^9 b)	$\leq 10^{-18}$	$< 10^{-3}$
$O(^3P)$	10^4	2×10^5	$1,5 \times 10^{-14}$	$\leq 10^{-3}$
O_3	10^{12}	5×10^{12}	0	0
NO_3	$2,5 \times 10^5$	$> 10^9$ c)	0	0
CH_3O_2	10^8	10^{10} d)	$\leq 5 \times 10^{-17}$	0,002 (0,2)
CH_3O	3×10^2	3×10^3	ca. 10^{-12}, unsicher	$\leq 10^{-3}$

a) Höchster Meßwert in Europa (Perner und Hübler 1982),
b) Aus Modellrechnungen (Schiavone und Graedel 1981; Isaksen et al. 1978; Hov und Isaksen 1979);
c) Nachtwerte, Messungen von Platt et al. (1980);
d) Einschließlich anderer organischer Peroxiradikale. Literaturangaben siehe unter b).

Lebensdauer und Konzentration in der Atmosphäre wenig bekannt ist, dürfte im Mittel weniger als 0,01 % h^{-1} betragen und kann nur im Extremfall (hohe Ozon- und Alkenkonzentrationen) Werte um 0,1 % h^{-1} erreichen.

In Abb. 1 werden die berechneten mittleren und maximalen Reaktionsgeschwindigkeiten des SO_2 mit verschiedenen gasförmigen Reaktionspartnern auf einer logarithmischen Skala miteinander verglichen. Danach können alle homogenen Reaktionen des SO_2 bis auf die Reaktion mit OH-Radikalen und evtl. mit dem Ozonolyseprodukt RCHOO in der Atmosphäre vernachlässigt werden.

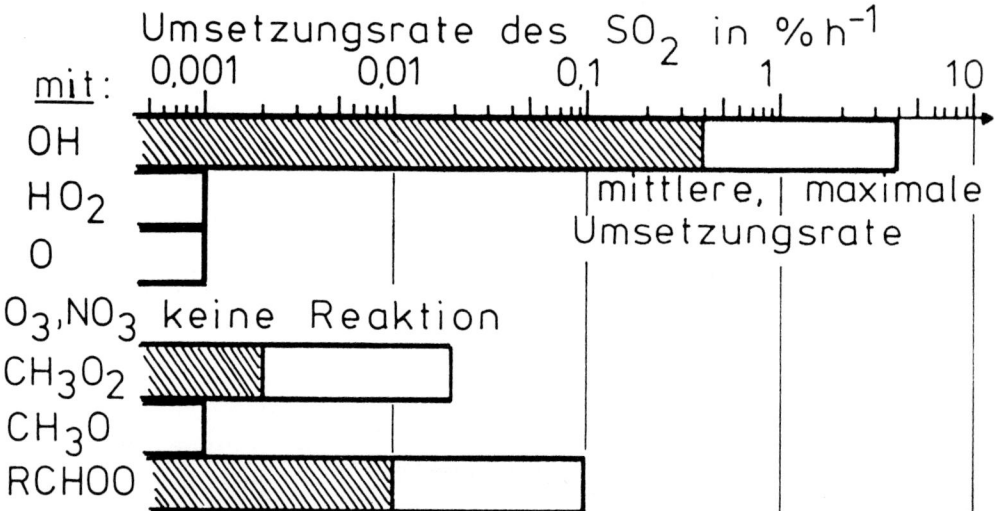

Abbildung 1: Logarithmische Auftragung der Umsetzungsgeschwindigkeiten von Schwefeldioxid (in % h^{-1}) durch Gasreaktionen in der verunreinigten Atmosphäre (mittlere und maximale Reaktionsgeschwindigkeiten, vgl. Tabelle 2).

Zusammenfassend ergeben sich für die Umsetzungsgeschwindigkeit des SO_2 durch alle bisher bekannten Reaktionen in der Gasphase folgende Werte:

0,4 % h^{-1} als Mittelwert während des lichten Tages;

4,3 % h^{-1} als Maximalwert.

Der Maximalwert befindet sich in befriedigender Übereinstimmung mit gemessenen Oxidationsraten des Schwefeldioxids, die in Abb. 2 gegen die Tageszeit aufgetragen sind, es muß jedoch einschränkend hinzugefügt werden, daß sich die in Abb. 2 aufgetragenen Umsetzungsgeschwindigkeiten auf Messungen in Abgasfahnen beziehen, in denen ganz andere als die in Tabelle 2 abgeschätzten Radikalkonzentrationen vorkommen **können**.

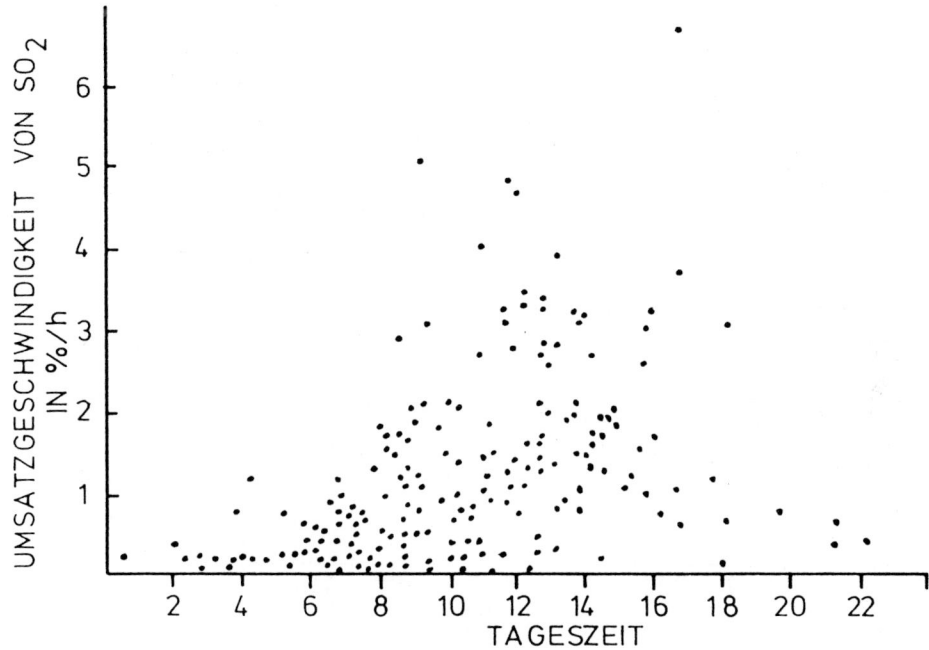

Abbildung 2: Umsatzgeschwindigkeiten von Schwefeldioxid in Abgasfahnen
in Abhängigkeit von der Tageszeit (nach Bruckmann 1983;
Originaldaten aus Wilson 1981).

Luftchemisches Verhalten von NO_x

Alle monomeren Oxide des Stickstoffs (NO, NO_2, NO_3) besitzen ein unge-
paartes Elektron, das ihnen Radikalcharakter verleiht. Das erklärt ihr
außerordentlich vielseitiges reaktionskinetisches Verhalten in der Atmosphäre, in der die Oxide des Stickstoffs je nach Situation als Radikal-
bildner, reversible Radikalspeicher oder irreversible Radikalsenken re-
aktionsbeschleunigend bis reaktionshemmend wirken können. Die Skala
ihrer Eigenschaften reicht von reduzierend (NO) über schwach oxidierend
(NO_2) bis stark oxidierend (NO_3, vergleichbar mit O_3). Eine weitere
wichtige Eigenschaft des NO_2 ist sein ausgeprägtes Absorptionsvermögen
für Sonnenlicht. In Abb. 3 ist das Absorptionsspektrum des NO_2 aufgetragen (Kurve a). Es erstreckt sich bis in den sichtbaren Spektralbereich,
der bei 400 nm beginnt, und überlappt gut mit dem kurzwelligen Anteil
des Tageslichtspektrums (Kurve b). Unterhalb von etwa 400 nm reicht die
Energie eines absorbierten Lichtquants zur Dissoziation der O-NO-Bindung

aus, so daß Photodissoziation eintritt. Das wird schematisch durch die Quantenausbeute-Kurve c in Abb. 3 angezeigt. Bei hellem Sonnenlicht wird ein NO_2-Molekül etwa alle zwei Minuten photodissoziiert, insgesamt etwa 200mal an jedem hellen Sommertag (Bahe et al. 1980).

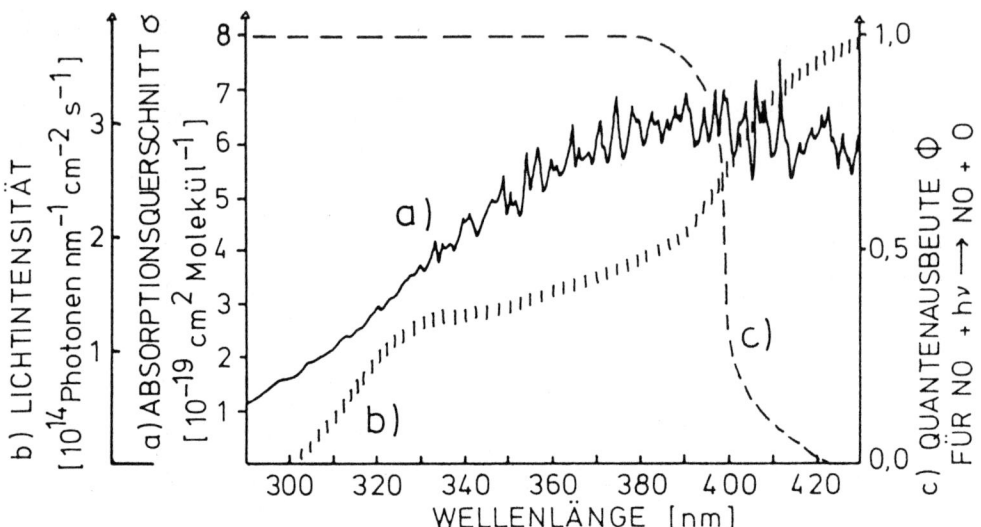

Abbildung 3: Absorptionsspektrum des Stickstoffdioxids (Kurve a), typischer Verlauf der Tageslichtintensität (Kurve b), sowie Quantenausbeute Φ für die Photodissoziation des NO_2 in NO + O (Kurve c), im Bereich 290 bis 430 nm.

Die reaktionskinetische Eingliederung der Stickstoffoxide in die Chemie der Atmosphäre läßt sich am besten graphisch veranschaulichen (Schurath 1980; Ehhalt und Drummond 1982). Abbildung 4 gibt die Verhältnisse etwas vereinfacht wieder, die in den folgenden Abschnitten schrittweise erläutert werden.

Die überwiegend in Form des reduzierenden NO emittierten Stickstoffoxide werden in der Atmosphäre durch das natürlich vorhandene Ozon (20 bis 60 ppb, im Sommer im Mitteleuropa auf Grund anthropogener Ozonbildung auch höher (Becker et al. 1983)) mit einer Zeitkonstanten von etwa einer Minute zu NO_2 oxidiert (Schurath und Ruffing 1981):

$$NO + O_3 \longrightarrow NO_2 + O_2, \quad k = 1,8 \times 10^{-14} \text{ cm}^3 \text{ Molekül}^{-1} \text{ s}^{-1}. \tag{5}$$

Bei Dunkelheit würde der im Unterschuß vorhandene Reaktionspartner also in kürzester Zeit vollständig verbraucht. Bei Sonnenlicht konkurriert die

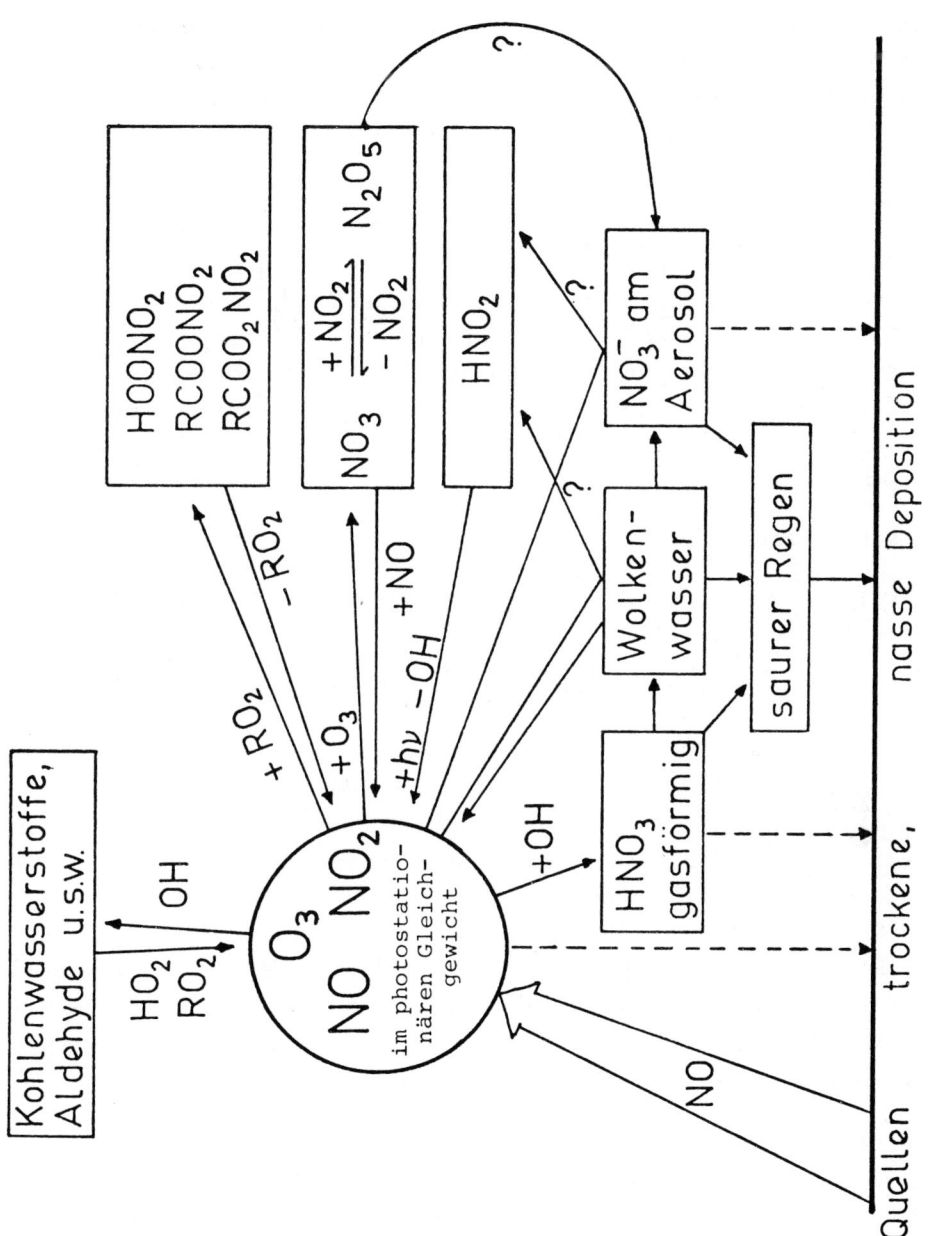

Abbildung 4: Reaktionen der Stickstoffoxide in der Atmosphäre, schematisch

Photolyse des Stickstoffdioxids mit Reaktion (5),

$$NO_2 + h\nu \longrightarrow NO + O, \quad j_6 \leqslant 8 \times 10^{-3} \, s^{-1}, \tag{6}$$

$$O + O_2 + M \longrightarrow O_3 + M \quad \text{(schnelle praktisch quantitative Folgereaktion)}, \tag{7}$$

so daß sich ein dynamisches Gleichgewicht zwischen den Reaktionspartnern

einstellt, das durch folgende Gleichung beschrieben wird ("photostatio-
näres Gleichgewicht", symbolisch bezeichnet durch die Zusammenfassung
der drei Spurengase in Abbildung 4):

$$(O_3) \; = \; \frac{(NO_2) \; j_6}{(NO) \; k_5} \tag{8}$$

Demnach wird sich durch die Reaktionen (5) bis (7) das Konzentrations-
verhältnis von Ozon und NO_2 unter Lichteinwirkung zugunsten des Ozons
verschieben. Die Summe beider Konzentrationen bliebe aber konstant, wenn
nicht aus Kohlenwasserstoffen durch Reaktionen mit OH-Radikalen (in sehr
verschmutzter Luft auch in geringerem Ausmaß durch Reaktionen mit Sauerstoffatomen) Peroxiradikale (HO_2 und RO_2, R = organischer Rest) gebildet
würden:

OH + Kohlenwasserstoff $\longrightarrow$ über Zwischenstufen: HO_2, RO_2.   (9)

Peroxiradikale reagieren bevorzugt mit NO, wobei dieses unter Rückbildung
von OH-Radikalen zu NO_2 oxidiert wird:

$$HO_2 + NO \longrightarrow OH + NO_2, \quad k_{10} = 8,3 \times 10^{-12} \; cm^3 \; Molekül^{-1} \; s^{-1} \tag{10}$$

Die Reaktionen (9,10) bilden einen Kreislauf, der unter Verbrauch von
Kohlenwasserstoffen bei jedem Durchlauf mehrere NO-Moleküle zu NO_2 oxidiert. Das Gleichgewicht (8) sorgt dafür, daß sich die Ozonkonzentration
dabei ständig erhöht. Voraussetzung ist die Photolyse (6) des Stickstoffdioxids, durch die ständig ausreichende Mengen NO für die Umwandlung
von HO_2 in OH-Radikale durch Reaktion (10) zur Verfügung gestellt werden,
so daß der Kreislauf nicht zum Stillstand kommt. Der Kreislauf beinhaltet
alle wesentlichen Merkmale des "Photosmog"-Mechanismus, auf den die Bildung von anthropogenem Ozon in der verunreinigten Atmosphäre zurückgeführt wird.

Wenn durch den beschriebenen Prozeß der Ozonbildung die NO_2-Konzentra-
tion sehr viel größer als die NO-Konzentration wird, nimmt die Wahrscheinlichkeit der Rekombination von Peroxiradikalen mit NO_2 auf Kosten
ihrer Reduktion durch NO (vgl. Reaktion 10) entsprechend zu. Dadurch
entstehen vermehrt die in Abb. 4 oben rechts eingerahmten labilen Per-
oxiverbindungen des Stickstoffdioxids. Von diesen sind nur die Peroxi-
acylnitrate, insbesondere Peroxiacetylnitrat (PAN) längere Zeit beständ-
dig, während alle anderen Verbindungen vom Typ RO_2NO_2 schon nach wenigen
Sekunden bis Minuten wieder in die Ausgangsbestandteile zerfallen, also
RO_2 und NO_2 nur vorübergehend binden und damit den anderen Reaktionspartnern vorenthalten.

Ähnlich.transienten Charakter hat am Tage die Bildung von NO_3, die durch die relativ langsame Reaktion (11) erfolgt:

$$NO_2 + O_3 \longrightarrow NO_3 + O_2, \quad k_{11} = 3,2 \times 10^{-17} \text{ cm}^3 \text{ Molekül}^{-1} \text{ s}^{-1} \quad (11)$$

Am Tage wird die NO_3-Bildung durch die Photolyse des NO_3 und durch die sehr schnelle Reaktion mit NO hintan gehalten, jedoch haben Messungen in der Atmosphäre gezeigt (Platt et al. 1980), daß NO_3 während der Nacht so beständig ist, daß es mit NO_2 zu N_2O_5 rekombinieren kann (vgl. NO_3-Konzentrationsangabe in Tabelle 2).

Für die Verweildauer der Stickstoffoxide in der Atmosphäre sind weniger die bisher besprochenen reversiblen Reaktionen maßgebend, sondern irreversible Reaktionen, die zu stabilen wasserlöslichen Produkten führen. Wie beim SO_2 ist an erster Stelle die Rekombination des NO_2 mit OH-Radikalen zu nennen:

$$NO_2 + OH + M \longrightarrow HNO_3 + M, \quad k_{12} = 1,3 \times 10^{-11} \text{ cm}^3 \text{ Molekül}^{-1} \text{ s}^{-1} \quad (12)$$

Das Reaktionsprodukt ist gasförmige Salpetersäure, die in der bodennahen Troposphäre chemisch sehr stabil ist und wegen ihrer guten Wasserlöslichkeit durch trockene und nasse Deposition aus der Atmosphäre entfernt wird. Da Reaktion (12) des Stickstoffdioxids etwa 11mal schneller ist als die entsprechende Addition von OH an SO_2, siehe Tabelle 2, erfolgt auch die NO_2-Umwandlung durch OH-Radikale 11mal schneller als die in Tabelle 2 abgeschätzte SO_2-Umwandlung. Im Mittel muß mit einer NO_2-Verweildauer von einem Tag, in Extremfällen (OH nahe 10^7 cm^{-3}) von nur wenigen Stunden gerechnet werden.

Wegen der hohen Umsatzrate durch Reaktion (12) sind andere Verlustprozesse für Stickstoffoxide am Tage relativ unwichtig. Messungen lassen vermuten (Platt et al. 1980), daß das in der Nacht entstehende N_2O_5 mit feuchtem Aerosol rasch abreagieren kann, was den hohen Nitratgehalt mancher Aerosole erklären könnte (Walsman et al. 1982). Ferner werden NO_2 und seine Folgeprodukte (rechts in Abbildung 4) auch durch trockene und nasse Deposition beseitigt, was ihre Verweilzeit in der Atmosphäre weiter verkürzt.

"Saurer Regen": Vergleich von NO_x und SO_2

Es wurde gezeigt, daß SO_2 und NO_x durch Reaktionen in der Gasphase überwiegend in Form ihrer starken Mineralsäuren H_2SO_4 und HNO_3 aus der Atmoaphäre entfernt werden. Bei Hinzunahme heterogener Senken (Aufnahme in die Tropfenphase, Adsorption an Oberflächen, Aufnahme in die Biosphäre) dürfte sich dieses Bild im Falle des NO_x nicht wesentlich ändern, während SO_2 teilweise auch in vierwertiger Form, also ohne Bildung einer starken Mineralsäure, deponiert werden kann.

Wegen der - unter Berücksictigung nur der homogenen Senken - viel kürzeren Verweildauer des NO_x in der Atmosphäre wäre zu vermuten, daß die Säurebildung aus NO_x mit kürzeren Transportwegen verbunden ist als die Säurebildung aus dem langlebigeren SO_2. Im Jahresmittel liegt jedoch das molare Mischungsverhältnis $(SO_4^=)$: (NO_3^-) im Regenwasser an 9 Meßstellen der ganzen Bundesrepublik ohne deutliche regionale Unterschiede fast konstant bei 1,1 : 1 (Perseke 1982), was für einen erstaunlich hohen Beitrag der Stickstoffoxide zur Azidität des Regens von etwa 30 % spricht (1 Mol SO_2 liefert 2 Mole Protonen, während 1 Mol NO_x nur ein Mol Protonen abgibt). Ein Vergleich der Sulfat- und Nitrat-Deposition mit dem molaren Emissionsverhältnis SO_2 : NO_x, das in der Bundesrepublik 1978 etwa 0,85 betrug (Schmölling und Jörß 1983), ist nicht sehr aufschlußreich, weil ein wahrscheinlich bedeutender aber nicht genau bekannter Anteil beider Schadstoffgruppen gasförmig deponiert wird.

Luftchemisches Verhalten organischer Emissionen

Wegen der strukturellen Vielfalt ist die Zahl der flüchtigen organischen Verbindungen in der Atmosphäre um ein Vielfaches größer als die aller anorganischen Spurengase zusammengenommen. Allein im Abgas von Ottomotoren lassen sich ohne Schwierigkeiten etwa 50 organische Verbindungen nachweisen (Nelson und Quigley 1984). Man teilt daher die organischen Spurengase nach Strukturmerkmalen ein, von denen ihr chemisches Verhalten in der Atmosphäre wesentlich abhängt:

(A) Kohlenwasserstoffe: gesättigte (Alkane),
                         ungesättigte (Alkene oder Olefine),
                         Azetylenabkömmlinge (Alkine),
                         Benzolabkömmlinge (Aromaten);

(B) Aldehyde und Ketone;

(C) andere flüchtige organische Verbindungen (z.B. Alkohole,
     halogenierte Kohlenwasserstoffe, Lösungsmittel aller Art).

Die Mehrzahl der organischen Spurengase ist kaum wasserlöslich und wird daher überwiegend durch homogene Gasreaktionen aus der Atmosphäre entfernt.

Verweilzeiten organischer Spurengase in der Atmosphäre

Relativ am einfachsten ist die Frage nach der Verweilzeit organischer
Verbindungen in der Atmosphäre zu beantworten (Bruckmann 1980). Mit Ausnahme von Formaldehyd, der im Sonnenlicht relativ schnell photodissoziiert wird, und einiger Alkene, die auch von Ozon merklich abgebaut
werden, hängt die Verweilzeit der nicht leicht löslichen organischen
Spurengase in der Atmosphäre praktisch ausschließlich von der Reaktionsgeschwindigkeit mit OH-Radikalen ab. In den letzten Jahren wurden daher
verstärkt Messungen von OH-Reaktionsgeschwindigkeitskonstanten organischer Spurengase durchgeführt, um ihre mittleren Verweilzeiten (Lebensdauern) in der Atmosphäre nach folgender Formel berechnen zu können:

$$\tau_i = (k_i (\overline{OH}) + \sum_j \overline{k_j})^{-1} \tag{13}$$

$(\overline{OH})$ = mittlere OH-Konzentration in der Atmosphäre;
$\overline{k_j}$ (in s^{-1}) = mittlere Geschwindigkeitskonstante 1. Ordnung
für eine andere Senke j.

Nur bei wenigen organischen Verbindungen ist es notwendig, neben der
Reaktion mit OH-Radikalen weitere Senken j in Rechnung zu stellen, etwa
die Photolyse, Ozonreaktionen oder Deposition.

Für einige organische Spurengase sind in Tabelle 3 aus der Literatur
entnommene Geschwindigkeitskonstanten ihrer Reaktionen mit OH-Radikalen
und mit Ozon zusammengestellt. Unter Vorgabe einer konstanten mittleren
OH-Konzentration von 10^6 cm^{-3} und einer Ozonkonzentration von 60 ppb
(Sommerwert) wurden mittlere Lebensdauern der Spurengase berechet, die
in der letzten Spalte aufgelistet sind.

Abbauwege und luftchemische Bedeutung organischer Emissionen

Wesentlich lückenhafter ist der Kenntnisstand über die den OH-Reaktionen
organischer Spurengase nachgeschalteten Reaktionsschritte der primär
entstehenden organischen Radikale. Um das zu verdeutlichen, sind in Abbildung 5 schematisch die vermuteten Abbauwege des n-Butans zusammengestellt. Die Vielfalt der Reaktionsmöglichkeiten beginnt schon bei der
Abstraktion eines Wasserstoffatoms durch das OH-Radikal, weil das Mutter-
molekül n-Butan zwei nicht äquivalente Arten von Wasserstoffatomen aufweist. Unter Addition von Sauerstoff an die durch Abstraktion erhaltenen
n- bzw. i-Butylradikale entstehen isomere Peroxiradikale, die in verunreinigter Luft bevorzugt mit NO zu NO_2 und Alkoxiradikalen weiterreagieren. Die Alkoxiradikale haben ihrerseits die Möglichkeit, entweder

Tabelle 3: Mittlere Verweilzeiten (Lebensdauern) einiger organischer
Spurengase in der Atmosphäre, berechnet mit Gleichung (13)
für $(\overline{OH}) = 10^6$ cm^{-3}, $(\overline{O_3}) = 60$ ppb.

Spurengas	k_{OH}	k_{Ozon}	mittlere Lebensdauern $\mathcal{T}$ (in Klammern: ohne Berücksichtigung der Ozonreaktion)
	in (cm^3 Molekül^{-1} s^{-1})		
n-Butan	$2{,}58 \times 10^{-12}$	–	4,5 Tage
Äthen	8×10^{-12}	$1{,}5 \times 10^{-18}$	1,1 Tage (1,4 Tage)
Propen	$2{,}7 \times 10^{-11}$	$1{,}1 \times 10^{-17}$	6,4 Stunden (10,3 Stunden)
Azetylen	$1{,}7 \times 10^{-13}$	6×10^{-20}	45 Tage (70 Tage)
Benzol	$1{,}2 \times 10^{-12}$	–	9,7 Tage
Toluol	$6{,}4 \times 10^{-12}$	–	1,8 Tage
Acetyldehyd	$1{,}6 \times 10^{-11}$	–	17,4 Stunden
Äthanol	3×10^{-12}	–	3,9 Tage ⎫ wasserlöslich,
HCOOH	$3{,}5 \times 10^{-13}$	–	33 Tage ⎭ daher Deposition

ein Wasserstoffatom auf O_2 unter Bildung eines HO_2-Radikals und einer
Carbonylverbindung zu übertragen, oder monomolekular zu zerfallen. Dem
Zerfall schließen sich weitere Radikal-Kettenreaktionen an. Wie durch
die unterschiedlichen Pfeile in Abbildung 5 zum Ausdruck gebracht wird,
sind kaum Geschwindigkeitskonstanten für die einzelnen Reaktionsschritte
bekannt.

Mit ungesättigen Kohlenwasserstoffen (Alkenen), die wegen ihrer außer-
gewöhnlichen Reaktivität in der Chemie der verunreinigten Atmosphäre
eine beherrschende Rolle spielen, reagieren OH-Radikale bei Atmosphärendruck überwiegend unter Addition an die Doppelbindung. Die Folgereaktionen des primär entstehenden α-Hydroxi-Alkylradikals sind weitgehend
ungeklärt.

Aromatische Kohlenwasserstoffe werden von OH-Radikalen nach Addition an
den Ring unter teilweiser Ringöffnung abgebaut, wobei hoch reaktive
α-Dicarbonyle als Zwischenprodukte entstehen. Die in der Literatur vor-
geschlagenen Abbauwege stützen sich auf den Nachweis solcher Zwischen-
und Endprodukte.

Diese wenigen Beispiele mögen verdeutlichen, daß eine ins einzelne gehen
de Berücksichtigung der individuellen Abbauwege organischer Spurengase
in der verunreinigten Atmosphäre mangels kinetischer Daten und wegen der
großen Zahl möglicher Reaktionsschritte auch auf längere Sicht nicht

73

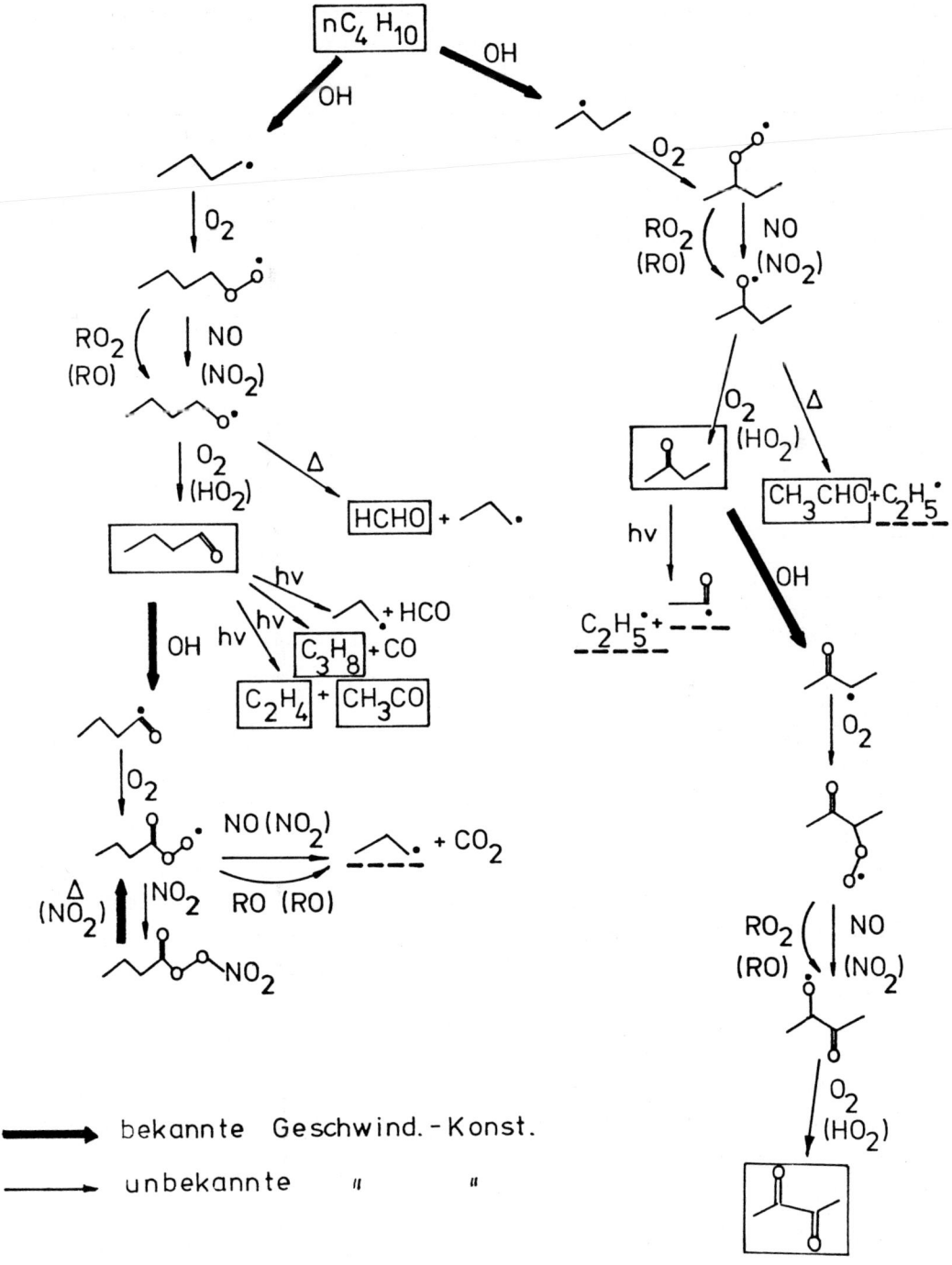

Abbildung 5: Vermutete Abbauwege des n-Butans in der Atmosphäre
(nach Derwent und Hov 1979).

möglich sein dürfte. Andererseits spielen organische Spurengase im kinetischen Zusammenspiel aller gasförmigen Luftverunreinigungen als Quelle
der Peroxiradikale eine so überragende Rolle, daß eine Berücksichtigung
ihrer Reaktionswege in einem atmosphärenchemischen Modell unverzichtbar
ist. Es wurden daher Konzepte entwickelt, durch die sich die zahlreichen
organischen Spurengase zu wenigen symbolischen Molekültypen zusammenfassen lassen, deren vereinfachte Abbauwege in Modellrechnungen vollständig
berücksichtigt werden können (Whitten et al. 1980; Atkinson et al. 1982).
Leider fehlt es an zuverlässigen Methoden zur Überprüfung solcher atmo-
sphärenchemischer Modelle (englisch "lumped models"), so daß das Verfahren nicht unumstritten ist. Da die reine Troposphäre relativ wenige ein-
fach strukturierte Kohlenwasserstoffe enthält, wird in Reinluftmodellen
zunehmend der Versuch unternommen, die Abbauwege dieser Kohlenwasserstoffe vollständig zu erfassen.

LITERATUR

Atkinson R, Lloyd AC, Winger R (1982) An Updated Chemical Mechanism for
    Hydrocarbon/NO_x/SO_2 Photooxidation Suitable for Inclusion in Atmosphe-
    ric Simulation Models. Atmos Environ 16:1341-1355
Bahe FC, Schurath U, Becker KH (1980) The frequency of NO_2 photolysis
    at ground level, as recorded by a continuous actinometer. Atmos
    Environ 14:711-718
Becker KH, Löbel J, Schurath U (1983) Bildung, Transport und Kontrolle
    von Photooxidantien. In: Umweltbundesamt (Ed) Luftqualitätskriterien
    für photochemische Oxidantien. E Schmidt Verlag. Berlin, p 3-132
Bruckmann P (1983) Bildung von Säuren und Oxidantien durch Gasphasere-
    aktionen. VDI-Berichte 500:21-33
Bruckmann P (1980) Reaktionen ausgewählter organischer Verbindungen in
    der Atmosphäre. In: Luftchemisches Verhalten anthropogener Schadstoffe,
    Ergebnisse der VDI-Arbeitsgruppe "Luftchemie", VDI. Düsseldorf, p
    43-60
Clark WE, Landis DA, Harker AB (1976) Measurements of Aerosols in
    Ambient Air Near a Freeway for a Range of SO_2 Concentrations. Atmos
    Environ 10:637-644
CODATA Task Group on Chemical Kinetics (1982) Evaluated Kinetic and
    Photochemical Data for Atmospheric Chemistry. J Phys Chem Ref Data
    11:327-496
Cox RA (1972) Quantum Yields for the Photooxidation of Sulfur Dioxide in
    the First Allowed Absorption Region. J Chem Phys 76:814-820

Derwent RG, Hov Ø (1979) Computer Modeling Studies of Photochemical Air Pollution Formation in North West Europe. Environ. and Medical Sciences Division, AERE Harwell, Great Britain

Ehhalt DH, Drummond JW (1982) The Tropospheric Cycle of NO_x. In: Chemistry of the Unpolluted and Polluted Troposphere. Georgii HW, Jaeschke W (Ed). Reidel Publ. Comp. Dordrecht/Holland, p 219-251

Hov Ø, Isaksen TSA (1979) Hydroxyl and Peroxy Radicals in Polluted Tropospheric Air. Geophys Res Lett 6:219-222

Isaksen ISA, Hov Ø, Hesstvedt E (1978) Ozone Generation over Rural Areas. Environ Sci Technol 12:1278-1284

Nelson PF, Quigley SM (1984) The Hydrocarbon Composition of Exhaust Emitted from Gasoline Fuelled Vehicles. Atmos Environ 18:79-87

Perner D, Hübler G (1982) Experimental Detection of OH in the Troposphere. In: Chemistry of the Unpolluted and Polluted Troposphere. Georgii HW, Jaeschke W (Ed). Reidel Publ. Comp. Dordrecht/Holland, p 267-294

Perseke C (1982) Composition of Acid Rain in the Federal Republic of Germany - Spatial and Temporal Variations during the Period 1979-1981. In: Deposition of Atmospheric Pollutants. Georgii HW, Pankrath J (Ed). Reidel Publ. Comp. Dordrecht/Holland, p 77-86

Platt U, Perner D, Winer AM, Harris GW, Pitts JN (1980) Detection of NO_3 in the Polluted Troposphere by Differential Optical Absorption. Geophys Res Lett 7:89-92

Pohl JH, Chen SL, Heap MP, Pershing DW (1983) Correlation of NO_x Emissions with Basic Physical and Chemical Characteristics of Coal. In: Proceedings of the 1982 Joint Symposium on Stationary Combustion NO_x Control. EPRI CS-3182, Band 2, p 36/1-30

Röth EP (1982) Modellrechnungen zur atmosphärischen Reaktionskinetik zur Untersuchung des Einflusses von Spurenstoffen auf die Troposphäre und Stratosphäre mit Analyse der Schwankungsbreiten. BPT-Bericht 2/82, Gesellschaft für Strahlen- und Umweltforschung, Bereich Projektträgerschaften, München

Schiavone JA, Graedel TE (1981) 2-D Studies of the Kinetic Photochemistry of the Urban Troposphere. I. Air Stagnation Conditions. Atmos Environ 15:163-176

Schmölling J, Jörß KE (1983) Räumliche Verteilung und zeitliche Entwicklung von Emissionen der Vorläufer saurer Niederschläge und Oxidantien. VDI-Berichte 500:13-19

Schurath U, Ruffing K (1981) Die Oxidation von NO durch Sauerstoff und Ozon in Abgasfahnen. Staub-Reinhalt Luft 41:277-281

Schurath U (1980) Luftchemisches Verhalten von NO_x. In: Luftchemisches Verhalten anthropogener Schadstoffe, Ergebnisse der VDI-Arbeitsgruppe

"Luftchemie", VDI. Düsseldorf, p 36-42

Schurath U, Seitz H, Löbel J (1978) Oxidation von SO_2 in der Gasphase. VDI-Berichte 314:33-40

Walsman JM, Munger JW, Jacob DJ, Flagan RC, Morgan JJ, Hoffman RM (1982) Chemical Composition of Acid Fog. Science 218:677-680

Whitten GZ, Hogo H, Killus JP (1980) The Carbon-Bond Mechanism: A Condensed Mechanism for Photochemical Smog. Environ Sci Technol 14:690-700

Chemische Reaktionen in der Stratosphäre

D.H. Ehhalt

EINLEITUNG

Als Stratosphäre bezeichnet man den Bereich der Atmosphäre, der zwischen etwa 10 km und 50 km Höhe liegt. In diesem Höhenbereich nimmt der Luftdruck exponentiell ab: von 260 mbar bei 10 km auf 0.8 mbar bei 50 km Höhe. Gleichzeitig nimmt die Temperatur über diesen Höhenbereich zu (Bild 1). Bei 10 km beträgt sie im Mittel -50 °C. bei 50 km -2 °C. Diese physikalischen Randbedingungen nehmen erheblichen Einfluß auf die Chemie der Stratosphäre. Wegen des abnehmenden Luftdruckes wird die Filterwirkung, die die Luftmoleküle der ultravioletten Strahlung der Sonne entgegensetzen, mit zunehmender Höhe immer schwächer - die Folge: mit zunehmender Höhe wird der UV Anteil des solaren Spektrums intensiver und zu kürzeren Wellenlängen hin erweitert (vergleiche Bild 1). Schließlich erreicht die einfallende Strahlung so kurze Wellenlängen, daß eine der Hauptkomponenten der Luft, nämlich molekularer Sauerstoff, O_2, photolysiert wird

$$O_2 + h\nu \rightarrow O + O \quad (\lambda \leq 240 \text{ nm}) \tag{1}$$

Die bei der Spaltung entstehenden Sauerstoffatome reagieren sofort weiter, zumeist mit O_2 und bilden O_3

$$O + O_2 \xrightarrow{M} O_3 \tag{2}$$

Um die überschüssige kinetische Energie der Reaktionspartner abzuführen, wird ein dritter Stoßpartner, M, benötigt. M kann ein O_2- oder N_2-Molekül sein. Damit hängt Reaktion (2) vom Luftdruck ab und wird in größeren Höhen langsamer. Die Tatsache, daß über die Reaktionen (1) und (2) O_3 gebildet wird und zwar, wie wir sehen werden, in erheblichem Maße, bestimmt die gesamte stratosphärische Chemie. Die stratosphärische Chemie ist im wesentlichen die Chemie des O_3.

Die wichtigste Konsequenz der vertikalen Temperaturzunahme in der Stratosphäre, ist die außerordentlich stabile Schichtung der Stratosphäre gegenüber vertikalen Luftbewegungen, daher übrigens auch der Name: Stratosphäre. Der vertikale Transport wird

78

durch den mittleren vertikalen Eddy-Diffusionskoeffizienten parametrisch beschrieben. Er ist in Bild 1 gezeigt. Wegen der mangelnden vertikalen Durchmischung dringen
Verunreinigungen aus der unteren Atmosphäre oder der Erdoberfläche nur langsam in
die Stratosphäre ein. Ferner können sich außerordentlich starke vertikale Gradienten in den Spurenstoffkonzentrationen ausbilden.

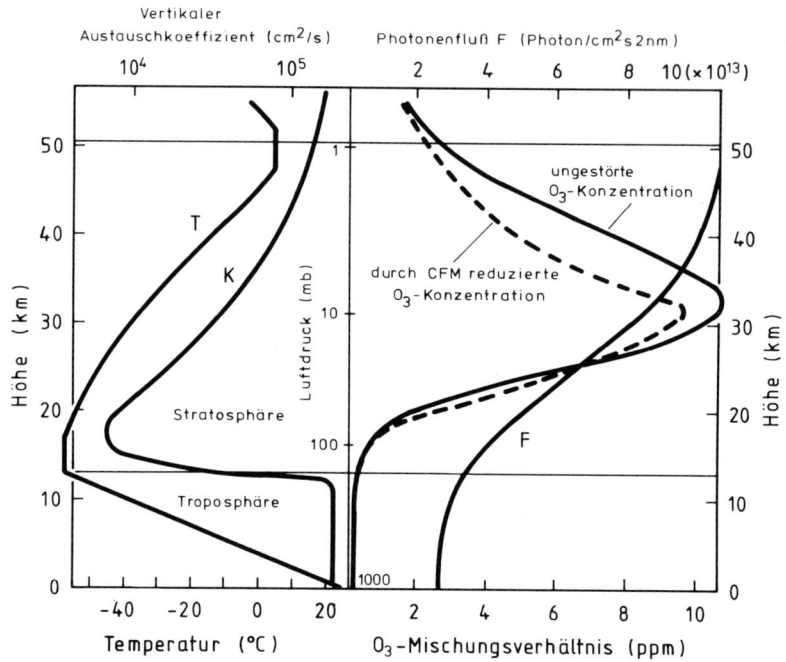

Bild 1: Vertikale Profile der Temperatur (Kurve T), des mittleren vertikalen Eddy-
Diffusionskoeffizienten (Kurve K) und des solaren Photonenflusses bei 310 nm. Zum
Vergleich ist auch das vertikale Profil des O_3 Mischungsverhältnisses gezeigt, das
die vertikale Struktur in F, in T und damit auch in K bestimmt.

Man kann sich die Stratosphäre als eine Art photochemischen Reaktor vorstellen, ein
Reaktor mit vergleichsweise hohen UV-Intensitäten, mit großem Druck- und mäßigem
Temperaturgradienten in der Vertikalen und mit geringer vertikaler Durchmischung.
Dieser Reaktor ist wandlos. Auch die Konzentration von Aerosol- oder Niederschlags-

teilchen ist so gering, daß Oberflächenreaktionen vernachlässigt werden können. Wesentlich sind nur homogene Gasphasenreaktionen.

Ferner liegt die Stratosphäre weitab der Erdoberfläche mit ihren natürlichen und anthropogenen Quellen von Spurengasen. Nur längerlebige Spurengase können die Stratosphäre überhaupt erreichen. Ihre Chemie beschränkt sich deshalb auf weniger Substanzen und ist deshalb auch einfacher als troposphärische Chemie.

Die Chemie der Stratosphäre ist damit definiert als Photochemie in der Gasphase, wobei O_3 die wichtigste Spurenkomponente darstellt.

DIE STRATOSPHÄRISCHE OZONBILANZ

In den Reaktionen (1) und (2) haben wir bereits die Reaktionen kennengelernt, die für die Produktion des O_3 verantwortlich sind. Da ultraviolette Strahlung mit Wellenlängen unterhalb 240 nm nicht in die untere Atmosphäre vordringt, ist diese O_3-Produktion auf die Stratosphäre beschränkt. Ich möchte ferner darauf hinweisen, daß diese Art der O_3-Entstehung nur Sonnenlicht und molekularen Sauerstoff, das zweithäufigste Molekül in der Luft, benötigt. Deshalb kann die stratosphärische O_3-Produktion kaum vom Menschen beeinflußt werden. Im übrigen ist diese Produktion enorm. Integriert über den ganzen Erdball werden 5×10^{31} O_3-Moleküle/sek oder 1.3×10^{11} t O_3/Jahr gebildet. Dagegen wirkt die industrielle Erzeugung von Chemikalien winzig. Das CO_2 z.B., das als Abfallprodukt bei der Verbrennung fossiler Brennstoffe entsteht und die höchsten Umsatzraten aufweist, bringt es nur auf 2×10^{10} t/Jahr.

Dieser O_3-Produktion stehen eine Reihe von O_3-Zerstörungsmechanismen gegenüber. Die Destruktion von O_3 findet übrigens bereits in der Stratosphäre selbst statt. Weniger als 1 % des stratosphärisch gebildeten O_3 erreicht die Troposphäre und wird dort abgebaut. O_3 absorbiert Sonnenstrahlung, hauptsächlich UV, und wird dabei photolysiert.

$$O_3 + h\nu \rightarrow O_2 + O \tag{3}$$

Diese Reaktion per se stellt aber noch keinen Nettoverlust von O_3 dar, weil die O-Atome, die über Reaktion (3) entstehen, durch Reaktion (2) wieder zu O_3 zurückreagieren. Reaktionen (2) und (3) sorgen für ein rasches photochemisches Gleichgewicht zwischen O und O_3. Deswegen werden O und O_3 oft gemeinsam betrachtet und als ungerader Sauerstoff (odd oxygen) bezeichnet. Die erste eigentliche Verlustreaktion von ungeradem Sauerstoff war 1930 durch Chapman (1930) identifiziert worden:

$$O + O_3 \rightarrow O_2 + O_2 \tag{4}$$

Nun hat Reaktion (4) eine relativ hohe Aktivierungenergie. Bei den niedrigen stratosphärischen Temperaturen ist deshalb ihre Geschwindigkeitskonstante niedrig, so daß
trotz hoher O_3-Konzentration Reaktion (4) relativ langsam verläuft. Dadurch gewinnen
eine Reihe von Kettenreaktionen an Wichtigkeit, die die Reaktion (4) katalysieren.
Diese Kettenreaktionen werden durch einige freie Radikale getragen. Die erste Fami-
lie von Radikalen, die in der stratosphärischen Chemie berücksichtigt wurde, war HO_x:
OH, HO_2 (Bates and Nicolet, 1950; Nicolet, 1970). Sie reagieren via:

$$OH + O_3 \rightarrow HO_2 + O_2 \qquad\qquad (5)$$
$$HO_2 + O \rightarrow OH + O_2 \qquad\qquad (6)$$

netto $\quad O_3 + O \rightarrow O_2 + O_2 \qquad\qquad (4)$

und zerstören dabei O_3 analog zur Reaktion (4). Die Radikale werden dabei rezykliert.
Die OH Radikale, die zum Ablauf von (5) benötigt werden, entstehen über folgende
Reaktionen:

$$O_3 + h\nu \rightarrow O(^1D) + O_2 \qquad \lambda \leq 310\ nm \qquad (3a)$$
$$O(^1D) + H_2O \rightarrow OH + OH \qquad\qquad (7)$$
$$O(^1D) + CH_4 \rightarrow OH + CH_3 \qquad\qquad (8)$$
$$O(^1D) + H_2 \rightarrow OH + H \qquad\qquad (9)$$

$O(^1D)$ bedeutet ein elektronisch angeregtes Sauerstoffatom im ^{1}D-Zustand. Dieser liegt
etwa 2 eV über dem Grundzustand und vermittelt dem O-Atom eine wesentlich höhere Reaktivität. Das angeregte Sauerstoffatom entsteht bei der O_3-Photolyse durch kurzwelliges UV.

Ein weiterer, ähnlicher katalytischer Reaktionszyklus wird durch die Stickoxide,
NO_x [NO, NO_2] geliefert. Er besteht aus den Reaktionen

$$NO + O_3 \rightarrow NO_2 + O_2 \qquad\qquad (11)$$
$$NO_2 + O \rightarrow NO + O_2 \qquad\qquad (12)$$

netto $\quad O + O_3 \rightarrow O_2 + O_2 \qquad\qquad (4)$

Das dazu benötigte NO_x wird in der Stratosphäre hauptsächlich über die Reaktion

$$N_2O + O(^1D) \rightarrow NO + NO \qquad\qquad (10)$$
gebildet.

Wir bemerken, daß die Produktion angeregter O-Atome, $O(^1D)$, über die Photolyse von
O_3 ein ausschlaggebender Faktor ist für die Bildung der HO_x- und NO_x-Radikale. Über
diesen Umweg trägt O_3 zu seinem eigenen Abbau bei.

Schließlich wird O_3 auch katalytisch durch ClO_x-Radikale Cl, ClO zerstört. Cl-Atome sind auch in der natürlichen Stratosphäre vorhanden. Sie entstehen aus Methylchlorid, CH_3Cl, das an der Erdoberfläche über eine Reihe von Prozessen gebildet wird und in die Stratosphäre transportiert wird. Der Chlorradikalzyklus wird durch folgende Reaktionen bestimmt (Molina and Rowland, 1974)

$$Cl + O_3 \rightarrow ClO + O_2 \tag{13}$$
$$ClO + O \rightarrow Cl + O_2 \tag{14}$$

netto
$$ O + O_3 \rightarrow O_2 + O_2 \tag{4}$$

in Analogie zum NO_x- und HO_x-Zyklus. Daneben wird Chlor auch in Form der Chlorfluormethane $CFCl_3$ und CF_2Cl_2 in die Stratosphäre transportiert. Diese sind ausschließlich anthropogen und dominieren heute bereits die stratosphärischen Chlorkonzentrationen.

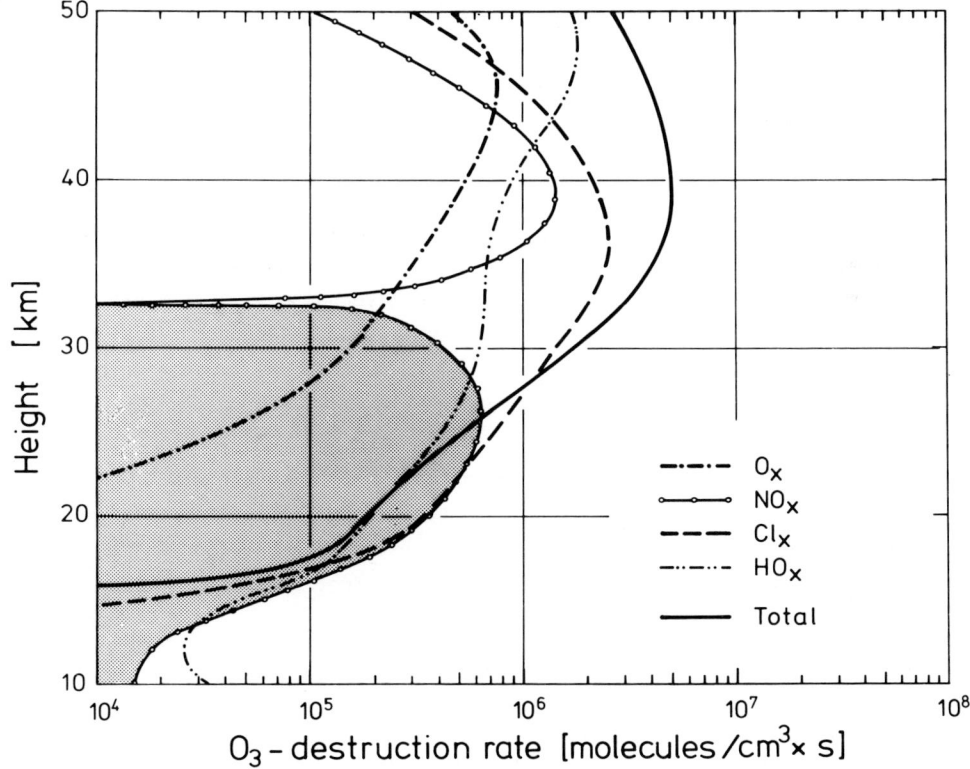

Bild 2: Vertikale Verteilung der Ozondestruktionsraten aufgrund der verschiedenen katalytischen Reaktionen. Die Rechnungen wurden mit einem eindimensionalen Modell durchgeführt (Röth et al., 1980) (totale stratosphärische Chlorkonzentration 2.5 ppb; Geschwindigkeitskonstanten aus (NASA, 1979)

Selbstverständlich gibt es viele weitere Reaktionen von HO_x, NO_x und ClO_x. Diese Radikale reagieren auch miteinander, einige derart, daß sie dem Abbau von O_3 entgegenwirken. Die resultierenden Zerstörungsraten für O_3 sind in Bild 2 in Abhängigkeit von der Höhe gezeigt. Sie sind berechnet mittels eines eindimensionalen numerischen Modells der stratosphärischen Chemie und repräsentieren tägliche Mittelwerte. Die Rechnungen wurden 1979 durchgeführt und würden heute wegen geänderter Geschwindigkeitskonstanten bei einigen Reaktionen etwas anders ausfallen. Bild 2 zeigt deutlich, daß die direkte Reaktion (4) von O und O_3 in allen Höhen nur einen geringen Beitrag zum O_3- Abbau liefert. Schon 1979 wurde die O_3-Destruktion in fast allen Höhen durch den ClO_x-Zyklus bestimmt. Nur in den größten Höhen wird er durch den Abbau durch den HO_x-katalytischen Zyklus übertroffen. Wegen einiger Reaktionen zwischen den Radikalfamilien selbst wird auch einiges O_3 produziert. Aus Gründen, die später beschrieben werden, wird dieser Produktion dem NO_x-Zyklus zugeschlagen. Danach führt die Anwesenheit von NO_x in der Stratosphäre unterhalb 33 km zu einer O_3-Produktion, die durch die Punktierung der von der NO_x- Kurve umschlossenen Fläche in Bild 2 angedeutet ist. Darüber trägt der NO_x - Zyklus in signifikanter Weise zum O_3-Abbau bei.

Wie Bild 2 zeigt, wird das stratosphärische O_3 überwiegend durch die katalytischen Radikalreaktionen zerstört. Wegen der katalytischen Natur dieser Zyklen werden Radikale selber dabei nicht abgebaut - sondern lediglich rezykliert. Deshalb kann ein Radikal viele Tausende von O_3-Molekülen zerstören. Und Radikale, die mit einem Mischungsverhältnis von weniger als 1 ppb[1] vorliegen, können das stratosphärische Ozon signifikant ändern, obwohl dieses mit einem Mischungsverhältnis von einigen ppm[1] vorliegt. Menschliche Tätigkeit kann die stratosphärische Belastung an ClO_x oder NO_x um einige ppb erhöhen. Damit ergibt sich durchaus die Möglichkeit einer anthropogenen Einflußnahme auf das stratosphärische Ozon.

Wir bemerken ferner, daß sich die O_3 abbauenden Radikale aus Gasen wie H_2O, CH_4, N_2O, CH_3Cl, $CFCl_3$ oder CF_2Cl_2 ableiten, die alle an der Erdoberfläche emittiert werden und durch die atmosphärische Zirkulation in die Stratosphäre getragen wurden. Deshalb braucht es keiner direkten Emissionen in die Stratosphäre. Eine Emission der oben genannten oder anderer langlebiger H-, N- oder Cl-haltiger Gase an der Erdoberfläche genügt.

---

[1] Das Mischungsverhältnis ist eine Konzentrationsangabe. Es ist definiert als das Verhältnis der Moleküle eines Gases zu der Gesamtzahl aller Luftmoleküle in trockener Luft.
1 ppm (1 part per million) bedeutet ein Mischungsverhältnis von 10^{-6}
1 ppb (1 part per billion) bedeutet ein Mischungsverhältnis von 10^{-9}
1 ppt (1 part per trillion) bedeutet ein Mischungsverhältnis von 10^{-12}

Über die O_3-Produktion aus den Reaktionen (1) und (2) einerseits und die O_3- Destruktion, wie sie in Bild 2 gezeigt ist, andererseits stellt sich ein stratosphärisches Vertikalprofil von O_3 ein. Es ist in (Bild 3) gezeigt und wurde ebenfalls mittels des gleichen eindimensionalen numerischen Modells berechnet (Röth et al. 1980). Es beschreibt deshalb eine mittlere O_3-Verteilung.

Demnach zeigt die O_3-Konzentration ein breites Maximum um etwa 25 km Höhe, die sog. O_3-Schicht. Bild 3 zeigt auch die gerechnete Konzentration an O - Atomen. Sie ist wesentlich niedriger als die O_3-Konzentration, etwa einen Faktor 1000 in 40 km Höhe, steigt aber rasch mit der Höhe an. Dies liegt daran, daß Reaktion (2), die Anlagerung von O and O_2 zu O_3, mit der Höhe abnimmt und zwar quadratisch mit der Luftdichte, während die Photolyserate von O_3 eher mit der Höhe zunimmt. Das photochemische Gleichgewicht zwischen O und O_3 verschiebt sich mit zunehmender Höhe zugunsten von O, dessen Konzentration in etwa 60 km Höhe den Wert der O_3-Konzentration erreicht.

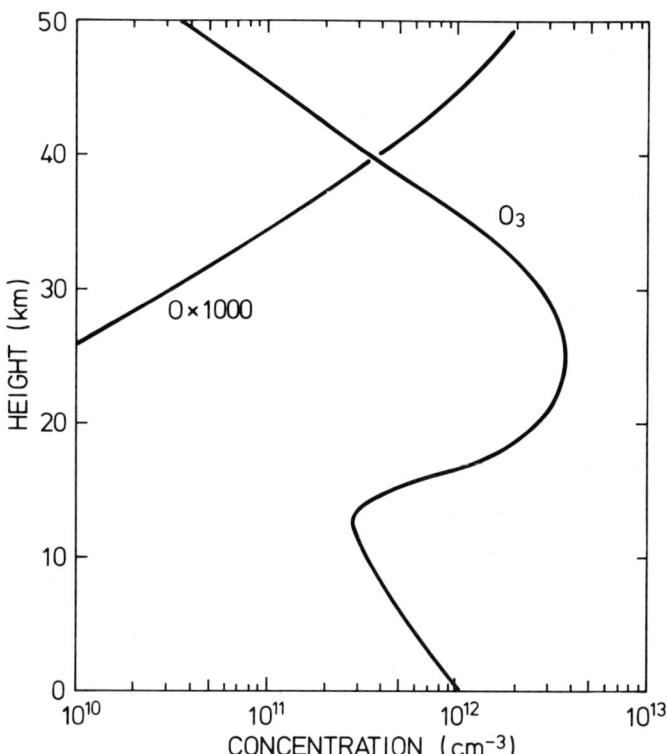

Bild 3: Mittlere berechnete Vertikalprofile der O_3- und O-Konzentration

DER STRATOSPHÄRISCHE CHLORZYKLUS

Nach diesem vereinfachenden Überblick über die stratosphärische Chemie des O_3 möchte ich versuchen, an einem Teilbereich die Komplexität der chemischen Wechselwirkungen in etwas mehr Detail aufzuzeigen. Wir wählen dazu den ClO_x- Zyklus aus, weil er uns gleichzeitig gestattet, die wichtigste Einflußnahme des Menschen auf die O_3-Schicht, nämlich die durch die Chlorfluormethane, zu untersuchen.

Die hauptsächlichen Chlorverbindungen und ihre Reaktionen sind in Bild 4 zusammengefaßt. Dieses Flußdiagramm beschreibt die mittleren Verhältnisse in 30 km Höhe. Die Symbole in den Kästchen bezeichnen die wichtigsten Chlorverbindungen, die dabei stehenden Zahlen geben die Konzentration in Molekülen/cm^3 an. Die Symbole in den Pfeilen bezeichnen die Reaktanden, mit welchen die Chlorkomponenten reagieren und so ineinander übergeführt werden. Die jeweiligen Zahlen geben die Reaktionsraten wieder. Diese beschreiben gleichzeitig den Stofffluß an Chlor in Molekülen/cm^3 sek. Die Zahlen sind aufgerundet. Sie wurden mittels eines eindimensionalen Modells berechnet (WMO Report, 1981).

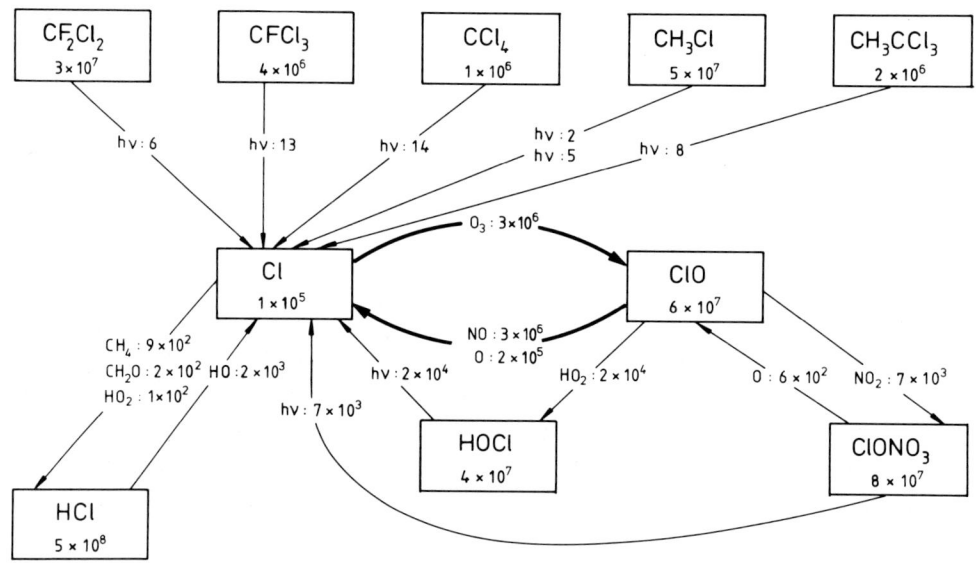

Bild 4: Flußdiagramm der stratosphärischen Cl-Chemie. Die Zahlen in den Kästchen geben die Konzentration (Moleküle/cm^3), die Zahlen in den Pfeilen die Cl-Konversionsraten (Cl-Moleküle/cm^3 sek) an. Die Zahlen sind Mittagswerte und wurden für 30 km Höhe berechnet (WMO Report, 1981).

Bild 4 erlaubt uns nun, die wichtigsten Pfade der stratosphärischen Chlorreaktionen zu verfolgen. Wir bemerken, daß die anthropogenen und natürlichen Quellgase des Chlors, $CFCl_3$, CF_2Cl_2 und CH_3Cl in 30 km Höhe nur noch in geringen Konzentrationen vorhanden sind. Die meisten dieser Moleküle haben bereits in geringerer Höhe reagiert. Dementsprechend ist die Primärinjektion von Cl- Atomen aus ihrer Photolyse nur gering. Die Photolyse verursacht die Abspaltung zunächst eines Cl-Atoms wie in

$$CFCl_3 + h\nu \rightarrow CFCl_2 + Cl$$

Die Details der Weiterreaktion von $CFCl_2$ ist nicht in allen Einzelheiten gesichert. Aber es ist wahrscheinlich, daß sie rasch ablaufen und daß die weiteren Cl-Atome als Cl oder ClO in der Höhe der Primärphotodissoziation in die Atmosphäre abgegeben werden.
Die bei weitem
Die bei weitem schnellste Reaktion der Cl-Atome ist dann die mit O_3, die den katalytischen Zyklus der Reaktionen (13) und (14) einleitet. Wir sehen jedoch, daß Reaktion (14) nicht die wahrscheinlichste ClO-Reaktion darstellt. Vielmehr ist die Reaktion von ClO mit NO schneller. Dies hat eine interessante Konsequenz, da die Reaktion (15) NO_2 bildet. Wir haben es dann mit folgendem Reaktionsablauf zu tun:

$$
\begin{array}{llll}
ClO + NO & \rightarrow & Cl + NO_2 & (15) \\
NO_2 + h\nu & \rightarrow & NO + O & (16) \\
O + O_2 + M & \rightarrow & O_3 + M & (2) \\
Cl + O_3 & \rightarrow & ClO + O_2 & (13) \\
\hline
\text{netto} \quad \emptyset & \rightarrow & \emptyset &
\end{array}
$$

Die wahrscheinlichste Reaktion des NO_2 ist die Photolyse (16). Dabei entsteht ein O-Atom, das wiederum zu O_3 rekombiniert (Reaktion (2)). Bis zu diesem Schritt wurde O_3 produziert. Schließt man aber Reaktion (13) ein, die O_3 zerstört, erhält man einen vollständigen Reaktionszyklus zwischen Cl und ClO. Beim Ablauf dieses Zyklus bestehend aus den Reaktionen (15), (16), (2) und (13) erfolgt aber kein Nettoumsatz an O_3 oder Radikalen. Man nennt so einen Zyklus Nullzyklus (do nothing cycle). Nichtsdestoweniger ist dieser Zyklus recht wichtig. 9 von 10 Chloratomen, die zwischen Cl und ClO hin und her reagieren, laufen über ihn und werden dadurch aus dem katalytisch O_3 zerstörenden ClO_x-Zyklus abgezweigt. Diese Kopplung der NO_x- und ClO_x- Radikalfamilien bewirkt, daß die mögliche O_3-Zerstörung durch Cl um einen Faktor 10 reduziert wird.

Dieser Zyklus erklärt auch, warum es bei Anwesenheit von NO_x zu einer O_3-Produktion kommen kann. In Bild 2 war die O_3-Produktion aus den Reaktionen (15), (16), (2) dem NO_x-Zyklus zugeschrieben worden. Der gleich große O_3- Verlust durch Reaktion (13) war dem ClO_x-Zyklus zugeschrieben worden. Beide heben sich selbstverständlich auf.

Bild 4 zeigt einen weiteren Pfad, über den ClO_x und NO_x wechselwirken. Er verläuft über die Bildung von Chlornitrat, $ClONO_2$.

$$ClO + NO_2 + M \rightarrow ClONO_2 + M \tag{17}$$

Obwohl $ClONO_2$ schnell wieder photolysiert wird,

$$ClONO_2 + h\nu \rightarrow Cl + NO_3 \tag{18}$$

ist seine Bildung über (17) genügend schnell, um beträchtliche Konzentrationen an $ClONO_2$ aufzubauen, nämlich 6×10^7 cm^{-3}. Da $ClONO_2$ nicht mit O_3 reagiert, wird durch seine Bildung ein erheblicher Teil des ClO_x den O_3 zerstörenden Reaktionen entzogen und inaktiviert. Dasselbe gilt für NO_x. Dadurch wird der O_3-Abbau weiter reduziert.

Ein weiteres noch wichtigeres Reservoir an inaktiviertem Cl stellt das Salzsäure-molekül, HCl, dar. Es wird dadurch gebildet, daß das Cl-Atom eine Reihe von Wasser-stoffabstraktionsreaktionen machen kann. Die wichtigste ist die Reaktion mit Me-than, CH_4.

$$Cl + CH_4 \rightarrow HCl + CH_3 \tag{19}$$

Wie die geringen Flüsse in Bild 4 andeuten, sind die Reaktionen zu HCl nicht all-zu schnell. Aber auch die Rückreaktion von HCl mit OH zu Cl ist relativ langsam

$$HCl + OH \rightarrow Cl + H_2O \tag{20}$$

Es bauen sich daher hohe Konzentrationen von HCl auf. HCl ist das häufigste Produkt der Cl-Chemie in allen stratosphärischen Höhen. In der Form von HCl verläßt das Ele-ment Chlor die Stratosphäre, in die es als CH_3Cl, $CFCl_3$, CF_2Cl_2, CCl_4 eingeführt wurde. Dieses große Reservoir an inaktivem Chlor reduziert den Einfluß des Chlors auf das O_3 nochmals beträchtlich.

In Bild 4 sind weitere Reaktionspfade für Cl explizit oder implizit enthalten, z.B. die Bildung der unterchlorigen Säure HOCl. Ihre Bedeutung ist z.B. in (NASA, 1979) behandelt. Hier soll nicht weiter auf sie eingegangen werden.

Die Rückreaktion (20) von HCl zu Cl koppelt die Konzentration der ClO_x-Radikale an die Konzentration der OH-Radikale. Diese Kopplung ist recht stark. Demzufolge werden Änderungen in den Reaktionen, die die OH Konzentration beeinflussen, auch die Konzentration der ClO_x-Radikale beeinflussen. Damit beeinflussen sie auch die Größe der Störung, die durch anthropogene Emission von $CFCl_3$, CF_2Cl_2 auf das stratosphärische O_3 ausgeübt wird. Diese Kopplung hat in der Vergangenheit zu erheblichen Schwankungen in der Voraussage über den eventuellen Ozonabbau geführt, zum Teil weil sich die früheren Meßwerte einiger Geschwindigkeitskonstanten von OH-Reaktionen als fehlerhaft erwiesen.

Die vorausgegangene semi-quantitative Systemanalyse gewährt eine gewisse Einsicht in die stratosphärische Chlorchemie. Um darüber hinauszugehen, insbesondere um zu quantitativen Voraussagen über den stratosphärischen Ozonabbau zu gelangen, werden Modellrechnungen der vollständigen ablaufenden Chemie erforderlich. Eine Diskussion dieser Modelle ist hier nicht möglich. Ich werde lediglich die ermittelten Resultate mitteilen. Dabei werde ich die Voraussagen eines eindimensionalen Modelles betrachten. Dieses Modell behandelt die Atmosphäre als horizontal gleichmäßig durchmischt und untersucht nur den vertikalen Transport und Konzentrationsverteilungen. Dieses Modell mittelt über die täglichen Variationen der solaren Strahlung und berechnet damit die täglich gemittelten Konzentrationen der Radikale und anderer kurzlebiger Spurengase. Die Modelle werden getestet, indem man die für die heutige Atmosphäre berechneten vertikalen Spurengasprofile mit mittleren gemessenen Spurengasprofilen vergleicht; die Übereinstimmung ist im allgemeinen gut. Erstaunlich gut eigentlich, wenn man bedenkt, daß der dreidimensionale Transport der realen Atmosphäre auf den mittleren vertikalen Transport reduziert wird.

Als Beispiel für eine anthropogene Störung der stratosphärischen O_3-Schicht wollen wir jetzt den O_3-Abbau aufgrund der anthropogenen Emission von Chlorfluormethanen untersuchen. Die zugrunde liegende Chemie, nämlich die katalytische O_3-Zerstörung durch Chloratome, haben wir bereits kennengelernt. Letztere wird verstärkt durch anthropogenen Emission der Chlorfluomethane. Für die stratosphärische Chemie sind dabei hauptsächlich CF_2Cl_2, $CFCl_3$, CCl_4 und in etwas geringerem Maße CH_3CCl_3 von Interesse. All diese Gase werden industriell in großem Maßstab eingesetzt. Sie dienen als Kühlmittel, Aerosoltreibgas, Lösungsmittel und zum Schäumen von Kunststoffen. Bei all diesen Anwendungen gelangen die Gase letztlich - nach mehr oder weniger langer Verzögerung - in die Atmosphäre. Nun sind die Chlorfluormethane chemisch außerordentlich inert. Sie werden in der unteren Atmosphäre praktisch nicht abgebaut. Sie sammeln sich also an und werden allmählich durch Luftbewegungen in die Stratosphäre verfrachtet. Dort wird, wie wir gelernt haben, die einfallende UV-Strahlung so kurzwellig (≤ 220 nm), daß sie auch die Chlorfluormethane photolysieren kann. Um den resultierenden O_3-Abbau zu berechnen, müssen die zukünftigen Emissionen bekannt sein. Die folgenden Voraussagen beschränken sich auf die Chlorfluormethane

$CFCl_3$, CF_2Cl_2. Die zukünftigen Emissionen werden als konstant auf dem Niveau der Emission des Jahres 1977 angenommen. Emissionsraten und die resultierenden Störungen werden in Bild 5 gezeigt.

Die Emissionsraten vergangener Jahre wurden von der Industrie publiziert. Sie sind bis 1978 als Meßpunkte eingetragen. Ihr Fehler beträgt etwa 5 %. Bis 1974 sind die Emissionsraten mehr oder weniger exponentiell angestiegen. Der Abfall seit 1974 reflektiert die Wirtschaftsflaute, die Versuche einiger Regierungen, den Gebrauch von Chlorfluormethanen zu regeln, wohl auch den Beginn einer ablehnenden Einstellung der Verbraucher in den USA. Wegen dieses, zumindest vorübergehenden Abfalls, wurden die zukünftigen Emissionsraten als konstant angenommen (NAS Report, 1979). Sie liegen in der Summe bei etwa 0.7×10^6 t/Jahr (vgl. Bild 5). Es ist durchaus möglich, daß der zukünftige Verbrauch auch wieder ansteigt.

Jede weitere Emission, ob groß oder klein, führt vorläufig zu einer weiteren Akkumulation der Chlorfluormethane in der Atmosphäre. Der Anstieg in dem mittleren Mischungsverhältnis der Chlorfluormethane ist ebenfalls in Bild 5 gezeigt. Er entspricht dem gewählten Emissionsszenario. Dieser Anstieg wird bestimmt durch die (konstanten) Emissionraten einerseits und durch die Rate der in der Stratosphäre stattfindenden Destruktion der Chlorfluormethane andererseits. Diese ist im wesentlichen durch die Zeit festgelegt, die die Chlorfluormethane brauchen, um in die Höhen zu gelangen, in denen sie photolysiert werden. Die resultierenden Lebensdauern sind etwa 50 Jahre für $CFCl_3$ und 80 Jahre für CF_2Cl_2 (NAS Report, 1979). Die letztere Lebensdauer ist etwas größer, weil CF_2Cl_2 bei kürzeren Wellenlängen absorbiert und deshalb zu größeren Höhen transportiert werden muß, ehe es photolysiert wird. Infolgedessen wird die sich einstellende Endkonzentration bei CF_2Cl_2 etwas langsamer erreicht und liegt verhältnismäßig höher als die von $CFCl_3$. Diese liegen bei 0.7 ppb für $CFCl_3$ und bei rund 1.5 ppb für CF_2Cl_2. Die heutigen Mischungsverhältnisse liegen bei etwa 0.2 ppb und 0.3 ppb. Der weitere zu erwartende Anstieg beträgt also einen Faktor 4 - 5. Dieser Zahlenwert ist natürlich mit einer gewissen Unsicherheit behaftet - nicht nur weil die projizierten Emissionsraten unsicher sind; auch die geschätzten Lebensdauern sind unsicher mit einem Faktor von etwa $\pm$ 20 % (NAS Report, 1979).

Der unterste Teil des Bildes 5 zeigt die modellmäßig vorausgesagte O_3-Abnahme in der Stratosphäre. Sie ist in % der sogenannten O_3-Säulendichte angegeben. Die Säulendichte erhält man durch Integration des vertikalen O_3-Profils (Bild 3) und beträgt etwa 10^{19} O_3 Moleküle pro cm^2. Dies entspricht einer Gasschicht von 0.3 cm bei Atmosphärendruck. Die O_3-Schicht ist also nicht sehr dick. Die neuesten Rechnungen (WMO Report, 1981) zeigen einen Endwert der O_3-Abnahme aufgrund allein der Zunahme der Chlorfluormethane von 5 % voraus. Dies ist wesentlich geringer als frühere Berechnungen. Dieser Endwert von 5 % wird erreicht mit einer Zeitkonstante

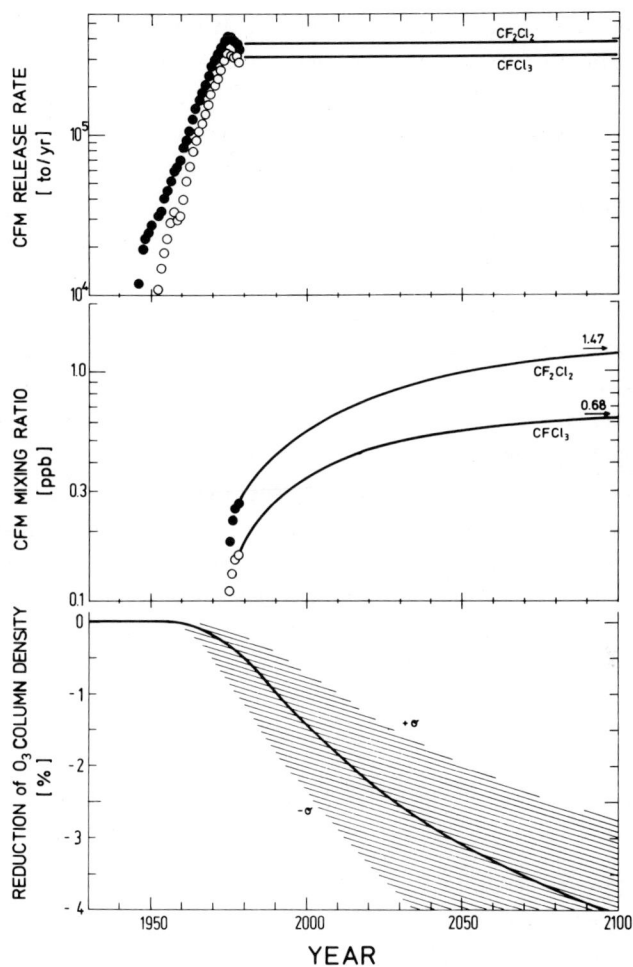

Bild 5: Zeitliche Variation der Emissionsraten und der mittleren troposphärischen Mischungsverhältnisse von $CFCl_3$ und CF_2Cl_2. Die unterste Kurve gibt die resultierende Abnahme der O_3-Säulendichte wieder. Der gestrichelte Bereich charakterisiert die Standardabweichung (1 σ) der Prognose. Die früheren Emissionsraten (Datenpunkte) sind dem UAP-Bulletin 79-5 (1979) entnommen, die bisher gemessenen Mischungsverhältnisse stammen von Singh et al. (1979).

von 65 Jahren, dem gewichteten Mittel der Lebensdauern von $CFCl_3$ und CF_2Cl_2. Diese Voraussage unterliegt erheblichen Unsicherheiten. Sie werden zu einem großen Teil durch Unsicherheiten in den reaktionskinetischen Daten verursacht und führen zu einem relativen Fehler von σ/Δ_{O_3} = 0.4 (NAS Report, 1979; Ehhalt et al., 1979). Er ist in Bild 5 durch die Strichelung angedeutet.

Die 5 %ige Reduktion der O_3-Schicht verteilt sich nicht gleichmäßig auf alle Höhen. Vielmehr werden die großen Höhen unverhältnismäßig stark beeinflußt: bei 40 km beträgt die Reduktion etwa 40 %, unterhalb 25 km ist die Änderung der O_3-Konzentration vernachlässigbar oder positiv (WMO Report, 1981). Es kommt damit zu einer gewissen Verformung der O_3-Schicht.

Zum Schluß sei erwähnt, daß es noch weitere mögliche Störungen der O_3-Schicht gibt: Durch die Emission von Stickoxiden direkt in die Stratosphäre durch hochfliegende Flugzeuge, durch zusätzliche N_2O-Emissionen, durch den Anstieg des CO_2-Gehaltes aufgrund der Verbrennung fossiler Energieträger (WMO Report, 1981). Die letztere für sich allein genommen würde zu einem leichten O_3-Anstieg führen. Die Superposition all dieser Störeffekte führt in gewisser Hinsicht zu einer gegenseitigen Aufhebung: die O_3-Säulendichte sollte sich noch geringfügig verringern, weil es in tieferen Höhen zu einer O_3 Zunahme kommt. Die Deformation der O_3-Schicht könnte sich dadurch eher vergrößern (WMO Report, 1981).

LITERATURVERZEICHNIS

Bates DR, Nicolet M (1950) The photochemistry of atmospheric water vapor. J Geophys Res 55:301-327

Chapman S (1930) On ozone and atomic oxygen in the upper atmosphere. Phil Mag 10: 369-383

Ehhalt DH, Chang JS, Butler DM (1979) The probability distribution of predicted CFM-induced ozone depletion. J Geophys Res 84:7889-7894

Molina MJ, Rowland FS (1974) Stratospheric sink for chlorofluoromethanes: Chlorine atom catalyzed destruction of ozone. Nature 249:810-812

NASA Reference Publication 1049 (December 1979) The Stratosphere: Present and Future. R.D. Hudson und E.I. Reed, Eds.

NAS Report (1979) Stratospheric Ozone Depletion by Halocarbons: Chemistry and Transport, National Academy of Sciences, Washington, D.C.

Nicolet M (1970) Ozone and hydrogen reactions. Ann Geophys 26:531-546

Röth EP, Tönnißen A, Janßen-Schmidt Th (1980) Report from Study Group III (Modelling) on the Ozone Depletion Problem. G. Brasseur, Ed., Commission of the European Communities

Singh HB, Salas LJ, Shigeishi H, Smith AJ, Scribner E, Cavanagh LA (1979) Atmospheric distributions, sources and sinks of selected halocarbons, hydrocarbons, SF_6, and N_2O. Standford Res. Inst. Report Project 4487

UAP - Upper Atmospheric Programs Bulletin (1979) UAP 79-5, Federal Aviation Agency, Washington D.C.

WMO Ozone Research and Monitoring Project Report No. 11 (1981) The Stratosphere 1981, Theory and Measurements

Grundlagen der Aerosolphysik und Aerosolchemie

K.R. Spurny

Aerosole und Kolloide

1. Definition und Partikelgrößenverteilungen

Aerosole und Kolloide sind feindisperse Systeme von submikronischen
Partikeln in einer dispersen Phase (Gas und Flüssigkeit).

In der Praxis gehören zu dem Begriff Aerosole auch Partikelkollek-
tive in Gasen oder in der Luft mit Teilchengrößendurchmessern von
etwa 1 nm bis 10 μm. Sogenannte grobe Aerosole mit Partikeln größer
als 10 μm sollten eigentlich als Stäube bezeichnet werden. Allerdings gibt es für Begriffe, wie Staub, Feinstaub, Rauch, Nebel,
Dunst, Smog u.a. bis heute keine eindeutige Definition, und sie
werden oft allgemein als Aerosole bezeichnet.

Aerosolpartikel

Die Partikelgröße (Radius r) ist einer der entscheidenden Parameter,
die das physikalisch-chemische Verhalten des Aerosols (Partikelkol-
lektives) bestimmt. Die Tabelle 1 zeigt wieviele Eigenschaften von
diesem Parameter abhängig sind.

Hierbei bedeuten D der Diffusionskoeffizient, $\bar{G}$ die Thermalgeschwindigkeit, τ die Relaxationszeit (Reibungskraft cm^{-3}), l_B die
freie Weglänge für Partikeln, $\overline{\Delta x_B}$ und Δx_g die Brownsche Partikel-
verschiebung und die Sedimentationverschiebung.

Die feindispersen oder hochdispersen Aerosole ($r \leq 0,1$ μm nähern
sich in ihren Eigenschaften den Gasen. Aerosole im Teilchengrößenbereich von etwa $0,5$ μm $\geq r \leq 1$ μm stellen einen Übergangsbereich
dar. Die grobdispersen Aerosole mit $r > 1$μm können schon mit Hilfe
der klassischen Physik beschrieben werden. Vom Parameter r sind z.B.
auch abhängig: Der Dampfdruck von Tröpfchen, die Diffusion und
Sedimentation, die Thermophorese, die optischen Eigenschaften, die
Koagulationskonstante, der Partikelwiderstand, die Verdampfungsge-
schwindigkeit u.a.

Aerosole sind unstabile disperse Systeme, deren Teilchenkonzentration, Teilchengrößenverteilung und oft auch die chemische Zusammensetzung sich mit der Zeit und mit dem Meßort ändern. Damit muß gerechnet werden, wenn Experimente mit Aerosolen durchgeführt oder
wenn Aerosole in der atmosphärischen Umwelt gemessen werden.

TABELLE 1: Charakteristische Größen in der Aerosolmechanik,
die im wesentlichen von der Partikelgröße abhängig sind.
(N.A. Fuchs: The Mechanics of Aerosols. Pergamon Press,
London, 1964)

r (cm)	D (cm^2 sec^{-1})	$\bar{G}$ (cm sec^{-1})	τ (sec)	l_B (cm)	$\overline{\Delta x_B}$ (cm)	Δx_g (cm)
10^{-7}	1.28×10^{-2}	4965	1.33×10^{-9}	6.59×10^{-6}	1.28×10^{-1}	1.31×10^{-6}
2×10^{-7}	3.23×10^{-3}	1760	2.67×10^{-9}	4.68×10^{-6}	6.40×10^{-2}	2.62×10^{-6}
5×10^{-7}	5.24×10^{-4}	444	6.76×10^{-9}	3.00×10^{-6}	2.58×10^{-2}	6.63×10^{-6}
10^{-6}	1.35×10^{-4}	157	1.40×10^{-8}	2.20×10^{-6}	1.31×10^{-2}	1.37×10^{-5}
2×10^{-6}	3.59×10^{-5}	55.5	2.97×10^{-8}	1.64×10^{-6}	6.75×10^{-3}	2.91×10^{-5}
5×10^{-6}	6.82×10^{-6}	14.0	8.81×10^{-8}	1.24×10^{-6}	2.95×10^{-3}	8.64×10^{-5}
10^{-5}	2.21×10^{-6}	4.96	2.28×10^{-7}	1.13×10^{-6}	1.68×10^{-3}	2.24×10^{-4}
2×10^{-5}	8.32×10^{-7}	1.76	6.87×10^{-7}	1.21×10^{-6}	1.03×10^{-3}	6.73×10^{-4}
5×10^{-5}	2.74×10^{-7}	0.444	3.54×10^{-6}	1.53×10^{-6}	5.90×10^{-4}	3.47×10^{-3}
10^{-4}	1.27×10^{-7}	0.157	1.31×10^{-5}	2.06×10^{-6}	4.02×10^{-4}	1.28×10^{-2}
2×10^{-4}	6.10×10^{-8}	5.55×10^{-2}	5.03×10^{-5}	2.80×10^{-6}	2.78×10^{-4}	4.93×10^{-2}
5×10^{-4}	2.38×10^{-8}	1.40×10^{-2}	3.08×10^{-4}	4.32×10^{-6}	1.74×10^{-4}	3.02×10^{-1}
10^{-3}	1.38×10^{-8}	4.96×10^{-3}	1.23×10^{-3}	6.08×10^{-6}	1.23×10^{-4}	1.21
	γ^0	$\gamma^{-1/2}$	γ	$\gamma^{1/2}$	γ^0	γ

Partikeleigenschaften

Kugelförmige Teilchen in aerodispersen Systemen von festen Partikeln
sind eine Ausnahme. Meistens besitzen die Einzelpartikeln sehr vari-
able Formen. Von der Partikelform hängt auch das aerodynamische Verhalten der Partikeln ab. Die Eigenschaften der Einzelpartikeln und
deren Oberfläche beeinflussen auch eine Reihe von anderen physikalisch-chemischen Vorgängen. So ist z.B. die Dichte der Aerosolpartikeln meistens viel geringer als die Dichte des Aerosolmaterials.
Die Partikeloberfläche kann hygroskopisch sein, chemisch reaktiv
oder adsorptionsfähig sein, oder auch elektrisch geladen, radioaktiv
usw. sein.

Größenverteilungen

Die Mehrheit der natürlichen sowie auch der künstlichen Aerosole
haben nicht die gleiche Größe, sie sind polydispers und können durch
verschiedene Teilchengrößenverteilungen beschrieben werden: z.B. als
eine Verteilung der Partikelgröße nach

$$\int_0^\infty f(r)\,dr = 1,$$ der Partikelmasse (m_r) nach $\beta \int_0^\infty m r (f(r)\,dr = 1$ usw.

Der statistischen Formulierung und der graphischen Darstellung nach
unterscheidet man die Teilchengrößenverteilungen in differentielle
oder integrale (kumulative) Verteilungskurven.

Zu einem der einfachsten Fälle gehört die Normalverteilung (Abb. 1).

Hierbei hat x die Bedeutung r, $\mu = \int_{-\infty}^{\infty} r(f(r)\,dr$

und $\sigma^2 = \int_{-\infty}^{\infty} (r-\mu)^2 f(r)\,dr$.

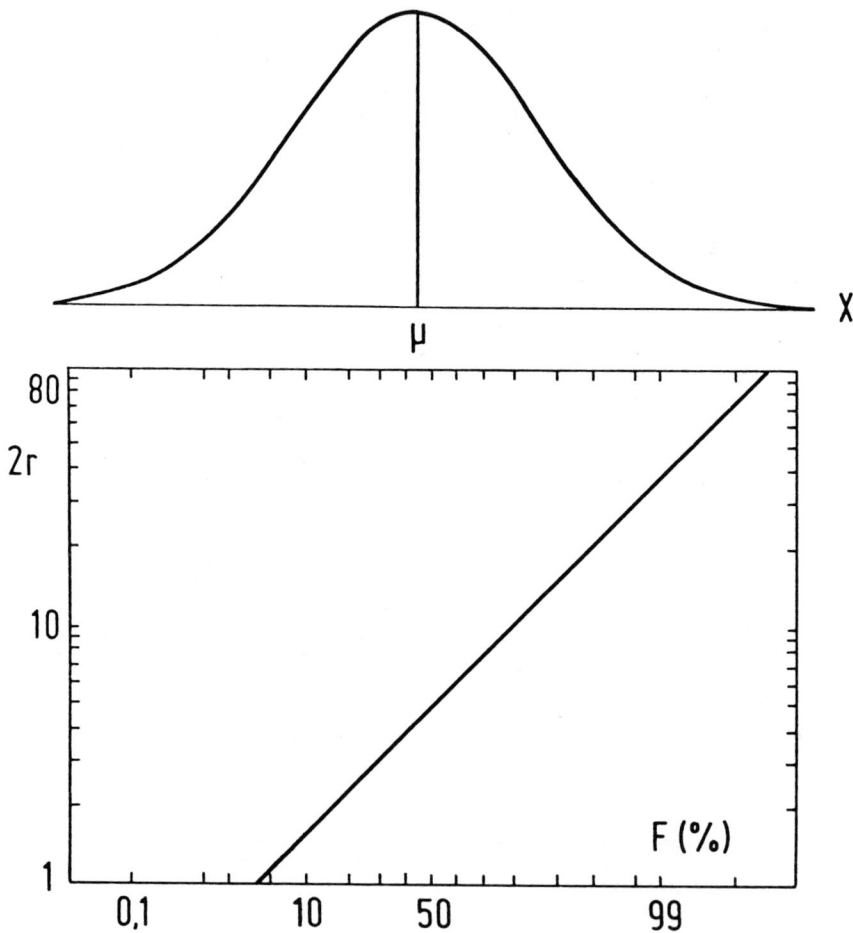

Abb. 1: Eine Darstellung der Normalverteilung
(Differentielle – oben – und integrale – unten –
Verteilungskurve)

In der Praxis werden Partikelgrößenverteilungen bezogen auf die
Partikelzahl, Partikelmasse, Partikelvolumen sowie auch auf die
Partikeloberfläche benutzt. Ein Beispiel solcher Verteilungskurven
wird in Abb. 2 dargestellt.

Auch die Aerosolkonzentrationen werden in verschiedenen Einheiten
angegeben. Meistens werden die gravimetrischen Angaben benutzt; z.B.
die Konzentrationen in mg/m^3 oder in $\mu g/m^3$ (in einigen Bereichen
auch in ng/m^3). Es gibt auch Fälle, z.B. bei Messungen von Kondensationskernen und faserigen Aerosolen, in denen die Aerosolkonzentrationen als Partikelanzahl/cm^3 oder Partikelanzahl/m^3 angegeben wird.

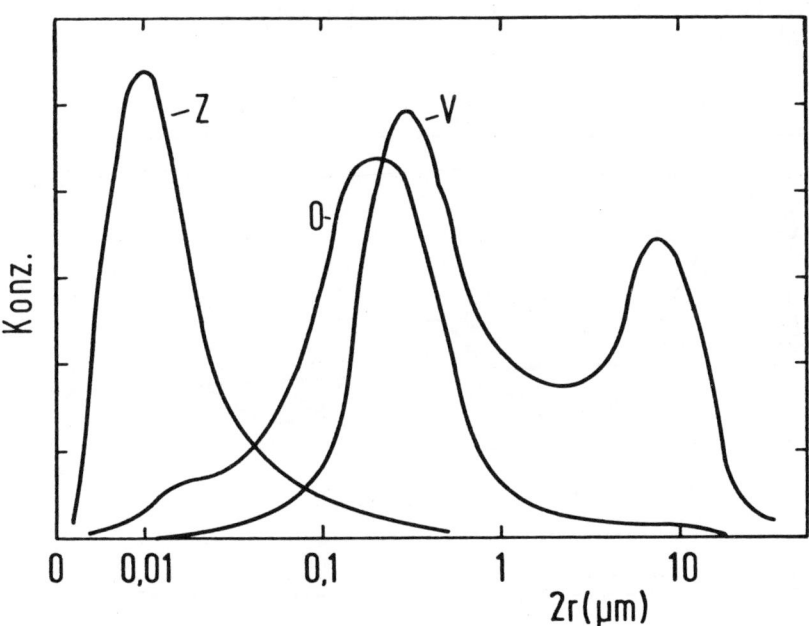

Abb. 2: Differentielle Verteilungskurven des gleichen Aerosols
        für die Partikelzahl (Z), für das Partikelvolumen (V)
        und für die Partikeloberfläche (O).

2. Optische Eigenschaften von Aerosolen

Trifft ein Lichtstrahl auf ein Aerosolpartikel, so kommt es zu zwei
Wechselwirkungen. Das auf die Einzelpartikel auftreffende Licht wird
von der Partikel mit der gleichen Wellenlänge (λ) in alle Richtungen
reflektiert, jedoch mit unterschiedlichen Intensitäten. Dieses Phä-
nomen wird als LICHTSTREUUNG bezeichnet. Eine andere Möglichkeit besteht darin, daß die Lichtenergie in der Aerosolpartikel in andere

Energieformen (Wärme, Energie für chemische Reaktionen, Strahlung
verschiedener Wellenlängen, usw.) umgewandelt wird. Dieser Prozess
wird als LICHT-ABSORPTION bezeichnet. Beide Erscheinungen spielen in
der Aerosolphysik eine sehr bedeutende Rolle und können unter anderem zur Messung von Aerosolkonzentrationen und Aerosolgrößenvertei-
lungen benutzt werden.

1908 hat G. Mie die Streulichttheorie an feinen Partikeln entwickelt, die auf der Lösung der Maxwell-Gleichungen beruht. Sie beschreibt den Brechungsindex m einer sphärischen Partikel und definiert einen dimensionslosen Parameter $\alpha = \pi 2r/\lambda$. Der Extinktions-
koeffizient E ist durch α und den Parameter Θ (Streuwinkel) gegeben.
Die Streulichtintensität an Einzelpartikeln ist von dem Winkel Θ
abhängig (der Winkel zwischen der Richtung des ursprünglichen und
des gestreuten Lichtstrahles). Abb. 3 zeigt eine solche Abhängigkeit
zwischen E, α und 2r sowie auch für verschiedene komplexe Brechungs-
indices m. Der komplexe Brechungsindex m = n $-$ in' enthält den Brechungsindex n und im Imaginärteil den Absorptionsindex.

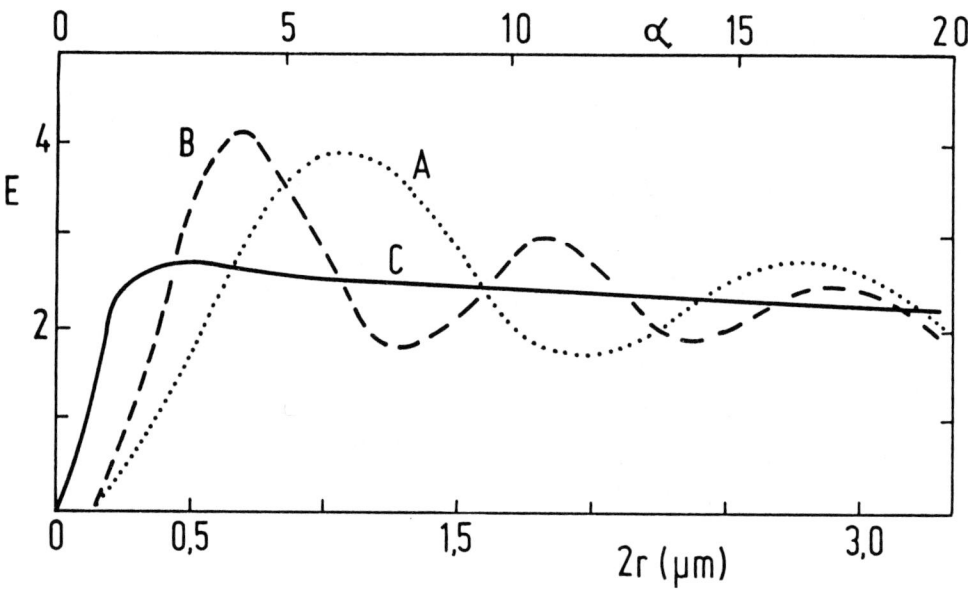

Abb. 3: Abhängigkeit der Extinktionskoeffizienten E von
dem Parameter α und der Partikelgröße r (λ = 520 nm)
(Kurve A für m = 1,5, Kurve B für m = 1,33 und
Kurve C für m = 1,55- i. 0,66; E bedeutet den
Extinktionskoeffizienten in relativen Einheiten).

Die Anwendung der Mie-Theorie ermöglichte auch den Bau der s.g.
Partikelzähler. Diese Geräte zählen die Einzelpartikeln in einem
Gasstrom in Abhängigkeit von den Partikelgrößen. Dabei werden die
Streulichtintensitäten der einzelnen Partikeln (r > 0,1 m) mit
Hilfe eines Photomultipliers gemessen.

Die ursprüngliche, klassische Streulichttheorie stammt eigentlich von Lord Rayleigh (1871), der die Polarisierbarkeit von kleinen Partikeln beschrieben hat. Diese Theorie ist aber nur für sehr feine Partikeln ($r < 0,02$ µm und $\alpha < 0,3$) anwendbar. Aus dieser Theorie konnte die insgesamt von der Einzelpartikel gestreute Energie S (angegeben für eine Flächeneinheit) berechnet werden:

$$S = \pi\, r^2 E; \quad \text{und} \quad E = \frac{8}{3}\, \alpha^4\, \left(\frac{m^2-1}{m^2+2}\right)^2$$

Aus der Theorie geht weiter hervor, daß die Intensität des Streulichtes $(I)_\Theta$ eine Funktion des Winkels Θ ist:

$$(I)_\Theta \sim \frac{I_o^2}{\alpha^4 \cdot r^2}\, (1 + \cos^2 \Theta)$$

Für Aerosolpartikeln mit dem Durchmessern $2r = \lambda$ können die Streulichtintensitäten nach die Mie'schen Theorie berechnet werden. Die Ergebnisse solcher Berechnung zeigt die graphische Darstellung in Abb. 4.

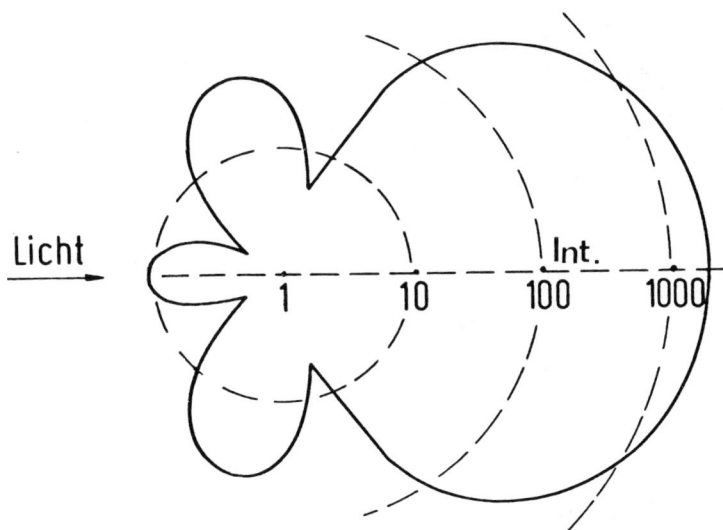

Abb. 4: Graphische Darstellung der Streulichtintensitäten an einer sphärischen Aerosolpartikel mit dem Brechungsindex m = 1,35 (D. Hochrainer in: Analysis of Airborne Particles by Physical Methods. CRC Press, Inc. West Palm Beach, Florida (1978))

3. Grundlagen der Aerosoldynamik

Um die gesamte Instabilität einer Aerosolwolke beschreiben zu können, ist es notwendig, die Grundlagen der Aerosolmechanik und der Aerosoldynamik anzuwenden.

Zur Beschreibung der Bewegung von gröberen Aerosolpartikeln (mit der Masse m und Geschwindigkeit u) in verschiedenen Kraftfeldern wird das zweite Newton'sche Gesetz (F_i ist die Kraft) benutzt:

$$m \frac{\overline{du}}{dt} = \Sigma_i \overline{F_i}.$$

Der Strömungswiderstand

Auf kugelförmige Aerosolpartikel wirkt von der Gasströmung her eine Kraft F_w, die durch die Stokes'sche Formel beschrieben wird:

$$F_w = - 6 \pi \eta r u$$

Hierbei ist η die dynamische Viskosität. Diese Formel gilt für Reynoldszahlen $Re \leq 1$ ($Re = ur\rho/\eta$ (ρ ist die Gasdichte).

Sedimentation von Einzelpartikeln

Die Fallgeschwindigkeit u für feste und flüssige (Tröpfchen) Aerosolpartikeln·in einem zähen Gas ist durch folgende Formeln gegeben:

Feste Aerosolpartikel

$$u = \frac{2r^2 g (\rho'-\rho)}{9\eta}$$

(ρ' ist die Dichte der Aerosolpartikel)

Aerosoltröpfchen

$$u = \frac{2r^2 g (\rho'-\rho) (\eta + \eta')}{3\eta (2\eta +3\eta')}$$

Hierbei ist g die Beschleunigung im freien Fall, ρ' die Dichte und η' die dynamische Viskosität der Tröpfchenflüssigkeit.

Zentrifugation

Die Sedimentationsgeschwindigkeit (Fallgeschwindigkeit) der Aerosolpartikeln in einem Gasstrom kann durch ein Zentrifugalfeld verstärkt werden.

99

Für die radiale Partikelgeschwindigkeit in der Zentrifuge gilt
(Abstand R):

$$u_z = m\, \omega^2 RB \quad \text{und} \quad B = \frac{K_S}{6\pi\eta r}$$

K_S ist der Gleitfaktor - ein Parameter, der von der freien Weglänge
der Gasmoleküle abhängig ist. ω ist die Winkelbeschleunigung und m
die Partikelmasse.

Verschiedene Aerosolzentrifugen können auch zur Bestimmung der Partikelgrößenverteilungen dienen.

In Abb. 5 ist ein Rotor der Spiral-Aerosolzentrifuge nach Stöber und
Flachsbart dargestellt, die zur Messung von Verteilungsgrößen verschiedener Aerosolarten dient. Mit Hilfe einer Eichung können Partikelgrößenverteilungen unbekannter Aerosole gemessen werden.

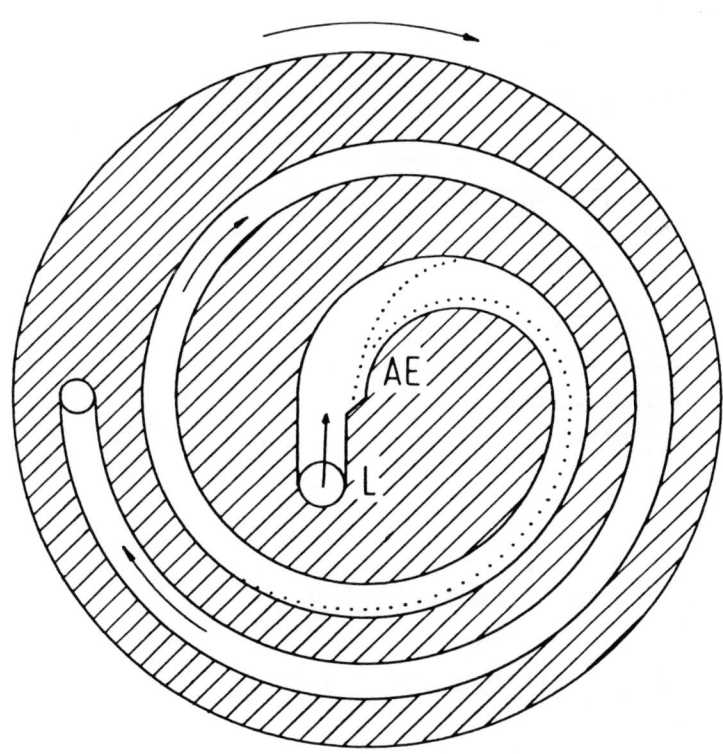

Abb. 5: Schematische Darstellung des Rotors einer Spiral-
        Aerosolzentrifuge (Eintritt des Luftstromes L und
        des Aerosols AE)

Impaktion und Impaktoren

Aerosolpartikeln können infolge ihrer Trägheit in der Strömung in
engen Düsen (Durchmesser D) beschleunigt werden. Beim Aufpallen auf
eine quer zu dem Aerosolstrom angeordnete Fläche kommt es zu einer
Impaktionsabscheidung. Diese Tatsache wird zur Konstruktion von
Probenahmegeräte - sg. Impaktoren und Kaskadenimpaktoren benutzt.
Abb. 6 zeigt das Prinzip eines Kaskadenimpaktors, der aus zwei
Abscheidestufen besteht.

Der Abscheidegrad eines einstufigen Impaktors ist durch die
Stokes'sche Zahl (St) gegeben:

$$St = \frac{K_s \, u r^2 \rho}{9 \eta D}$$

(r bedeutet in diesem Fall den aerodynamischen Partikelradius)

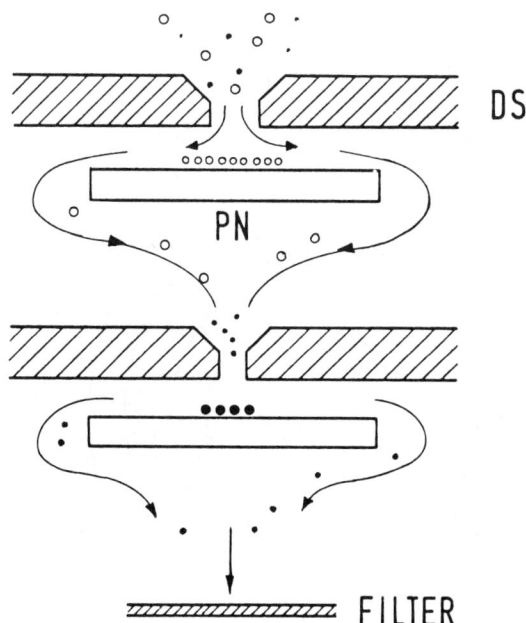

Abb. 6: Schematische Darstellung eines zweistufigen Kaskadenimpaktors
(Die in den Düsen (DS beschleunigten Partikeln werden
auf den Probenahmeplatten PN abgeschieden.)

Die Wirkungsgradkurve eines einstufigen Kaskadenimpaktors zeigt die
Abb. 7.

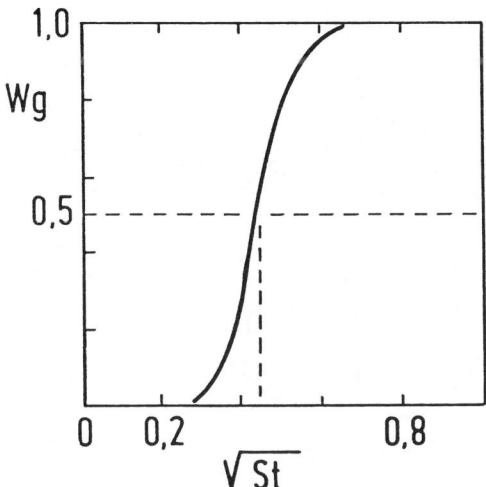

Abb. 7: Schematische Darstellung des Wirkungsgrades (W_g) als
Funktion von $\sqrt{St}$.

Impaktoren und Kaskadenimpaktoren dienen hauptsächlich zur frak-
tionierten Probenahme von Aerosolen für chemisch-analytische Untersuchungen.

Zyklone

Bei Zyklonen werden die Aerosolpartikeln aus dem Gasstrom ebenfalls
durch Zentrifugalkräfte abgeschieden. Es gibt kleine Zyklone, die
zur selektiven Aerosolprobenahme dienen, aber auch Zyklone von größeren und großen Abmessungen, die in der Industrie oft als erste
Stufe zur Abluftreinigung von festen oder flüssigen Partikeln
dienen.

Das Bild 8 zeigt ein Diagramm des Zyklonabscheiders. Der Aerosol-
strom Ae tritt durch einen tangentialen Kanal ein, wird in eine
Spiralbewegung umgelenkt und die Partikeln werden an den äußeren
Wänden abgeschieden.

Der Wirkungsgrad eines Zyklons ist von der Gasgeschwindigkeit (u_e)
im Eintrittskanal abhängig.

Für den Abscheidegrad gilt:

$$r_{ae}^2 \text{ (bei 50 \% Wirkungsgrad) } = f \ \frac{18\,\eta}{s\,u_e} \text{ und } f = \frac{b^2\,(1 - \alpha^4)}{H}$$

Hierbei ist H die Länge des Zyklons, $\alpha = 0,5 + (a/2b)$; a und b sind
in Abb. 8 dargestellt.

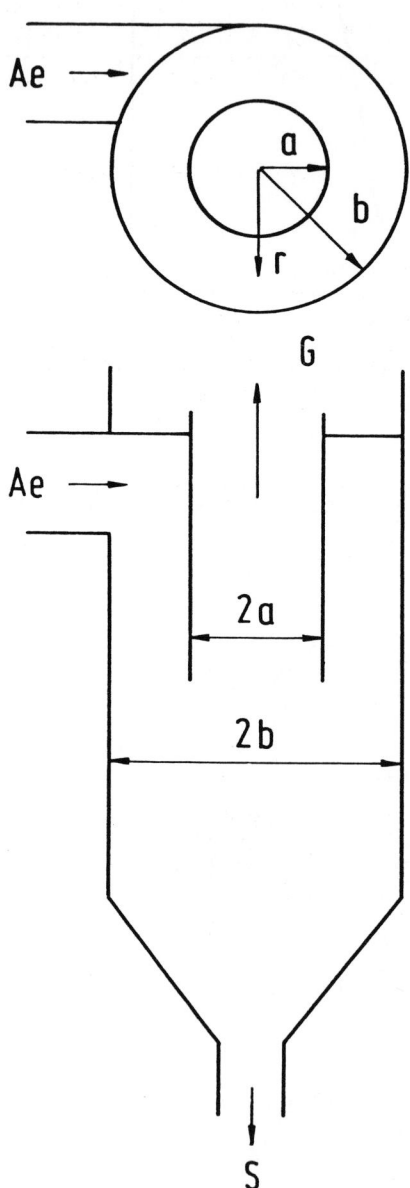

Abb. 8: Diagramm eines Zyklons

Thermophorese und Thermalpräzipitatoren

Kleine Aerosolpartikeln bewegen sich bei vorhandenem Temperaturgradienten in die Richtung des kälteren Bereiches. Diese Partikelbewegung wird als Aerosol-Thermophorese bezeichnet. Die sg. thermophoretische Geschwindigkeit (u_t) ist unter anderem eine Funktion der Gastemperatur T, des Temperaturgradienten ΔT und auch abhängig von der Partikelgröße und von der freien Weglänge der Gasmoleküle.

$$u_t = - \frac{3\pi\Delta T}{4\ (1 + \pi\alpha/8)\ T}, \quad (\ \alpha \text{ ist der Akkomodationskoeffizient}).$$

Auf diese Weise können Partikeln aus dem laminaren Aerosolstrom abgeschieden werden. Die auf Thermophorese beruhenden Probenahmegeräte heißen Thermalpräzipitatoren (Abb. 9). Das Aerosol (Ae) strömt laminar durch einen Schlitz quer zu einem geheizten (etwa 100 °C) Draht (D). Die Aerosolpartikeln werden beiderseits des Drahtes auf kältere Gläschen (GL) abgeschieden. Die so gewonnene Probe wird meistens mikroskopisch ausgewertet.

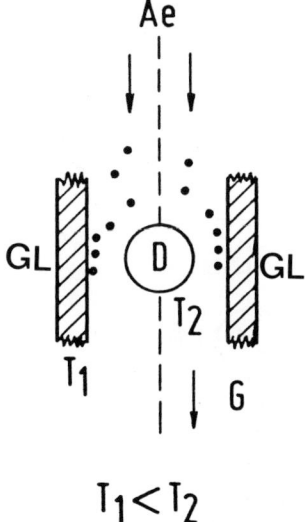

Abb. 9: Schematische Darstellung eines Thermalpräzipitators. (G bedeutet die reine Luft, T_1 und T_2 die Temperatur der Sammelgläschen und des Drahtes).

Bewegung von Aerosolen in elektrischen Feldern

Die Aerosolpartikeln werden hauptsächlich durch zwei physikalische
Mechanismen elektrisch geladen. Befinden sich in einer Aerosolwolke
frei Gasionen (positive und negative), kommt es durch ihre Diffusionsbewegung zur Kollision mit den Partikeln. Diese werden elektrisch
geladen und tragen dann eine oder mehrere Elementarladungen. Eine
andere Möglichkeit ist durch die Aufladung der Einzelpartikeln in
elektrischen Feldern - z.B. bei einer Koronaentladung - gegeben. Die
Wirkung und Anwendung einer Koronaentladung kann qualitativ an dem
Beispiel der sg. Elektroabscheider (Elektrofilter) oder Elektroprä-
zipitatoren demonstriert werden (Abb. 10).

Durch den Zylinder Z fließt ein laminarer Aerosolstrom Ae. An der
inneren Drahtelektrode Ei werden infolge der Koronaentladung (Frei-
setzung von Elektronen) Aerosolpartikeln negativ geladen und in der
folgenden Zeitphase von der äußeren, zylindrischen, positiven Sammelelektrode E angezogen. Dort werden sie auch abgeschieden und deponiert (Die Hochspannung beträgt 5 bis 10 kV). Ein derartiges Prinzip wird im staubtechnischen Bereich zur Gasreinigung eingesetzt. Es
dient aber auch zur Aerosolprobenahme und zur Partikelgrößen-Analy-
se. Ein Beispiel für die letztere Anwendung ist das sg. Aerosol-
Mobilitätspektrometer (Abb. 11), das eine Partikelgrößenanalyse bei
feinen Aerosolen ermöglicht.

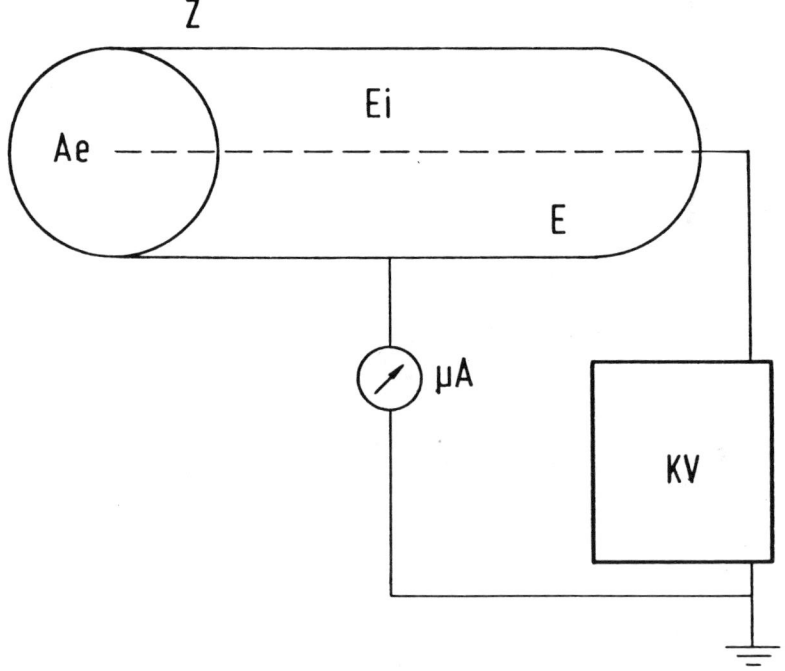

Abb. 10: Schematische Darstellung eines elektrostatischen
         Präzipitators

Mit Hilfe einer Koronaentladung (KE) wird ein Aerosolstrom (Ae) elektrisch geladen. In einem gut definierten und einstellbaren elektrostatischen Feld EF werden die Einzelpartikeln ihrer elektrischen Mobilität nach (abhängig von der Partikelmasse und der Partikelladung) in verschiedene Größenklassen getrennt (Sammelelektrode B). Die an B nicht abgeschiedenen Partikeln werden später auf dem Filter F abgeschieden und ihre elektrische Ladung wird mit Hilfe eines empfindlichen Elektrometers EM gemessen.

Unter der elektrischen Mobilität eines Aerosolpartikels versteht man seine Geschwindigkeit in einem elektrischen Feld mit einer Feldstärke von 1 V/cm. Die Mobilität u_m bei einer Feldstärke U_f ist gegeben durch:

$$u_m = Z\ U_f$$

Hierbei ist $Z = n_e \cdot e/f$; f ist der Reibungskoeffizient, n_e die Zahl der Elementarladungen e.

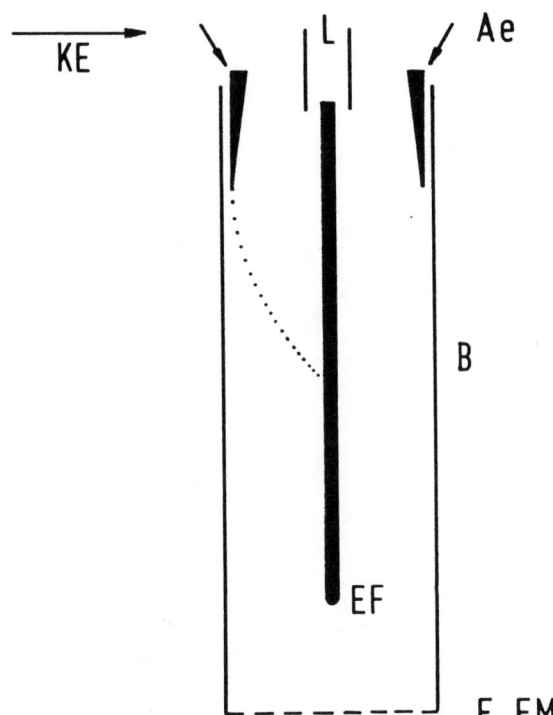

Abb. 11: Schema eines Aerosol-Mobilitätspektrometers.
(L ist ein Reinluftstrom).

4. Aerosolanalyse

In den meisten Fällen werden in der Praxis die Aerosolkonzentrationen am Arbeitsplatz, bei Emissionen und in der atmosphärischen Umwelt gemessen. Das Ziel dieser Messungen ist es überwiegend, das Gesundheitsrisiko für den Menschen bei der Einatmung verschiedener chemischer Substanzen zu bestimmen, um die gemessenen Werte mit den MAK- und MIK-Werten zu vergleichen.

Die biologische Wirkung der Aerosole auf Mensch und Tier ist von der chemischen Zusammensetzung der Einzelpartikeln abhängig.

Bezüglich der Partikelgröße gibt es nur einen relativ begrenzten Partikelgrößenbereich, in dem die Einzelpartikeln atembar oder lungengängig sind. Die Theorie der Partikeldeposition in den Atemwegen sowie auch die Ergebnisse der experimentellen Untersuchungen bieten schon heute ausreichende Informationen, um eine atembare und lungengängige Partikelfraktion auf einer internationalen Ebene zu definieren. Der Definition nach liegt ein Feinaerosol (lungengängige Fraktion) bei aerodynamischen Teilchendurchmessern von etwa 0,01 bis 7 μm (Abb. 12) vor. Dagegen geht dieser Bereich bei den gesamten atembaren Aerosolen bis zu etwa 15 μm (Abb. 13).

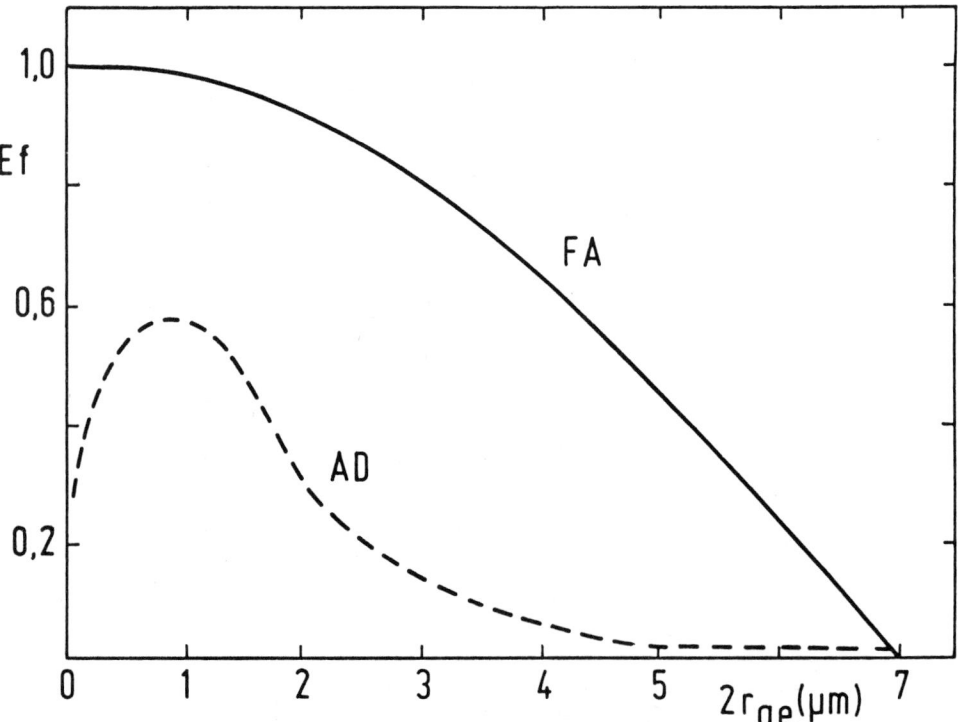

Abb. 12: Eine schematische Darstellung der Definition eines Feinaerosols FA (sg. Johannesburger Kurve). AD bedeutet die Teilchengrößenverteilung des in den Alveolen der menschlichen Lungen abgeschiedenen Aerosols (E_f ist der Wirkungsgrad).

Die Probenahmegeräte für Aerosole müssen deswegen eine selektive Probenahme ermöglichen (z.B. nach den Kurven FA und ISO). Eine weitere Bedingung für die richtige Probenahme ist die sg. "isokinetische Probenahme", d.h. die Ansauggeschwindigkeit des Probenahmegerätes muß der Strömungsgeschwindigkeit in der Gasphase entsprechen. Abb. 14 zeigt einige Beispiele von nichtisokinetischen (a, b, d) und isokinetischen (c) Probenahmebedingungen.

Meistens besteht ein standardisiertes Probenahmegerät aus zwei Stufen; die erste Stufe scheidet die gröberen Partikeln ab (hier werden hauptsächlich Mikrozyklone oder ein Sedimentationsvorabscheider benutzt). In der zweiten Stufe wird die Feinaerosolfraktion der Definition FA oder ISO nach gesammelt. Für diese Zwecke werden hauptsächlich Membranfilter oder Nuclepore Filter (Abb. 15) eingesetzt.

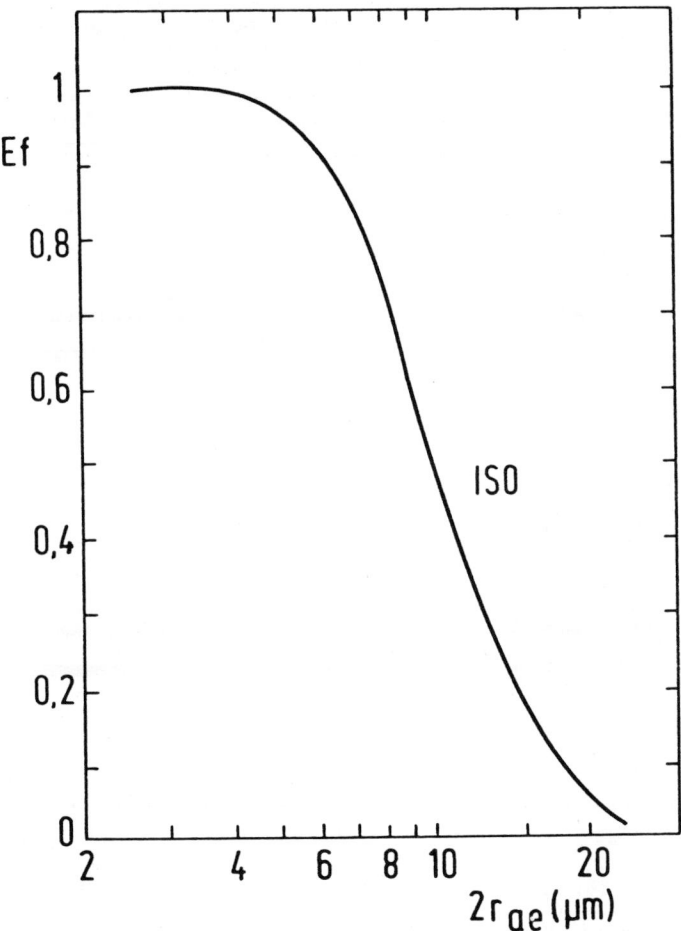

Abb. 13: Schematische Darstellung für die ISO (International Standard Organisation) - Definition eines atembaren Aerosols.

Ein weiterer wichtiger Faktor für die Beurteilung des Gesundheits-
risikos und für den Vergleich der Meßwerte mit den MAK- und MIK-
Werten ist die chemische Zusammensetzung des Feinaerosols oder die
chemische Zusammensetzung der Einzelpartikeln.

Zur chemischen Analyse des Feinaerosols benutzt man heutzutage überwiegend die modernen, physikalisch-analytischen Verfahren. Dazu gehören z.B. die Atomabsorptionsanalyse (AAS), die Röntgenfluoreszenz-
Analyse, die Röntgendiffraktion, die Neutronen-Aktivierungsanalyse
und die mit Protonen angeregte Röntgenfluoreszenz (PIXE). Alle diese
Verfahren, außer AAS, ermöglichen es, die auf dem Filter abgeschiedenen Aerosolproben direkt und zerstörungsfrei zu analysieren.

Außerdem besteht heutzutage auch schon die Möglichkeit, einzelne
Aerosolpartikeln zu analysieren. Diese Tatsache ist von besonders
großer Bedeutung für die Risikobeurteilung. Die (z.B. auf einem
Nuclepore-Filter) abgeschiedene Probe (Abb. 15) kann elektronenmi-
kroskopisch untersucht, und dabei jede einzelne Partikel mit Hilfe
der energiedispersiven Röntgenfluoreszenz-Spektroskopie analysiert
werden (Abb. 16). So kann zu jeder Partikel (bestimmter Größe und
Form) auch ihre chemische Zusammensetzung angegeben werden. Eine
weitere heutzutage zur Verfügung stehende Methode zur Analyse von
Einzelpartikeln ist die Massenspektroskopie (LAMMA-Verfahren, Abb.
17).

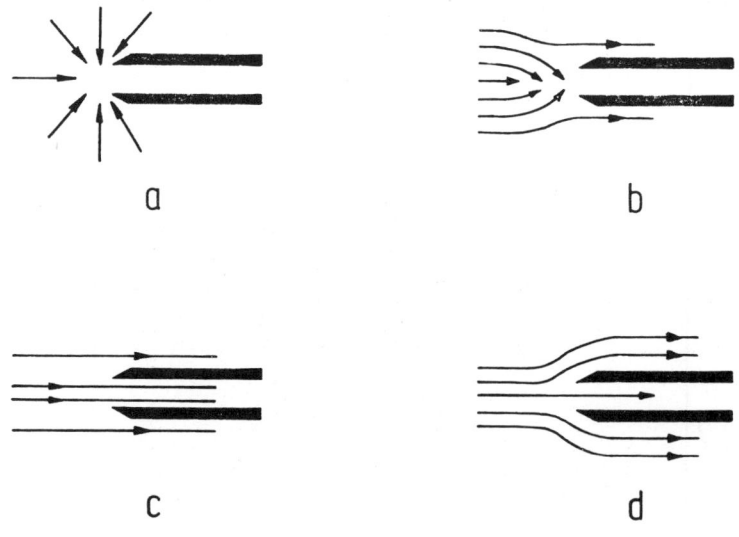

a

b

c

d

Abb. 14: Beispiele für die iso- und nichtisokinetische Aerosolproben-
nahme

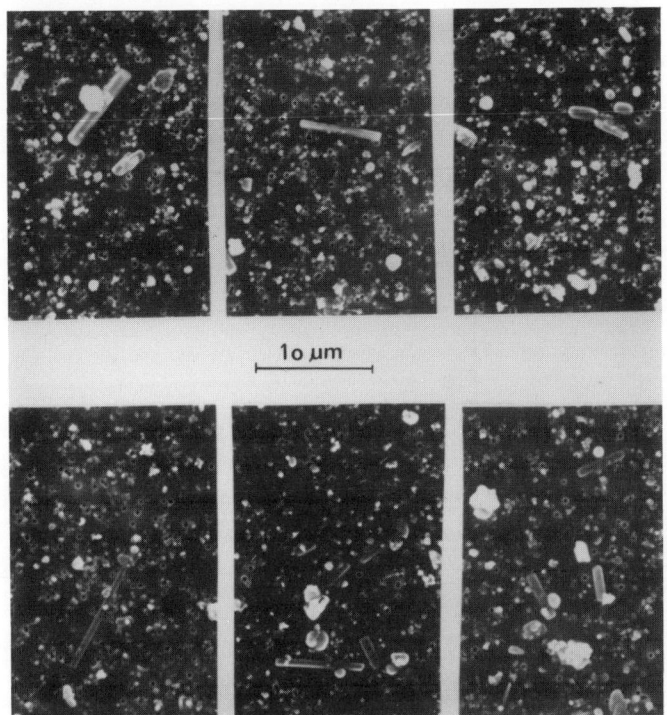

Abb. 15: Rasterelektronenmikroskopische Aufnahmen einer Außenluft-
Probe auf einem Nuclepore Filter

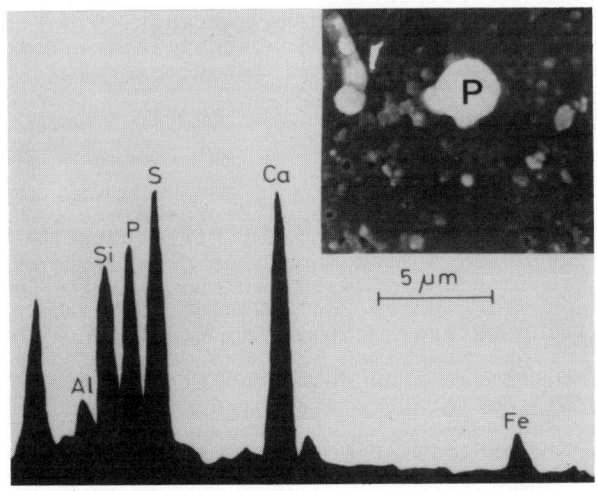

Abb. 16: Beispiel einer Analyse von einer Einzelpartikel (P) aus der
Außenluft.

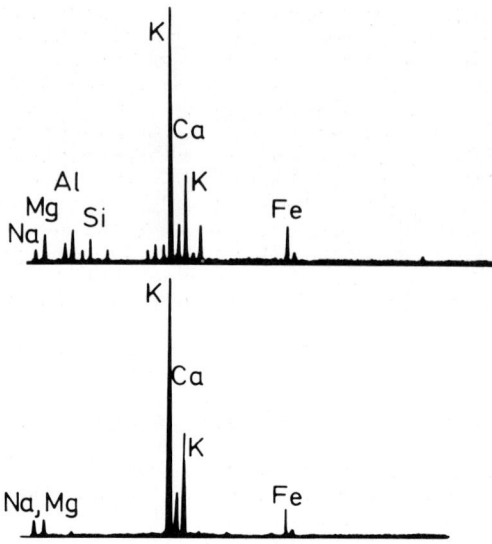

Abb. 17: Zwei Massenspektren von zwei Einzelpartikeln einer
Aerosolprobe (LAMMA-Verfahren).

5. Großtechnische Abscheidung von Aerosolen

Die Luftreinigung in den verschiedenen Industriezweigen ist von
großer Bedeutung für die allgemeine Reinhaltung der Luft. Aerosole
und Stäube aus strömenden Gasen (Emissionen) werden heute meistens
mit Hilfe von zweistufigen Verfahren abgeschieden. Die gröberen
Partikelfraktionen (z.B. Partikeln mit Durchmessern über 3 μm)
werden mit mechanischen Vorabscheidern (Zyklonen, Sedimentations-
kammer, Scrubbers u.a.) von der Gasphase getrennt. Die Feinaerosole
werden dann in der zweiten Phase mit Schlauchfiltern, Faserfiltern
oder Elektrofiltern abgeschieden. Dabei ist die Aerosolfiltration
die bedeutendste und wirksamste Methode.

Aerosolfilter

Bei der Filtration einer polydispersen Gassuspension (Stäube und
Aerosole) spielt die relative Bewegung der Einzelpartikeln eine
wesentliche Rolle für deren Abscheidung. Aus praktischen Gründen ist
es bei der Gasfiltration nicht möglich, solche mikroporösen Filter
anzuwenden, bei denen alle festen und flüssigen Partikeln durch den
Siebeffekt abgeschieden werden könnten. Der Widerstand eines solchen
Filters wäre so groß, daß praktisch kein Gas durchströmen könnte.
Die Staub- und Aerosolfilter sind deswegen keine "Siebe". Die Poren
eines Aerosolfilters sind meistens viel größer als die Partikeln,
die abgeschieden werden sollen. Nichtsdestoweniger sind die Wirkungsgrade moderner Aerosolfilter meistens viel höher als 98 %. Die
Partikeln werden aus der Gasphase während der Strömung durch das
Filter durch Wirksamwerden einer Reihe von physikalischen Separa-
tionsmechanismen abgeschieden.

Der Gesamtwirkungsgrad (E) eines Aerosolfilters wird also durch verschiedene Filtrationsmechanismen bestimmt. Partikeln, die größer als die Filterporen sind, werden durch den Siebeffekt abgeschieden. Partikeln, die größer sind als etwa 0,2 μm (Partikeldurchmesser, 2 d_{ae}), werden besonders durch die Trägheits- oder Impaktionsabscheidung und durch den Sperreffekt abgeschieden. Die größeren Partikeln verfolgen die Luftströmungslinien in dem Aerosolfilter nicht. Sie prallen auf die Faser- oder Filteroberfläche, werden dort festgehalten (Impaktion). Partikeln, die sich in einem Abstand kleiner als der Partikelhalbmesser von der Faseroberfläche oder der Porenwand bewegen, werden durch Kontakt mit der Wandoberfläche abgeschieden (Sperreffekt). Die sehr feinen Parikeln diffundieren beim Durchströmen des Aerosols durch das Filter im Laufe der Zeit zur Faseroberfläche, zur Filteroberfläche oder zur Oberfläche der Porenwand. Durch Kontakt mit dem Filtermaterial werden auch sie abgeschieden (Diffusion). Partikeln, sowie auch die Filteroberfläche können elektrische Ladungen tragen. Durch die elektrostatischen Anziehungskräfte können Partikeln ebenfalls abgeschieden werden.

Da alle diese Teilfiltrationsmechanismen gleichzeitig wirken, ist der Gesamtwirkungsgrad eines Aerosolfilters von der Teilchengröße und der Durchflußgeschwindigkeit abhängig und besitzt ein Minimum. Dieses Minimum liegt meistens bei den aerodynamischen Teilchendurchmessern von etwa 0,01 bis 0,3 μm. Dies muß betrachtet werden, wenn die Wirkungsgrade der Filter experimentell bestimmt werden. der Gesamtwirkungsgrad (E) jedes Filtermodells wird als eine Superposition von drei Filtrationsmechanismen ausgedrückt: Die Impaktions-, Diffusions- und Sperreffektabscheidung. Der Einfluß der Wirkung von elektrostatischen Kräften wird zuerst vernachlässigt. Bei der Filtration kommt es zuerst zu einer Impaktionsabscheidung der Teilchen an der Faseroberfläche um die Porenöffnungen herum, und erst diejenigen Teilchen, welche bis in die Kapillare eindringen, werden durch den Einfluß der Diffusions- und Sperreffektabscheidung an der Faseroberfläche oder an den Innenwänden der Poren aufgefangen. Unter diesen Voraussetzungen gilt für den Gesamtwirkungsgrad eines Filters folgende Formel:

$$E = E_1 + E_R + E_D - E_1 E_R - E_R E_D + E_1 E_R E_D.$$

Die relativ komplizierten Formeln für die Berechnung der Teilwirkungsgrade sind in den entsprechenen Veröffentlichungen angegeben: Impaktion (E_1), Sperreffekt (E_R) und Diffusion (E_D). Mit Hilfe eines Computers ist es möglich, die Druckabfälle und die Wirkungsgrade für verschiedene Abscheidebedingungen auszurechnen. Die Ergebnisse beschreiben eindeutig die sog. Abscheidungscharakteristiken für verschiedene Filter und verschiedene Aerosole. Auch die Theorie der Aerosolfiltration unter Mitwirkung der elektrischen Kräfte bei der Aerosolfiltration mit Faserfiltern sowie auch mit Porenfiltern ist heutzutage befriedigend beschrieben worden.

Hochwirksame Faserfilter

Hochwirksame Aerosolfilter mit Durchlaß unter 10^{-3} % werden heutzutage aus organischen sowie auch anorganischen Feinfasern hergestellt und dienen oft als die letzte Abscheidestufe bei anspruchsvoller Gas- und Luftreinigung. Auch die technologischen Ansprüche an diese Filterarten sind hoch. Um die niedrigsten Durchlaßgrade (z.B. bis zu 10^{-8} %) zu erreichen, muß ein hochwirksames Filter aus sehr dünnen Feinfasern (Faserdurchmesser kleiner oder viel kleiner als

l μm) hergestellt werden. Der Δp-Parameter soll aber dabei so niedrig wie möglich bleiben. Das hochwirksame Faserfilter muß deswegen
sehr "porös" sein (Packungsdichte < 0,3 %). Außerdem muß ein solches
Filter eine hohe Filteroberfläche besitzen. Bei verschiedenen Anwen-
dungsbedingungen soll ein hochwirksames Aerosolfilter gegen verschiedene aggressive Gasmilieus beständig bleiben: z.B. gegen Säu-
ren, hohe Luftfeuchtigkeit, hohe Radioaktivität, höhere oder hohe
Gastemperatur usw. Aus diesen Gründen sollen moderne, hochwirksame
Filter aus entsprechend beständigen Materialien hergestellt werden.
So sind dazu gut geeignet Mikrofasern aus temperaturbeständigen
Polymeren (etwa bis 300 °C), aus Glas (bis 400 °C), aus keramischen
Materialien (bis 1000 °C) usw. Auch die heutzutage zur Verfügung
stehenden Kohlenstoffasern scheinen ein brauchbares Material zur
Aeroslfilterherstellung zu sein.

Aerosole in der reinen und verunreinigten Atmosphäre

1. Aerosole und Reinluftgebiete

Wegen der hohen Industrialisation der Staaten auf der nördlichen
Erdhälfte, in letzter Zeit aber auch zunehmend in der südlichen
Hemisphäre, gibt es kaum noch Regionen, die von dem Einfluß der
künstlichen Luftverunreinigung nicht berührt würden. Dennoch kann
man bei Natur- und Wohngebieten, in denen sich keine industriellen
oder andere künstlichen Emissionsquellen befinden, immer noch von
Reinluft sprechen.

Schon im 18. Jahrhundert erkannte man, daß auch die Atmosphäre keine
reine Gasphase darstellt. Ultrafeine bis gröbere, flüssige oder
feste Partikeln relativ niedriger Konzentrationen (etwa 10 μg·m^{-3})
sind immer in der Atmosphäre anwesend. Deshalb betrachtete man die
Atmosphäre als stark verdünntes Kolloid. Eine Reihe von natürlichen,
terrestrischen und außerterrestrischen Quellen bringen in die Atmosphäre insgesamt Tonnen vom partikelförmigen Material verschiedener
chemischen Zusammensetzung. Was die physikalische Herkunft betrifft,
so kann es sich um ultrafeine Aerosole handeln, die durch Dampfkondensation oder durch chemische Reaktionen entstanden sind. Oder sie
entstehen durch Zerstäubung von festen oder flüssigen Oberflächen
(z.B. die Aerosolbildung auf der Meeresoberfläche, Staubbildung auf
erodierenden Oberflächen, Wüsten, usw.), oder es handelt sich um
Vulkaneruptionen.

Es wird geschätzt, daß aus allen natürlichen Quellen etwa $2 \cdot 10^9$
Tonnen pro Jahr an Material in Aerosolform in die Erdatmosphäre
hineingetragen wird. (Der Beitrag aus den anthropogenen Quellen
sollte etwa $3 \cdot 10^8$ Tonnen/Jahr sein). Das in der Atmosphäre gebildete
oder in die Atmosphäre eingetragene Aerosol ist instabil. Es ändert
seine Teilchengrößenverteilung, Konzentration oder auch die chemische Zusammensetzung. Es bleibt auch nur eine bestimmte Zeit in der
Atmosphäre (Verweilzeit, Halbwertszeit). Durch Koagulation, Koales-
zenz, Verdampfung und Kondensation, durch Regenauswaschen, Sedimentation usw. werden die Partikeln geändert oder aus der Atmosphäre
ausgetragen (Tabelle 2).

TABELLE 2: Aerosoltransport in der Atmosphäre

r (μm)	Horizontaler Abstand (km)	Vertikaler Transport (m)
0,001	8	20
0,01	800	2000
0,1	8000	20000
1	8000	20000
10	800	2000
100	8	20

Die Eigenschaften und die chemische Zusammensetzung des natürlichen
atmosphärischen Aerosols entstehen durch die kombinierte Wirkung von
Quellen, Senken und Alterung. Die Teilchengrößenverteilung ist durch
den sg. "Self-Preserving-Mechanismus" (wird weiter erörtert)
gegeben.

2. Aerosole und die verunreinigte Atmosphäre

Konzentration

In einer verunreinigten Luft kann die Anzahl-Konzentration suspen-
dierter Teilchen sehr hoch liegen, selbst wenn die Massenkonzentration im Vergleich zu der Konzentration der Abgase niedrig ist. So
entsprechen bei gleichbleibender Dichte und einem Teilchendurchmes-
ser von 0,5 μm etwa $1,6 \cdot 10^9$ Teilchen pro m^3 einer Aerosolmassenkon-
zentration von 0,1 mg/m^3. Sogar in verhältnismäßig klarer Luft können Aerosolteilchen in einer Dichte von mehreren hundert Mio. Partikel pro m^3 vorkommen. Bei extremen Smogbedingungen kann sie $1 \cdot 10^{10}$
bis $1,5 \cdot 10^{11}$ Partikel pro m^3 betragen. Man schätzt, daß sich die
Konzentration der Teilchen größer als 0,5 μm während eines Smogs in
Los Angeles auf etwa $2 \cdot 10^9$ Partikel pro m^3 beläuft.

Staubfall

Der Gehalt an gasförmigen und feinteiligen Luftverunreinigungen
schwankt in der niedrigeren Luftschicht von Ort zu Ort beträchtlich.
Über dem Ozean ist die Luft am saubersten. Legt man den dort vorhandenen Partikelgehalt als Eins fest, so erhält man für die durch-
schnittliche Staubkonzentration Werte, die für die Landluft 10fach,
für die Luft in kleineren Städten 35fach, für die in Großstädtn
150fach höher liegen. In Industriestädten kann die Staubkonzentration während ungünstiger Wetterbedingungen einige tausendmal größer
sein als die über dem Ozean. Die größeren Staub- und Rauchteilchen
setzen sich schließlich ab und können in Niederschlagsbehältern gemessen werden. Der in diesem Behälter ebenfalls niedergeschlagene
Staub natürlichen Ursprungs, wie Sand und Erde, die der Wind mit
sich führt, beträgt wahrscheinlich nicht mehr als 10 % des Staubes
und Rauches der Schornsteine und Kamine. Das gilt natürlich nicht
für den Fall, daß gerade ein Sandsturm herrscht, oder wenn der Rauch
eines nahen Waldbrandes über diese Stelle getrieben wird.

Die Verteilung des Staubniederschlages in Städten ist ein wertvoller Hinweis über die Menge Flugasche und Staub, die sich aus Schornsteinemissionen absetzt. Die Ergebnisse werden gewöhnlich in Tonnen pro Quadratkilometer pro Monat angegeben.

Chemische Zusammensetzung

Aerosole der Stadtluft haben eine vielfältige chemische Zusammensetzung. Bei chemischen und spektrometrischen Analysen des anorganischen Anteils hat man mehr als 20 Metalle gefunden; hinzu kommen Kohlenstoff, Ruß und organische Teerverbindungen. Die häufigsten Elemente sind Silicium, Calcium, Natrium, Aluminium und Eisen. In relativ großen Mengen treten auch Magnesium, Blei, Kupfer, Zink und Mangan auf. Die Verteilung des Bleis in der Luft ändert sich mit der Dichte des Autoverkehrs.

Den organischen Bestandteilen der Luftverschmutzung wendet man wegen ihrer Bedeutung für die Gesundheit immer mehr Aufmerksamkeit zu. Gewöhnlich trennt man den organischen Teil der Schwebstoffe durch Extraktion mit Lösungsmitteln ab. Gereinigtes Cyclohexan ist ein bevorzugtes Lösungsmittel für Trennung und Nachweis mehrkerniger Kohlenwasserstoffe mittels der chromatographischen Adsorptionstechnik.

Aus dem gesundheitsschädlichen Standpunkt sind von großer Bedeutung die sg. polycyclischen aromatischen Kohlenwasserstoffe. Manche von ihnen wirken krebserregend. Einer der wichtigsten ist der 3,4-Benzpyren, dessen Konzentrationen in der Außenluft verschiedener Industriestädte der Bundesrepublik in den Jahren 1970 bis 1973 etwa im Bereich von 0,5 bis 90 ng/m^3 lagen.

3. Luftfeuchte und Katalyse

Einfluß der Feuchte auf die Größenverteilung

Die Luftfeuchtigkeit kann einen beträchtlichen Einfluß auf die Größe der Aerosolpartikeln haben, da diese Partikel oft aus hygroskopischen oder wasserlöslichen Substanzen bestehen (Sulfate, Nitrate, Chloride usw.). Schon bei relativen Feuchtigkeiten unter 100 % können solche Partikeln relativ schnell anwachsen und Lösungströpfchen bilden. Auf diese Weise ändert sich die Teilchengrößenverteilung sowie auch die "Atembarkeit" des Aerosols.

Der ursprüngliche Halbmesser r_O wächst fast sprunghaft bei relativer Feuchtigkeit über 70 %. Aus einer festen Partikel bildet sich ein Lösungströpfchen.

Aus der physikalischen Chemie ist weiter bekannt, daß der Gleichgewichtsdampfdruck über einer Lösung niedriger ist als über reinem Wasser. Weiter zeigt die Thomson'sche Gleichung die Abhängigkeit des Dampfdruckes (p, p$^\infty$) über einem Tröpfchen (Radius r):

$$\ln (p/p^\infty) = \frac{2\sigma z_m}{krT} + g_v \ln\chi_0.$$

Hierbei sind σ die Oberflächenspannung, z_m der reziproke Wert der Zahl der Wassermoleküle in der Lösung, k ist die Boltzmann-Konstante, T die Temperatur, g_v ist der osmotische Koeffizient für Wasser, χ_0 ist der Molenbruch des Salzes und $p\infty$ ist der Dampfdruck des Wassers.

In Tabelle 3 werden die kritischen Luftfeuchtigkeiten (theoretische und gemessene) angegeben, bei denen es (bei 20 °C) zu einem Wachstum und einer Umwandlung der festen Aerosolpartikeln kommt.

TABELLE 3: Erforderliche relative Luftfeuchtigkeit (%) für den Phasenübergang (bei 20 °C) verschiedener Salze

Verbindungen	theoretisch	gemessen
K_2CO_3	44	45
$Mg(NO_3)_2$	53	56
$NaHSO_4$	52	55
$NaBr$	58	57
$CoCl_2$	67	67
$NaClO_3$	75	66
$NaCl$	75	76
NH_4Cl	79,5	80,5
$(NH_4)_2SO_4$	81	80
KCl	85	86
$KHSO_4$	86	87
Na_2SO_4	93	91
Na_2SO_3	95	85
K_2SO_4	97	97

Außenluftmessungen haben auch bestätigt, daß die Teilchengrößenverteilung eines atmosphärischen Aerosols sehr stark von der relativen Luftfeuchtigkeit abhängig ist.

Katalytische Vorgänge

Die Partikeln eines atmosphärischen Aerosols in der Stadtluft enthalten eine Reihe von Leicht- und Schwermetallen. Außerdem sind die Aerosolpartikeln oft porös und gute Adsorptionsmittel. Sie wirken deswegen unter anderem als ausreichende oder gute Katalysatoren bei einer Reihe von heterogenen Gas- und Dampfreaktionen in der Troposphäre, sogar bis hin in die Stratosphäre.

Hauptsächlich Fe, Mn und Cu (aber auch Zn, V, Ni, Cr und Ti) sind Metalle, die in den Aerosolpartikeln, z.B. in der Flugasche, vorkommen und als heterogene Katalysatoren dienen können. Sie können z.B. eine Reihe von Redox-Reaktionen in der Atmosphäre ermöglichen oder beschleunigen.

Der komplexe Wirkungsmechanismus wird schematisch in Abb. 18 dargestellt.

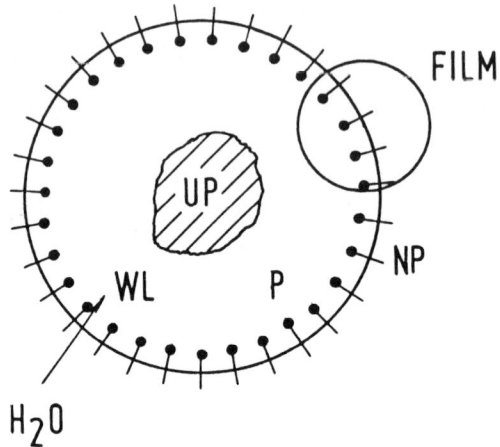

Abb. 18: Schematische Darstellung des Funktionsmodells für die
katalytische Wirkung einer unlöslichen Partikel UP in
einem Wassertröpfchen - Lösung WL
(Der Oberflächenfilter besteht aus Molekülen mit polaren
(P) und nichtpolaren (NP) Anteilen)

Die die Metallkatalysatoren enthaltene Partikel UP bildet einen Kern
in einem Mikrotröpfchen. In diesem wässrigen Tröpfchen kann eine
Reihe von anorganischen oder organischen Substanzen gelöst werden.
Die redox-katalytische Wirkung z.B. von Mn und Fe beruht in den
Oxidationsmöglichkeiten der Systeme Mn^{2+}/Mn^{3+} und Fe^{2+}/Fe^{3+}. Diese
Systeme sind katalytisch sehr aktiv und ermöglichen die Elektronen-
übergabe. Die katalytische Aktivität verschiedener Oxide der Über-
gangsmetalle zeigt die Abb. 19.

Hinsichtlich der praktischen Bedeutung handelt es sich z.B. um
katalytische Oxidationen von NO, SO_2, H_2S u.a. Außer den genannten
Metallen sind auch Rußpartikeln bei einigen Systemen geeignete
Katalysatoren bei den Oxidationensreaktionen, z.B. bei der SO_2-
Oxidation in wässrigen Tröpfchen. Die Oxidationsgeschwindigkeiten
sind allerdings niedrig und liegen etwa im Bereich von 10^{-5}
$(g\ SO_4^{2-}/g\ C)s^{-1}$.

4. Kernbildung, Kondensation, Koagulation

Kondensationskerne und Ionen

Bei Abwesenheit fremder Partikel ist eine hohe Dampfübersättigung
nötig, bevor Kondensation eintritt. Wasserdampf braucht eine ca.
4,2fache Übersättigung. Sind dagegen Partikel, die als Kondensationskerne wirken, vorhanden, so genügt eine sehr geringe Übersättigung.

117

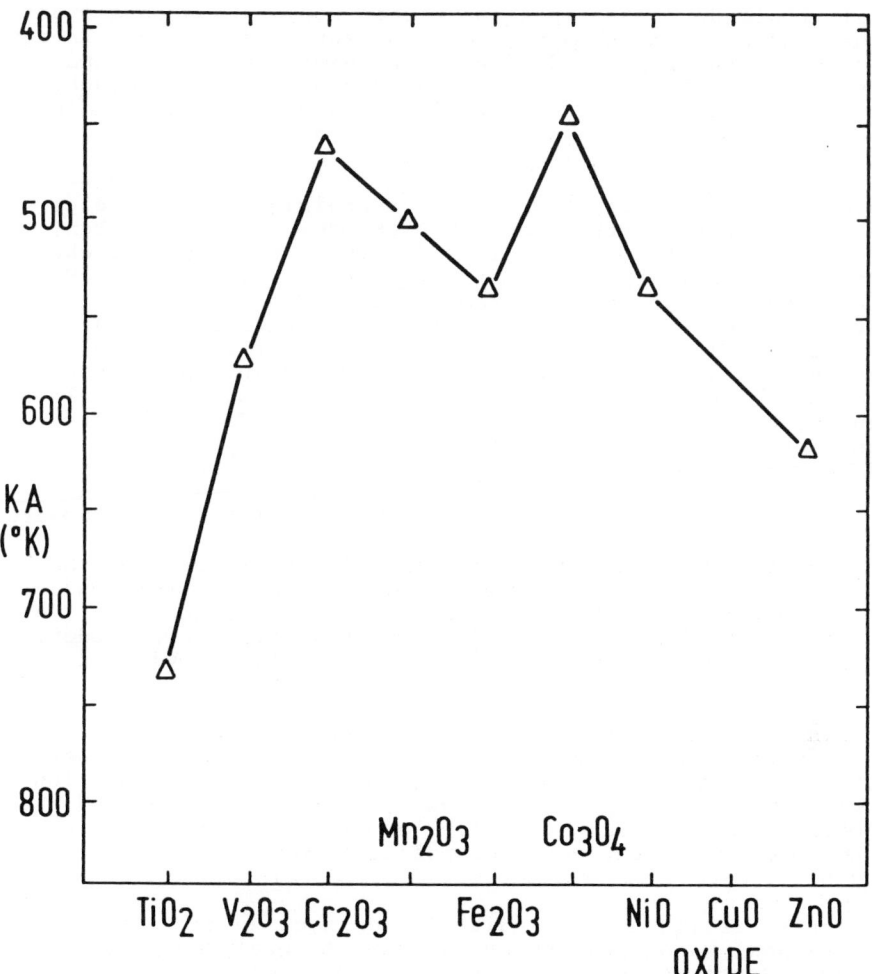

Abb. 19: Katalytische Aktivität (KA) in Abhängigkeit von den
         verschiedenen Oxid-Typen. (D.R. Schryer: Heterogeneous
         Atmospheric Chemistry. Geophys. Monograph 26 (1982, S. 199)

Diese Kerne sind gewöhnlich natürlichen Ursprungs. Zum Beispiel
werden Partikel bei Vulkanausbrüchen, bei Ozeanbrechern und mit den
Verbrennungsprodukten der Waldbrände emittiert. Weitere Urheber
stellen die Abgase der Industrie, Hausheizungen und Verkehrsmittel
dar.

Man schätzt, daß beim Abbrennen einer Fläche von etwa 0,4 Hektar
gewöhnlichen Graslandes ungefähr $2 \cdot 10^{22}$ Kerne entstehen.

Die Größe der meisten Kerne beträgt ungefähr 0,001 μm bis 0,1 μm. Ihre Masse schätzt man auf 10^{-14} bis 10^{-18} Gramm, das entspricht einer Anhäufung von 10^6 Molekülen. Damit Wasserdampfkerne in für Kondensation ausreichend übersättigtem Dampf bei Abwesenheit fremder Stoffe selbst als Kondensationskeime wirken können, müssen sie der Größe einer Ansammlung von 80 Molekülen Wasser gleichkommen. In der gewöhnlichen Luft übertrifft die Zahl der Keime die der Staubpartikel um mehrere Tausend. Das rührt daher, daß die größeren Staubpartikel einer beträchtlichen Sedimentation unterworfen sind, und daß bei vielen Kondensationsvorgängen mehr Kerne als Staubpartikel entstehen.

Moleküle oder Molekülkomplexe der Luftverunreinigungen, die eine negative Ladung, ein Elektron, aufgenommen oder abgegeben haben, nennt man Ionen. Die Abspaltung eines Elektrons von einem Molekül bedarf der Energiezufuhr. Diese Energie kann aus radioaktiven Substanzen wie Radium, Thorium, aus radioaktiven Gasen wie Radon und Thoron stammen, von kosmischen Strahlen, von elektrischen Endladungen, von Reibungselektrizität - sie entsteht unter anderem bei Sandwehen und Schneetreiben und beim Niederprasseln von Regenschauern und Wasserfällen - von Röntgenstrahlen und kurzwelligen, ultravioletten Strahlen und aus Verbrennungsvorgängen. Es ist bemerkenswert, daß über dem Ozean die kosmischen Strahlen praktisch die einzige Energiequelle für die Bildung von Ionen in der Luft darstellen.

In einer Sekunde entstehen nahe dem Erdboden ungefähr 20 Ionenpaare pro Kubikzentimeter Luft. Das Freiwerden radioaktiver Gase aus dem Erdboden wird von der Porosität, Feuchtigkeit, Temperatur und Deckschicht des Bodens, vom Luftdruck, von der Sonneneinwirkung und anderen Faktoren beeinflußt. Die Ionenkonzentration dicht über der Erdoberfläche hängt nicht nur von der Ausstrahlung aus dem Boden, sondern auch von der Diffusionsgeschwindigkeit ab, die wiederum von der thermischen Schichtenbildung und Luftbewegung abhängt.

Wenn ein Elektron von einem Gasmolekül oder einem Molekülverband aufgenommen oder abgegeben wird, so daß ein elektrisch geladener Kondensationskern entsteht, kann aus einem kleinen ein großes Ion werden. Elektrisch geladene große Dunst- und Staubpartikel und Wassertröpfchen in Nebel oder Wolken stellen übergroße Ionen dar und tragen gewöhnlich mehrere, entweder positive oder negative Elementarladungen.

Das Verhältnis der Ionengeschwindigkeit (cm/sec) zu der elektrischen Feldstärke (V/cm) wird als Ionenbeweglichkeit bezeichnet. Man mißt sie in Quadratzentimetern pro Voltsekunde. Die Ionenbeweglichkeit ist zur Luftdichte umgekehrt proportional. Dieser Faktor spielt jedoch im Vergleich zu den Auswirkungen der Fremdstoffe in der Luft - besonders zu denen des Wasserdampfes - auf die Beweglichkeit keine große Rolle. Mit wachsender Fremdstoff- und Wasserdampfkonzentration nimmt gewöhnlich die Ionenbeweglichkeit wegen der Verbindung dieser Stoffe mit den Ionen und des daraus resultierenden Massenzuwachses ab.

Die Konzentration der kleinen Ionen, der großen Ionen und der Kondensationskerne, von denen sich die großen Ionen ableiten, schwankt je nach Ort und Zeit sehr. Sie ist nahe der Erdoberfläche bei den positiven Ionen um 10 bis 20 % höher als die der negativen Ionen. Das hat unter anderem darin seinen Grund, daß die negativ geladene Erdoberfläche die positiven Ionen anzieht und die negativen abstößt.

Die Konzentration der kleinen Ionen ist über dem Land und dem Ozean ungefähr gleich groß, obwohl über dem Land 15 bis 20 Ionenpaare pro Kubikzentimeter und über dem Ozean dagegen nur 2 Ionenpaare entstehen. Dies ist auf die höhere Konzentration der Kondensationskerne über dem Land zurückzuführen.

Flüssigkeitskondensation und Kondensationsaerosole

Die Dampfkondensation spielt bei der Aerosolbildung in der Natur sowie auch bei der künstlichen Aerosolherstellung unter Laborbedingungen eine wichtige Rolle.

In einem Zweiphasensystem (Flüssigkeit und Dampf) der gleichen Substanz wird das Verhältnis zwischen dem Dampfdruck (p) und der Temperatur (T) in der bekannten graphischen Form $p = f(T)$ dargestellt.

Die Abhängigkeit des Dampfdruckes bei der Sättigung p_s kann thermodynamisch mit Hilfe der Clapeyron-Gleichung beschrieben werden:

$$\ln p_s \backsim - \frac{\Delta H}{RT} + \text{konst.}$$

Hierbei sind ΔH die Molarwärme bei der Verdampfung und R die Gaskonstante.

Weiter ist für die Kondensation - für die Bildung eines flüssigen Aerosols aus dem übersättigten Dampf - das s.g. Sättigungsverhältnis (S) von Bedeutung:

$$S = \frac{p}{p_s (T)}$$

s bezeichnet die Sättigung.

Im Falle S > l, ist das System übersättigt ($\frac{p-p_s}{p_s}$) und die Gasphase bildet eine flüssige Phase - ein Aerosol.

Bei der Herstellung von Kondensationsaerosolen unter Laborbedingungen wird ein ganz ähnliches Prinzip benutzt. Schematisch ist ein derartiger Kondensations-Aerosolgenerator in Abb. 20 dargestellt.

Im Zerstäuber (Nebulizer) wird aus der Flüssigkeit (z.B. Dioktyl-Phthalat) ein feines Aerosol (A) hergestellt. Das wird dann in dem Verdampfer (E) erhitzt und verdampft. In der Kondensationssektion (KS) kondensiert der übersättigte Dampf und je nach den Kondensationsbedingungen wird ein monodisperses, flüssiges Aerosol (MA) hergestellt (z.B. im Partikelgrößenbereich zwischen 0,1 - 0,4 μm).

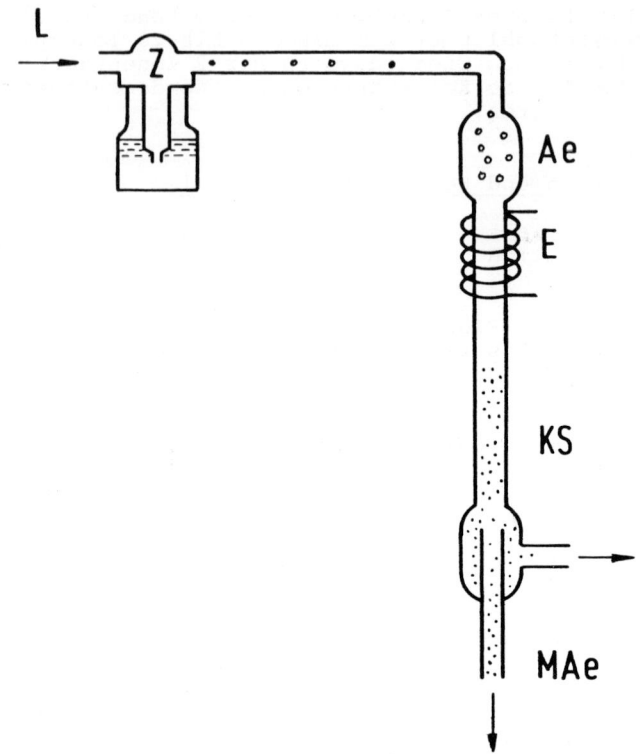

Abb. 20: Schematische Darstellung eines Kondensations-Aerosol-
generators mit einem Zerstäuber (Z), Releater (E) und
Kondensationsanteil (KS)
(Ae ist polydisperses und MAe ein monodisperses Aerosol)

Koagulation

Zur Untersuchung von Submikronstäuben benutzt man gewöhnlich das
Elektronenmikroskop. Seine Eignung ist allerdings wegen der Schwie-
rigkeit, die Teilchen an ihrer äußeren Erscheinungsform zu erkennen, begrenzt; denn mehr als nur die äußere Form läßt dieses Instru-
ment nicht erkennen. Trotzdem gewinnt man wertvolle Informationen
über Größe, Gestalt und Ausdehnung von Submikron-Teilchenzusammen-
ballungen, die außerhalb des Auflösevermögens eines optischen Mikro-
skopes liegen. Ja, oft kann man ungefähre Werte der relativen Menge
und des Aggregatzustandes verschiedener Teilchen erhalten. Mikropho-
tographien von Kohlepartikeln zeigen ziemlich charakteristische,
doch ähnlich gebildete Kohlenfäden, die aus Anhäufungen einzelner
Teilchen von 0,05 µm bis 0,2 µm Größe bestehen. Jeder Faden war
jedoch nur aus Teilchen ähnlicher Abmessungen aufgebaut. Die durch
Koagulation hervorgerufene Fadenbildung hat einen bimolekularen
Charakter und gleicht in der Kinetik einer Reaktion 2. Ordnung.

Der Grad der Koagulation hängt von der Konzentration, aber fast gar nicht von der Größe der Teilchen ab. Die Zeit t (in sec), die nötig ist, um die Teilchenzahl in einem homogenen Aerosol auf einen Bruchteil der Anfangsgröße N_O zu reduzieren, kann man aus nachfolgender Gleichung bestimmen:

$$\frac{1}{N} - \frac{1}{N_O} = K \cdot t$$

Hierin hat K in Luft bei 20 °C den Wert von $3 \cdot 10^{-10}$ cm^3/sec. Die Koagulationskonstante K ist eine Funktion der Boltzmann-Konstanten, der Viskosität des Dispersionsmediums und der absoluten Temperatur.

Die Koagulation eines Aerosols kann man nicht wie bei der Dispersion flüssiger oder fester Körper in einer Flüssigkeit mit einem Stabilisator verhindern. Die Teilchen flüssiger Aerosole wachsen bei Kollision zu größeren Tröpfchen zusammen. Diese großen Tropfen haben das Bestreben, sich auf Kosten der kleinen Tropfen immer weiter zu vergrößern. Sie haben einen etwas höheren Dampfdruck als die Ursprungsflüssigkeit. Deshalb ist die Tröpfchengröße in einem Nebel gewöhnlich größer als 5 μm. Falls das Aerosol aus einer hygroskopischen Flüssigkeit wie etwa H_2SO_4 stammt, besteht ein Gleichgewicht zwischen dem Dampfdruck der Flüssigkeitströpfchen und dem Wasserdampfpartialdruck in der Luft. Die Teilchengröße solch eines Aerosols hängt von der Luftfeuchtigkeit ab. Bei niedriger Feuchtigkeit bleiben die Teilchen kleiner und liegen konzentrierter vor. Feste Teilchen können Kondensationskerne für Dämpfe bilden. Dabei kann sich das Feststoffteilchen auflösen. Salze aus Meeresgischt sind in der Lage, Aerosole dieser Art zu bilden.

Koagulation spielt auch eine wesentliche Rolle bei Alterung von feindispersen Aerosolen in der Atmosphäre und beeinflußt auch wesentlich die stabilisierte Teilchengrößenverteilung des Außenluftaerosols in der verunreinigten Atmosphäre einer Großstadt. Durch eine Reihe von Vorgängen kommt es zu einer Teilchengrößenverteilung, die oft bi- oder sogar trimodal ist.

Reaktionen an Aerosoloberflächen

1. Aerosolreaktoren und Aerosolreaktionen

Die Aerosolbildung in der Atmosphäre, sowie auch in Reaktoren für verschiedene technologische Verfahren oder auch bei Laboruntersuchungen, ist ein komplizierter und komplexer Prozess, an dem eine Reihe von physikalisch-chemischen Vorgängen beteiligt sind. Die Gasphase wird unter bestimmten thermodynamischen Bedingungen in eine Aerosolphase konvertiert. Dabei bilden sich flüssige oder feste Partikeln in einem Teilchengrößenbereich von etwa 1 bis 10^4 nm. Eine solche physikalisch-chemische Konversion ist schematisch in Abb. 21 dargestellt. Die 4 Zonen (Kernbildung N, Übergangsphase T, Koagulation K und Aggregatenbildung A) entsprechen einer Dampf-Fest-aerosol-Konversion.

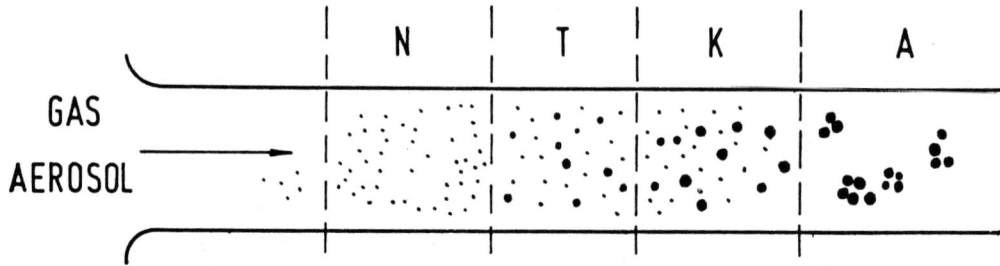

Abb. 21: Schematische Darstellung einer Aerosolbildung aus der
Dampfphase (S.K. Friedlander: Smoke, Dust and Haze,
J. Wiley, New York (1977)).

Nach der klassischen Theorie der Kernbildung aus reinem, übersättigten Dampf ist die Zahl der sich pro 1 ml bildenden Kerne I eine
Funktion des Übersättigungsgrades S:

$$I = \sqrt{\frac{\pi}{6} \ln S} \ \sqrt[6]{g^*} \cdot (S^2/S^{-g^*/2})$$

$$g^* = (4\pi/3v_m)(2\sigma v_m/kT \cdot \ln S)^3$$

Hier ist k die Boltzmann'sche Konstante, T die Temperatur, σ die
Oberflächenspannung und v_m das Molekülvolumen.

Ein noch komplizierteres und komplexeres Beispiel der Aerosolbildung
in technologischen Prozessen ist die Kohleverbrennung in großen
Kohlekraftwerken. Die ultrafeinen Partikeln bilden sich bei der
Kohleverbrennung durch einen Verdampfungs-Kondensationsprozess.

Dabei entstehen feste Feinaerosole in einem Teilchengrößenbereich
von etwa 0,005 bis 0,5 μm (Teilchenradius r).

Nicht nur die Teilchengrößenverteilung sondern auch die Verteilung
der chemischen Zusammensetzung von einzelnen Partikeln ist von
diesen Vorgängen wesentlich abhängig. Manche Metallelemente werden
an Partikeln verschiedener Größe unterschiedlich angereichert. Die
Anreicherung ist von der Flüchtigkeit (Siedepunkt) der verschiedenen
Metalle und ihrer Oxide abhängig (Tabelle 4).

TABELLE 4: Siedepunkte von einigen Metallen und ihren Verbindungen

Substanz	Siedepunkt (°C)	Substanz	Siedepunkt (°C)
As	613 *	MgO	3600
Se	685	K	774
Sb	1750	Ba	1640
$SbCl_3$	283	BaO	>2000
Zn	907	Sr	1384
ZnO	>2500	SrO	>3000
Mo	4612	Ni	2732
$Mo(CO)_6$	156	NiO	>3000
MoO_3	1155 *	$Ni(CO)_4$	43
Cd	765	Cr	2672
Pb	1740	Cr_2O_3	4000
Al	2467	CO	2870
Al_2O_3	2980	CoO	2000
Ca	1484	Mn	1962
CaO	2850	$MnCl_2$	1190
Si	2355	Na	883
SiO	1880	U	3818
SiO_2	2230	UCl_4	792
Ti	3287	V	3380
$TiCl_4$	136	VCl_4	148
Mg	1090		

* Sublimation

2. Diffusion, Adsorption und Grenzflächenvorgänge

Aerosoldiffusion

Feine Aerosolpartikeln ($r \leq 0,1$ µm) unterstehen in der Gasphase der thermischen, kinetischen Wirkung von Gasmolekülen und üben deswegen eine Brown'sche-Bewegung aus. Die mittlere Translationsstrecke der Aerosolpartikel Δ ist von der Zeit t und von der Gastemperatur T abhängig:

$$\Delta = \sqrt{\frac{RTt}{3\pi\eta rN}} = \sqrt{Dt} \ .$$

Hierbei ist R die Gaskonstante, N die Avogadro-Zahl, η die dynamische Viskosität und D der Diffusionskoeffizient.

Die Diffusionsbewegung von feinen Aerosolpartikeln ermöglicht z.B. eine Gasreinigung von feinen Partikeln in den Aerosolfiltern. Die Feinpartikeln diffundieren aus dem Gasstrom zur Oberfläche der Einzelfasern in dem Faserfilter und werden auf diese Weise abgeschieden (Abb. 22). Die Diffusionsbewegung von Aerosolen kann auch zur Messung der Partikelgröße benutzt werden. Die dazu geeigneten Meßgeräte

124

heißen Diffusions-Batterien. Sie bestehen aus einer Reihe von pa-
rallelen Platten oder Kapillaren. Das Feinaerosol strömt mit einem
Durchfluß Q durch die Kapillaren der Diffusionsbatterie (Länge L).
Der Partikeldurchlaß P durch die Batterie kann bestimmt werden. Er
ist von dem Diffusionskoeffizienten der Aerosolpartikel abhängig:

$$P = 0,82 \, e^{-1,83 \, U} \; ; \; U = \frac{2\pi DL}{Q} \, .$$

Abb. 22: Feine Aerosolpartikeln, abgeschieden durch Brown'sche
Diffusion an der Oberfläche einer Feinfaser (trans-
missionselektronenmikroskopische Aufnahme).

Gasadsorption an Aerosolen und die Partikelporosität

Adsorption von Gasen an Aerosolen erfolgt fast immer, wenn Gase eine
feste Phase (Adsorbens) berühren, und zwar in um so größerem Umfang,
je größer die relative Oberfläche (spezifische Oberfläche in m^2/g)
der festen Phase ist. Die Oberfläche kann bei porösen oder fein ver-
teilten Stoffen (Aerosolen) bedeutende Ausmaße annehmen. Die Menge
eines an der Oberfläche des Aerosols adsorbierten Gases wird gewöhnlich volumetrisch oder gravimetrisch bestimmt. Die heutzutage am
meisten benutzte Methode zur Bestimmung der spezifischen Oberfläche
von Adsorbenten – also auch Aerosolproben – ist die bekannte BET-
Methode (Brunauer-Emmet-Teller'sche Methode). Die adsorbierte Menge
von N, Ar oder Kr an der geprüften Probe wird gemessen und die
spezifische Oberfläche der festen Phase wird bestimmt. Die Gasad-
sorption wird physikalisch mit Hilfe von sg. Adsorptionsisothermen
charakterisiert. Sie stellen meistens die Abhängigkeit der adsorbierten Gasmenge V von dem relativen gemessenen Gasdruck p_R dar
(Abb. 23).

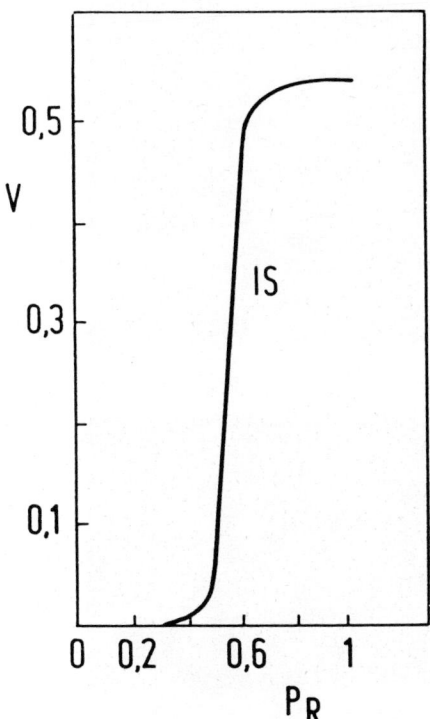

Abb. 23: Adsorptionsisothermen an Aktivkohleproben
IS ist die Adsorptionsisotherme für Wasserdampf
(V ist die adsorbierte Menge in cm^3/g und p_R ist
der relative Dampfdruck)

126

Adsorption von Gasen und Dämpfen an feindispersen Aerosolen in der
Atmosphäre oder bei verschiedenen technologischen Vorgängen kann
auch von praktischer Bedeutung für den biologischen Wirkungsmechanismus sein.

3. Aerosolstruktur und ihre chemische Zusammensetzung

Es wurde schon erwähnt, daß die Partikelform von Bedeutung für die
Bestimmung des aerodynamischen Partikelradius ist. Es gibt aber auch
einen Zusammenhang zwischen der Partikelform und der chemischen und
mineralogischen Zusammensetzung der Partikeln und ihrer biologischen
Wirkung. Ein gutes Beispiel sind die faserigen Aerosole (Asbest-
staub, Mineralfasern u.a.). Ihre Abscheidung in den menschlichen
Atemwegen sowie auch die Einwirkung der faserigen Partikel in der
Zelle sind streng von der Faserlänge und Faserdicke abhängig.

Die moderne Elektronenmikroskopie (Raster- und Transmissionselektro-
nenmikroskopie) ist heutzutage ein sehr geeignetes Verfahren, das es
ermöglicht, gleichzeitig die Partikelform zu ermitteln, und die
chemische und kristallographische Analyse von Einzelpartikeln durchzuführen. Diese Möglichkeiten werden in den Abb. 24 bis 26 demonstriert.

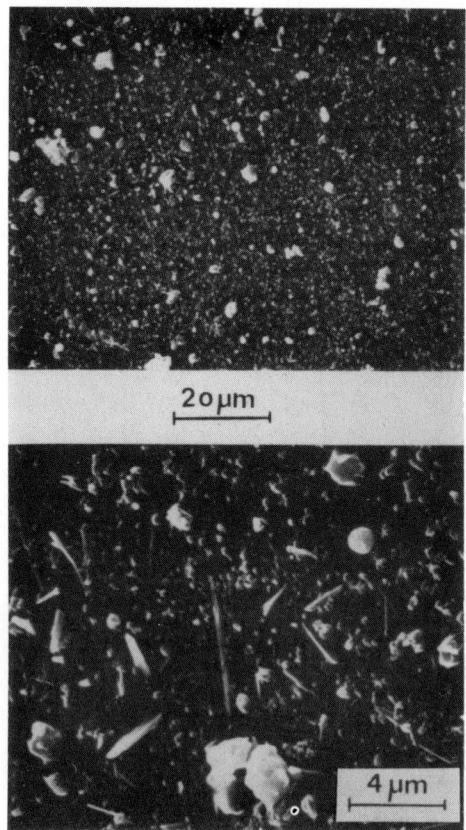

Abb. 24: Rasterelektronenmikroskopische Aufnahmen von Aerosolproben
aus der Außenluft.
Oben: Probe mit isometrischen Partikeln.
Unten: Probe mit isometrischen und faserigen Partikeln.

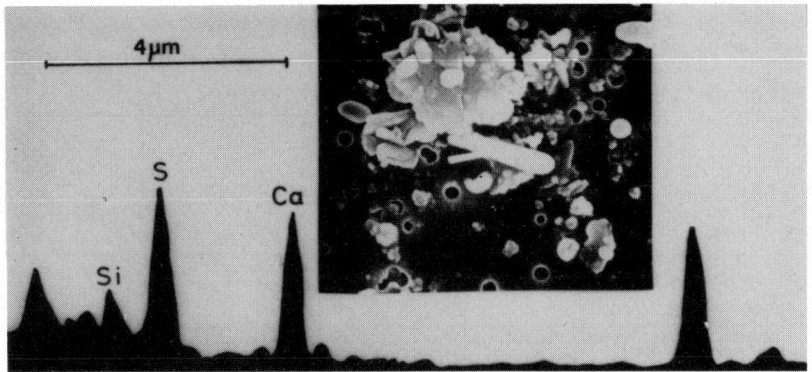

Abb. 25: Rasterelektronenmikroskopische Aufnahme und chemische
Zusammensetzung einer faserigen Partikel aus der Außen-
luftprobe.

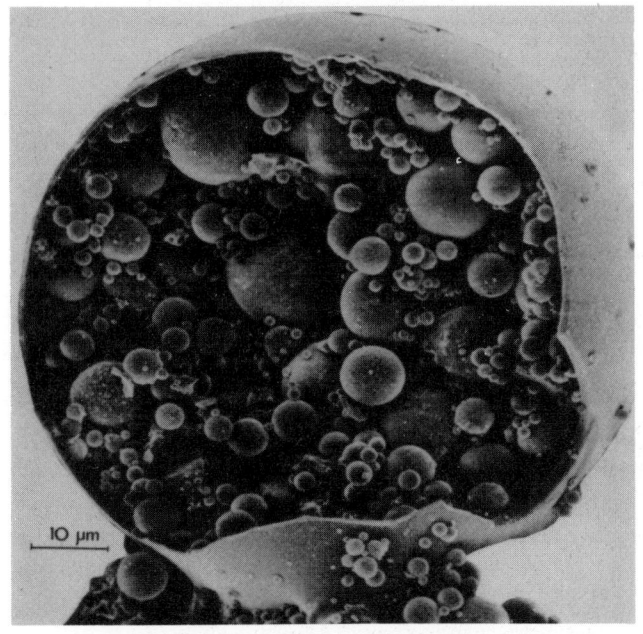

Abb. 26: Rasterelektronenmikroskopische Aufnahme einer komplexen
Flugasche-Partikel. Diese Partikeln entstehen bei der
Kohleverbrennung bei hohen (> 1500 °C) Temperaturen. Eine
hohle Großpartikel enthält im Innern eine Menge von feinen
kugelförmigen Silikatpartikeln.

128

Ergänzende Literatur

Fuchs NA (1955) Aerosolmechnanik (Russ.). Verlag der Akad. der Wiss., Moskau

Meldau R (1956) Handbuch der Staubtechnik. VDI-Verlag, Düsseldorf

Spurny KR u.a. (1961) Die Aerosole (Tsch.). SNTL-Verlag, Prag

Green HL, Lane WR (1964) Particulate clouds. SPON-Verlag, London

Davies CN (1966) Aerosol Science. Academic Press, London

Mercer TT (1973) Aerosol Technology in Hazard Evaluation. Academic Press, New York

Dorman RG (1974) Dust Control and Air Cleaning. Pergamon Press, Oxford

Friedlander SK (1977) Smoke, Dust and Haze. John-Wiley-Verlag, New York (1977)

Orr C (1977) Filtration. Marcel Dekker-Verlag, New York

Storsch O u.a. (1979) Industrial separators for gas cleaning. Elsevier-Verlag

Böhm J (1982) Elektrostatic precipitators. Elsevier-Verlag

WHO-Bericht (1961) Die Verunreinigung der Luft. Verlag Chemie, Weinheim

Junge ChE (1963) Air chemistry and radioactivity. Academic Press, London

Amelin AG (1966) Theoretische Grundlage der Nebelbildung (Russ.). Verlag-Chimia, Moskau

Verzar F (1967) Atmosphärische Kondensationskerne. Schwabe-Verlag, Basel

Zettlemoyer AC (1969) Nucleation. Marcel Dekker-Verlag, New York

Chovin P, Roussel A (1973) Physicochimie et physiopathologie des pollutants amtospheriques. Verlag-Masson Ed., Paris

Twomey S (1977) Atmospheric Aerosols. Elsevier-Verlag, Amsterdam

Tuesday CS (1971) Chemical reactions in urban atmospheres. Elsevier-Verlag, Amsterdam

Butcher SS, Charlson, RJ (1972) An introduction to air chemistry. Academic Press, London

Meszaros E (1981) Amtospheric chemistry. Elsevier-Verlag, Amsterdam

Hunson JL, Rochelle GT (1982) Flue gas desulfurization. Am.Chem.Soc.-Verlag, Washington D.C.

Heterogeneous atmospheric chemistry. Ed.: DR Schryer. Geophys. Monograph 26; American Geophysical Union (1982). 2000 Florida Ave. N.W. Washington D.C. 20009, USA

Chemische Reaktionen von Gasen und Aerosolen in Regen- und Wolkentropfen und ihre feuchte und trockene Deposition

H.-W. Georgii

1. EINLEITUNG

Spurengase und Aerosole werden durch natürliche und anthropogene Prozesse in die Atmosphäre emittiert. In Abhängigkeit von ihrer spezifischen atmosphärischen Verweilzeit werden sie durch verschiedene Senkenprozesse wieder aus der Atmosphäre entfernt, einige weitgehend inerte Komponenten akkumulieren sich in der Atmosphäre. Senken sind einmal die Adsorption oder chemische Reaktion am Erdboden, chemische Reaktionen in der Atmosphäre, die zu einer Umwandlung der Spurengase bzw. zur Bildung von Aerosolteilchen führen und die Inkorporation von Gasen und Aerosolen in Wolken- und Niederschlagselemente, die mit dem Fall der Tropfen zur Erdoberfläche gelangen, ein Prozeß, der später in Zusammenhang mit der Deposition von Spurenstoffen eingehender behandelt werden soll. Dieser "Selbstreinigungsprozeß" der Atmosphäre unter Beteiligung der Niederschläge ist in unseren Breiten sehr wirksam angesichts der Häufigkeit und Dichte des Auftretens von Wolken, Nebel und Niederschlägen.

Neben dieser feuchten Deposition stellt die trockene Deposition, d.h. der Transfer von Spurenstoffen aus der Atmosphäre zur Erdoberfläche mit Ablagerung am Erdboden an der Vegetation und an Wasseroberflächen ohne Beteiligung der flüssigen Phasen ebenfalls einen wirksamen Mechanismus der "Selbstreinigung" der Atmosphäre dar, dessen Effektivität vor allem durch Vorgänge in der Grenzschicht Erdboden/Atmosphäre bestimmt wird. Auch dieser Mechanismus wird später noch zu erläutern sein.

Im Gegensatz hierzu erfordert die Untersuchung und Beschreibung der feuchten Deposition die Kenntnis von Vorgängen in der Wolke und unterhalb der Wolkenbasis, d.h. von Vorgängen, die sich über den Höhenbereich der gesamten Troposphäre erstrecken.

Wenn in dieser Darstellung von "atmosphärischer Verweilzeit" gesprochen wird, so ist die mittlere Aufenthaltsdauer der Gasmoleküle der betreffenden Spurengase bzw. der Aerosolpartikel in der Troposphäre gemeint. Diese können sich durchaus von den stratosphärischen Verweilzeiten unterscheiden wegen der dort unterschiedlich ablaufenden Reaktionen.

2. DIE TRANSFORMATION VON SPURENGASEN IN TROPFEN

Spurengase, wie SO_2 und NO_x, gelangen durch natürliche und anthropogene Prozesse in die Atmosphäre. Dabei überwiegen in den industrialisierten Gebieten Europas die anthropogenen Emissionen. Nach ihrer Emission unterliegen SO_2 und NO_x physikalischen und chemischen Prozessen (Transport und chemische Umwandlung) bis schließlich die Reaktionsprodukte durch feuchte oder trockene Deposition aus der Atmosphäre entfernt werden.

Die Oxidation von SO_2 und NO_x kann durch homogene Reaktionen in der Gasphase, durch heterogene Reaktionen in wässrigen Tropfen und auf Partikeloberflächen erfolgen. Man kann davon ausgehen, daß ein wesentlicher Anteil des im Aerosol gebundenen Sulfats in Wolkentropfen gebildet wird (Scott und Hobbs (1), Easter und Hobbs (2), Georgii (3). In den letzten Jahren haben allerdings Forschungsarbeiten über die homogene Gasphasenreaktion des Schwefeldioxids und der reduzierten Schwefelverbindungen, die ebenfalls zum Aerosolsulfat führen können, im Vordergrund des wissenschaftlichen Interesses gestanden (Calvert et al. (4), Crutzen (5).

Es ist bisher noch nicht abschliessend erforscht, wie der Nitratanteil im Aerosol sich aus gasförmigen Stickoxiden bildet (Gravenhorst et al. (6)).

3. WOLKENPHYSIKALISCHE GRUNDLAGEN

Die Wirksamkeit des Kondensationsprozesses in der Atmosphäre hängt wesentlich von der Höhe der Wasserdampfübersättigung und der Teilchengröße des atmosphärischen Aerosols ab. In Wolken werden selten Wasserdampfübersättigungen von über 1% = 101% rel. Feuchte erreicht (Warner (7). In diesem Übersättigungsbereich werden Aerosolpartikel mit Radien größer als etwa 0.05 um aktiviert und somit in Wolkenelemente inkorporiert (Junge und McLaren (8), Pruppacher und Klett (9)). In kontinentalen Gebieten liegt die Konzentration der wolkenaktiven Kondensationskerne bei einigen 100 cm^{-3}, im maritimen Bereich zwischen 10 und 100 cm^{-3}. Man kann davon ausgehen, daß nahezu alle Partikel größer als 0.05 um in Wolken aktiviert werden. In diesem Radienbereich befindet sich auch der überwiegende Anteil der Masse der atmosphärischen Aerosolkomponenten. Da die chemische Zusammensetzung der einzelnen Partikel wenig Einfluß auf die Aktivierung ausübt, kann angenommen werden, daß beim Wolkenbildungsprozeß ein wesentlicher Anteil der Aerosolmasse in die Tropfen gelangt. Die bei der Kondensation nicht aktivierten Partikel können noch während der Lebensdauer einer Wolke vor allem durch molekulare und turbulente Diffusion und durch Impaktion an die Wolkenelemente angelagert werden. Diese Prozesse sind besonders effektiv im Radienbereich unter 0.05 μm, der durch die Wasserdampfkondensation nicht erfaßt wird und im Radienbereich über 1 um, dem zahlreiche hydrophobe, nichtwasserlösliche mineralische Partikel angehören. Man kann also die sogenannten "Auswaschvorgänge" von Aerosolen und Spurengasen formal in solche unterteilen, die sich in der Wolke abspielen, auch "in cloud scavenging" genannt und solche die sich unterhalb der Wolkenbasis beim Fall der Niederschlagselemente ereignen, die auch als "below cloud scavenging" zusammengefaßt werden. Diese formale Einteilung enthält keine Aussagen über die physikalischen oder chemischen Prozesse, die zur Spurenstoffanlagerung an Wolken- oder Niederschlagselemente führen. Die Gesamtspurenstoffkonzentration im Niederschlag setzt sich aus der anteiligen Bedeutung der beiden oben erwähnten Prozesse zusammen. Weiterhin ist zu berücksichtigen, daß die Tropfen beim Fall unterhalb der Wolkenbasis partiell verdunsten, was zur Erhöhung der Konzentration in Tropfen gelöster Spurenstoffe führt. Die sich in der Wolke vollziehenden Prozesse der Inkorporation von Spurenstoffe in Wolkenelemente wurden in der älteren Literatur - oft mißverständlich - als "rain-out", die Inkorporation in Regentropfen unterhalb der Wolkenbasis als "wash-out" bezeichnet.

Die durch "in cloud scavenging" im Wolkenwasser verursachte Spurenstoffkonzentration kann nach Junge (10) in erster Näherung durch folgende einfache Beziehung beschrieben werden:

$$K = \frac{\varepsilon \times C}{L}$$

K = Spurenstoffkonzentration im Wolkenwasser (mg Kg^{-1})
C = Konzentration des Spurenstoffes in der Atmosphäre (μg m^{-3})
L = Flüssigwassergehalt der Wolke (g m^{-3})
ε = "Scavenging-Koeffizient", der Anteil von C, der von den Tröpfchen aufgenommen wird ($0 < \varepsilon \leq 1$)

Hinsichtlich der Anlagerung von Aerosolteilchen an Tropfen werden drei Mechanismen wirksam, die von der Partikelgröße abhängen:
1) Kondensation von Wasserdampf an Aerosolteilchen (ε_N)
2) Anlagerung durch Brown'sche Diffusion (ε_D)

3) Transport in Richtung des bei Kondensation bzw. Verdunstung auftretenden Wasserdampfflusses (FACY-Effekt) (ε_F).

$$\varepsilon = \varepsilon_N + \varepsilon_D + \varepsilon_F \qquad (2)$$

Dabei ist der Kondensationsprozeß am wirksamsten.

Für die Gesamtaerosolmasse werden folgende ε_N -Werte angegeben (Beilke
(11)):

0.5   für kontinentales Aerosol sehr hoher Konzentration
0.8   für kontinentales Reinluftaerosol
0.9-1.0 für maritimes Aerosol mit Teilchenkonzentrationen zwischen
        200-300 cm^{-3}.

Der Diffusionseffekt, der wie oben bereits erwähnt, für Teilchen im
Größenbereich unter 0.05 um wirksam wird, liefert auf die Gesamtmasse
des Aerosols bezogen nur einen geringen Beitrag zum Chemismus des Wol-
ken- und Regenwassers. Er wird zu $\varepsilon_D \approx 0.01$ abgeschätzt.

Die Bedeutung des "FACY-Effektes" ist für die Inkorporation von Spurenstoffen in Wolkentröpfchen vernachlässigbar.

In die von Junge aufgestellte Beziehung geht auch der Flüssigwassergeh-
halt der Wolken als maßgebliche Größe ein. Nach der Arbeit von Fletcher
(12) bewegt sich der Flüssigwassergehalt von Wolken in den Grenzen von
0.1 gm^{-3} und 4 g m^{-3} mit den häufigsten Werten zwischen 0.1 und 0.5 gm^{-3}.
Der Flüssigwassergehalt von Cumuluswolken liegt dabei generell höher
als der von Schichtwolken. Von der Wolkenbasis aus nimmt der Flüssigwassergehalt der Wolkenluft mit zunehmender Höhe bis zu einem Maximum in
mittlerer Höhe zu, um dann bis zur Wolkenobergrenze wieder abzunehmen.

Es sei weiterhin hervorgehoben, daß sich das Flüssigwasser in Schichtwolken auf eine Vielzahl kleiner Tröpfchen weitgehend einheitlicher Größe
verteilt (mehrere Hundert cm^{-3}), während die Tropfengrößenverteilung in
konvektiven Wolken inhomogener ist und durch die Anwesenheit größerer
Tropfen (r > 50 um) charakterisiert ist (Tropfenkonzentration unter
100 cm^{-3}).

Die Wirksamkeit des "Auswaschprozesses" des "below-cloud scavenging" beim
Fall der Tropfen unterhalb der Wolkenbasis wird bestimmt durch die Niederschlagsintensität und die Tropfengrößenverteilung, wobei ein Spurenstoff
umso besser "ausgewaschen" wird, je höher die Niederschlagsintensität
ist und je größer die Zahl der Regentropfen ist. Untersuchungen von

Grover et al. (13), die auf früheren Arbeiten von Greenfield (14) ba-
sierten, zeigen, daß das "below-cloud scavenging" insbesondere für Aerosolteilchen > 1 um Radius wirksam ist. Die auch bei diesem Prozeß wirksame Diffusionsanlagerung sehr kleiner Partikel kann unberücksichtigt
bleiben, da sie massenmäßig unbedeutend ist.

4. TRANSFER REAKTIVER SPURENGASE IN TROPFEN

"In cloud scavenging" und "below cloud scavenging" spielen auch bei Spurengasen eine Rolle. Die Effektivität wird durch die Löslichkeit dieser
Gase im Wasser, durch den pH-Wert des Wolken- bzw. Regenwassers und durch
die chemische Zusammensetzung des Tropfens bestimmt. Folgende Mechanismen sind zu unterscheiden:

1) Physikalische Lösung im Wolkenwasser nach dem HENRY'schen Gesetz
2) Lösung mit anschließender reversibler Hydratation und Dissoziation
3) Lösung mit anschließender Reaktion mit anderen Spurenstoffen im
   Wolkenwasser

Diese Ausführungen werden sich vorwiegend mit Beispielen von Gasen beschäftigen, die der dritten Gruppe zuzurechnen sind. Zwei besonders
für die Luftchemie in belasteten Gebieten wichtige Prozesse sind die
Sulfat- und Nitratbildung im Tropfen ausgehend von SO_2 und NO_x.

Drei Mechanismen der SO_2-Oxidation in Tropfen können unterschieden werden:

1) SO_2-Oxidation durch O_2 in Abwesenheit von Katalysatoren
2) SO_2-Oxidation durch O_2 in Anwesentheit von Katalysatoren
   (vorzugsweise Eisen, Mangan)
3) SO_2-Oxidation durch Ozon oder Wasserstoffperoxid

Der unter 3) angeführte Oxidationsprozeß wird heute als der dominierende
heterogene Oxidationsmechanismus angesehen. Die katalytische SO_2-Oxi-
dation liefert nur in stark verunreinigter Atmosphäre mit hohen Konzentrationen an Mangan- und Eisenoxidaerosolen einen signifikanten Beitrag
zur Sulfatbildung (Barrie (15)). Die Absorption von NH_3 erhöht den pH-
Wert der Tropfen und damit die Aufnahmefähigkeit der Tropfen für SO_2.
In Abwesenheit von NH_3 nimmt der pH-Wert der Tropfen durch die Aufnahme
von SO_2 ab. Die Prozesse 1) und 2) kommen bei pH-Werten um und unter 4
praktische zum Stillstand, nur Prozeß 3) ist in Anwesentheit von H_2O_2 in
solch saurem Milieu noch wirksam. Im pH-Bereich des Wolken- und Regenwassers zwischen pH 3 und pH 6 liegen die oxidierten Schwefelkomponenten

im Tropfen praktisch ausschließlich als HSO_3^- vor (Beilke und Gravenhorst (16)).

In Abb. 1 sind die verschiedenen Transformationsprozesse des SO_2 sowie die Oxidationsreaktionen schematisch, einer Darstellung von C. Perseke (17) folgend, dargestellt.

Das "below cloud scavenging" des SO_2 liefert nach neuerer Auffassung nur einen geringen Beitrag zur Gesamtschwefelkonzentration im Regen (Gravenhorst et al. (18)). Wie Modellrechnungen von Marsh (19) zeigten, erfahren Regentropfen mit einem pH-Wert von 4, die durch eine Luftschicht mit einer SO_2-Konzentration < 100 μg m^{-3} fallen, keine Änderung der Sulfatkonzentration und des pH-Wertes.

Die Nitratbildung in der Atmosphäre ausgehend von Stickstoffoxid - das durch Ozon und Peroxiradikale rasch zu NO_2 oxidiert wird - ist noch nicht vollständig aufgeklärt. Ein wesentlicher NO_2-Oxidationsweg ist die Bildung von Salpetersäure durch OH-Radikale (Cox (20), Schurath (21)). Unter Annahme mittlerer OH-Radikalkonzentrationen von 3 x 10^6 Moleküle cm^{-3} wird von Cox eine Oxidationsrate von 13% hr^{-1} angegeben. Bei der Bildung der Salpetersäure bzw. der Nitrataerosole haben wir unterschiedliche Tag- und Nachtreaktionen zu berücksichtigen. Die Nachtreaktion - in Abwesenheit von OH-Radikalen - verläuft über N_2O_5, das aus $NO_3 + NO_2$ gebildet wird und schliesslich zu HNO_3 bzw. Nitrataerosolen konvertiert wird (Ehhalt und Drummond (22)). Die Bildung von Nitrataerosolen verläuft offenbar langsamer als die Salpetersäurebildung, wobei Messungen von Huebert und Lazrus (23) ergaben, daß ein Teil der Salpetersäure in der Gasphase verbleibt. Die Löslichkeit von NO_2 im Wasser ist wesentlich geringer als die von SO_2. Über das Auswaschen von NO_2 beim Fall der Regentropfen unterhalb der Wolkenbasis ist wenig bekannt. Die bisher einzigen bekannt gewordenen NO_2-Absorptionsmessungen bei atmosphärischer Konzentration wurden von Beilke (24) mit künstlichem Regen in einer Beregnungskammer durchgeführt. Dabei wurde NO_2 etwa 4-mal langsamer absorbiert als SO_2.

Nach Angaben von Schwartz et al. (25) ist NO_2 um den Faktor 100 schlechter wasserlöslich als SO_2. Es sei abschließend erwähnt, daß die Nitritkonzentration im Regenwasser bisher kaum gemessen wurde, sie dürfte nur wenige Prozent der Nitratkonzentration ausmachen.

Neben den oben erwähnten Schadgasen SO_2 und NO_2 spielt bei Reaktionen im Tropfen auch Ammoniak eine Rolle. Gasförmiges Ammoniak kann die Wirkung sauer reagierender Spurenstoffe durch basische Reaktion vermindern.

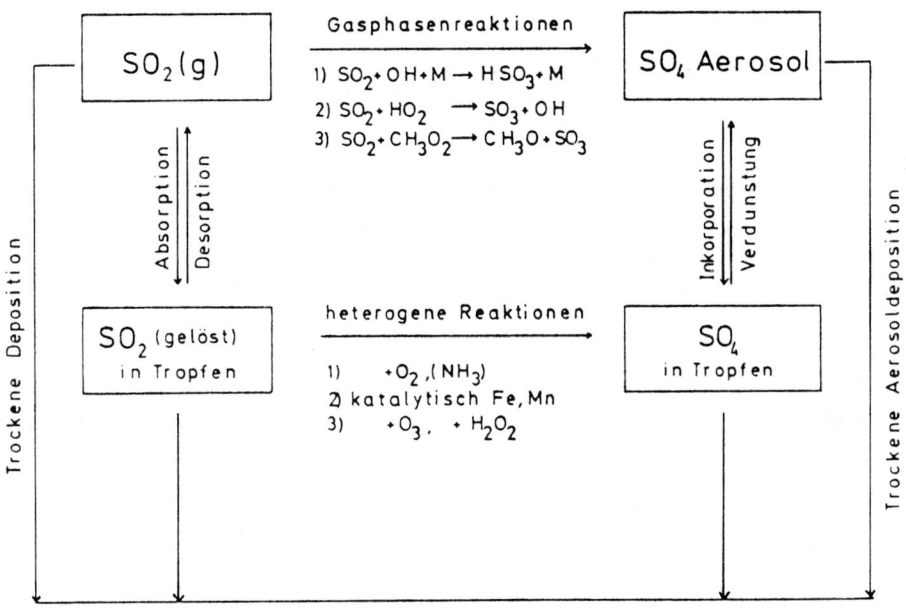

Abb. 1: Schematische Darstellung der Beseitigungsprozesse von
SO$_2$ und Sulfat aus der Atmosphäre

Der atmosphärische Kreislauf von Ammoniak wurde von Böttger et al.(26)
bzw. Höltje (27) ausführlich diskutiert. Es zeigte sich, daß der überwiegende Anteil des atmosphärischen Ammoniaks bei der Umsetzung organischen Materials am Erdboden entsteht und als Ammonium mit dem Niederschlag wieder zum Erdboden zurückgeführt wird.

Die Anteile des physikalisch im Wasser gelösten NH$_3$ und des NH$_4^+$-Ions
hängen vom pH-Wert der Tropfen ab. Bei hohem pH-Wert der Lösung dominiert der physikalisch gelöste Anteil.

Dies hat z.B. Bedeutung für Ozeanwasser (pH 8.2), über dem sich ein
meßbarer NH$_3$-Partialdruck einstellen kann (Georgii und Gravenhorst (28)).

In Wolken- und Regenwasser kann dieser Anteil vernachlässigt werden, es
braucht nur das Ammoniumion berücksichtigt zu werden. Beim Verdunsten
von Wolkentropfen bleibt das Ammonium als Teil des enstehenden Aerosolpartikels in der Atmosphäre. Es wird dadurch dem Anteil des gasförmigen
atmosphärischen Ammoniaks entzogen. Für das "in cloud scavenging" und

"below cloud scavenging" der Ammoniumaerosole sind die gleichen Mechanismen wirksam wie für Sulfataerosole. Man kann auch davon ausgehen,
daß Ammonium und Sulfat über das gleiche Größenspektrum des atmosphärischen Aerosols verteilt sind.

5. TROCKENE DEPOSITION VON GASEN UND AEROSOLEN

Neben der feuchten Deposition stellt die trockene Deposition eine wichtige Senke atmosphärischer Spurengase und Aerosole dar. Die Wirksamkeit der trockenen Deposition wird meist durch die von Chamberlain (29)
definierte Depositionsgeschwindigkeit V_d (cm sec^{-1}) beschrieben:

$$V_d = \frac{F}{C_{(z)}} \qquad (3)$$

F = Fluß des Spurenstoffes zum Erdboden
$C_{(z)}$ = Konzentration des Spurenstoffes in einer Referenzhöhe
    (z meist 2 m)

Der Fluß des Spurenstoffes zum Erdboden kann dem Konzentrationsgradienten mit der Höhe   proportional gesetzt werden mit K (z) dem turbulenten
bzw. molekularen Austauschkoeffizienten

$$F = K \ (z) \ \frac{dc}{dz} \qquad (4)$$

Der reziproke Wert der Depositionsgeschwindigkeit wird häufig als Trans-
portwiderstand interpretiert, der in einen Gasphasenwiderstand r_g und
einen Oberflächenwiderstand r_0 zerlegt werden kann (Beilke (11)).

$$\frac{1}{V_d} = r = r_{g(z)} + r_o \qquad (5)$$

Der Gasphasenwiderstand beschreibt den Austausch von Spurenstoffen durch
turbulente und molekulare Diffusion in der oberflächennahen Luftschicht.
Der Oberflächenwiderstand ist u.a. abhängig von der Erdbodenfeuchte, Art
und Höhe der Vegetation, pH-Wert und Pufferkapazität von Wasseroberflächen.

Depositionsgeschwindigkeiten wurden bisher nur für sehr wenige Spurengase bestimmt. Untersuchungen von Garland (30), (31) machen deutlich,
daß die Depositionsgeschwindigkeiten innerhalb eines weiten Bereiches
schwanken. In Tabelle 1 sind die SO_2-Depositionsgeschwindigkeiten

Tabelle 1:   SO$_2$-Depositionsgeschwindigkeiten für verschiedene Ober-
             flächen (Perske et al. (32))

Oberfläche	Depositionsgeschwindigkeit (cm sec^{-1})	
	Bereich	mittlerer Wert
kurzes Gras (0.1 m Höhe)	0.1-0.8	0.5
Getreide (1 m Höhe)	0.2-1.5	0.7
Wald (10 m Höhe)	0.2-2.0	unsicher
Kalkboden (pH 7, trocken)	0.3-1.0	0.8
Kalkboden (pH 7, feucht)	0.3-1.0	0.8
saurer Boden (pH 4, trocken)	0.1-0.5	0.4
saurer Boden (pH 4, feucht)	0.1-0.8	0.6
Schnee, trocken	-	0.1
Wasser	0.2-1.5	1.0

für verschiedene Oberflächen zusammengestellt.

Als Mittelwert über verschiedene meteorologische Bedingungen wird meist
eine Depositionsgeschwindigkeit für SO$_2$ von 0.8 cm sec^{-1} angegeben
(Garland (33)). Experimentelle Untersuchungen, die Koch (34) durchführ-
te, ergaben Depositionsgeschwindigkeiten von 0.2 - 0.3 cm sec^{-1}, wobei
diese Werte über 24 Stunden gemittelt wurden. Messungen, die nur am
Tage vorgenommen werden, können wegen des intensiveren vertikalen Aus-
tausches höhere Werte ergeben. So ermittelten Garland und Branson (35)
während des Tages Depositionsgeschwindigkeiten von 0.6 cm sec^{-1} und
während der Nacht 0.1 cm sec^{-1}. Die von Koch ermittelten Depositionsgeschwindigkeiten gelten zunächst nur für eine Tetrachlormerkuratlösung,
d.h. eine Flüssigkeitsoberfläche, die dem antransportierten SO$_2$ fast
keinen Widerstand entgegensetzt.

Depositionsgeschwindigkeiten anderer Gase wurden bisher nur sehr unvollkommen in Labor- oder Feldexperimenten untersucht. Böttger et al. (26)
geben für die Deposition von NO und NO$_2$ auf ebenen Wasserflächen Werte
von 10^{-3} cm sec^{-1} (NO) und 10^{-2} cm sec^{-1} (NO$_2$) an, die zeigen, daß in
diesem Fall nicht die diffusiven Widerstände in der Gasphase die ge-
schwindigkeitsbestimmenden Faktoren bei der Absorption sein können.
Galbally (36) gibt für Ozon Werte zwischen 0.2 und 1.2 cm sec^{-1} in Abhängigkeit von der vertikalen Temperaturschichtung der Atmosphäre an.
Nicht nur Mangel an hinreichend präzisen Messungen der Depositionsgeschwindigkeit von Gasen erschwert ihre Beurteilung, sondern mehr noch
die Abhängigkeit der Depositionsgeschwindigkeit von Parametern der
Oberflächenstruktur und der Meteorologie, die die Werte um eine Größenordnung variieren lassen.

Die trockene Deposition von Aerosolpartikeln ist außerdem von der Partikelgröße abhängig. Teilchen mit Radien > 1 μm werden durch turbulente Diffusion in die laminare Grenzschicht transportiert und dort durch Impaktion an Elementen der Erdoberfläche abgeschieden. Für Teilchen in diesem Radienbereich wird eine Zunahme der Depositionsgeschwindigkeit mit zunehmenden Radius beobachtet. Für Aitkenkerne mit Radien < 0.1 μm ist die Brown'sche Diffusion der wesentliche Depositionsmechanismus. In diesem Größenbereich nimmt die Depositionsgeschwindigkeit mit zunehmender Teilchengröße ab, sodaß sie im Bereich der sogenannten "grossen" Kerne (0.1 < r ≤ 1 μm), in dem sich ein hoher Massenanteil des atmosphärischen Aerosols befindet, ein Minimum erreicht. Den Zusammenhang zwischen Teilchengröße und Depositionsgeschwindigkeit veranschaulicht Abb. 2, die einer Arbeit von Garland (37) entnommen ist. Man erkennt, daß Depositionsgeschwindigkeiten der "großen" Kerne zwischen 0.01 und 0.05 cm sec^{-1} liegen. Das hat zur Folge, daß der Hauptanteil der Sulfat- und Nitrataerosole mit Depositionsgeschwindigkeiten unter 0.1 cm sec^{-1} abgeschieden wird.

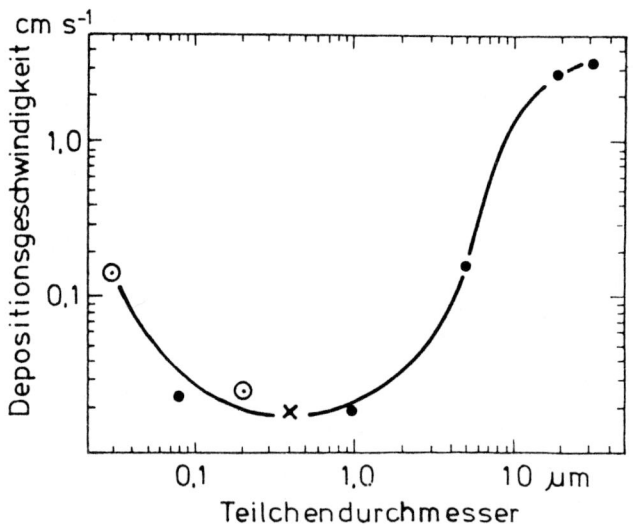

Abb.2:   Depositionsgeschwindigkeiten von Aerosolpartikeln nach Windkanalexperimenten

Bei der Modellierung der Deposition von Sulfataerosolen im OECD-Project "Long range transport of air pollutants" wurde eine Depositionsgeschwindigkeit von 0.2 cm sec^{-1} angesetzt.

Messungen von Höfken et al. (38) zeigen, daß die Deposition von Aerosolen in Waldgebieten beträchtlich erhöht ist. In einem Buchenwald wurde für Sulfataerosole eine Depositionsgeschwindigkeit von 1.1 cm sec^{-1} gefunden.

In einer jüngst abgeschlossenen Studie über die Deposition von aerosol-gebundenen Spurenstoffen wurden aus gemessenen Depositionsraten und der Aerosolkonzentration für jeweils vierzehntägige Meßperioden Depositions-geschwindigkeiten bestimmt (Rohbock (39)). Durch die Mittelung über längere Perioden sind kurzzeitige Schwankungen aufgrund variabler mete-orologischer Bedingungen nicht erfaßbar. Die Sammelcharakeristik der verwendeten Bergerhoffgläser unterscheidet sich von den natürlicher Oberflächen,sodaß die ermittelten Depositionsgeschwindigkeiten spezi-fisch für die spezielle Sammelmethode sind. Durch die Ungenauigkeiten bei der Bestimmung der Depositionsraten und der Schwebstaubkonzentra-tionen ergeben sich die in Tabelle 2 zusammengestellten Unsicherheiten der Depositionsgeschwindigkeiten.

Tabelle 2:   Unsicherheiten der Depositionsgeschwindigkeiten
(Rohbock (39))

	absolut[1]	relativ
Blei	± 0.01	± 18%
Cadmium	± 0.09	± 40%
Mangan	± 0.06	± 6%
Eisen	± 0.9	± 61%
Aluminium	± 0.2	± 18%
Calcium	± 1.9	± 70%
Chrom	± 0.5	± 27%
Kalium	± 0.9	± 65%
Kobalt	± 0.14	± 15%
Kupfer	± 0.63	± 35%
Magnesium	± 0.58	± 40%
Natrium	± 0.60	± 40%
Nickel	± 0.21	± 32%
Vanadium	± 0.4	± 50%

1) Angaben in cm s^{-1}

Die Depositionsgeschwindigkeiten der analysierten Metalle sind als arithmetischer Mittelwert und Standardabweichung und als statistischer 50%-Wert in Abb. 3 dargestellt. Für die Metalle Blei, Cadmium, Mangan und Eisen liegt diesen Mittelwerten das gesamte Datenkollektiv von allen

Meßstellen der zweijährigen Untersuchungsperiode zugrunde. Für die
anderen Metalle wurden die verfügbaren Meßwerte aus drei Meßperioden
im Frühjahr, Sommer und Winter 1980 berücksichtigt.

Wie aus Abbildung 3 ersichtlich, überstreichen die Depositionsgeschwindigkeiten einen Bereich von 0.01 bis 5 cm s^{-1}. Trotz starker
Schwankungen läßt sich eine Klassifizierung der Metalle nach den Depositionsgeschwindigkeiten vornehmen. Die höchsten Depositionsgeschwindigkeiten werden für die Erdkrustenmetalle Magnesium und Calcium mit
Mittelwerten über 2.5 cm s^{-1} gemessen. Dagegen liegen die Mittelwerte
für die Metalle Kobalt, Nickel, Vanadium, Cadmium und Blei unter
1 cm s^{-1}. Spitzenwerte reichen mit Ausnahme des Cadmium nicht über
2 cm s^{-1}.
Die mit Abstand niedrigsten Depositionsgeschwindigkeiten werden für Blei
gemessen. Der Mittelwert liegt unter 0.2 cm s^{-1}. Die Schwankungen der
Depositionsgeschwindigkeiten, die bis zu einer Zehnerpotenz reichen können, beruhen sowohl auf lokalen, als auch auf zeitlichen Änderungen der
Depositionsgeschwindigkeiten im Jahresverlauf.

Regionale Unterschiede der Depositionsgeschwindigkeit der Schwermetall-
aerosole wurden zwischen belasteten und unbelasteten Gebieten erkennbar.
In Reinluftgebieten wurde beispielsweise für Blei eine Depositionsgeschwindigkeit von 0.03 cm sec^{-1} ermittelt, in urbanen Gebieten dagegen
von 0.1 cm sec^{-1}. Das hat zur Folge, daß der Mechanismus der trockenen
Deposition für diese Komponenten in unbelasteten Gebieten weniger wirksam wird.

6. FEUCHTE DEPOSITION VON GASEN UND AEROSOLEN

Infolge des Auftretens von "sauren" Niederschlägen in Europa und Nord-
amerika hat die feuchte Deposition von Spurenstoffen in den letzten
Jahren wachsendes Interesse gefunden. Sie ist von großer Bedeutung für
die Beurteilung von möglichen schädigenden Wirkungen auf Ökosysteme.
Die feuchte Deposition ist das Produkt von Niederschlagsmenge und Spurenstoffkonzentration im Niederschlagswasser.

Die feuchte Deposition steigt somit mit steigender Regenmenge an, sie
ist insofern abhängig von der Niederschlagsverteilung aber gleichzeitig
auch abhängig von der Spurenstoffkonzentration des Regenwassers.
Es ist bei dieser Feststellung darauf hinzuweisen, daß häufig hohe
Spurenstoffkonzentrationen bei schwachen Regenfällen (z.B. feintropfiger
Nieselregen) angetroffen werden. Es ist weiterhin zu beachten, daß die

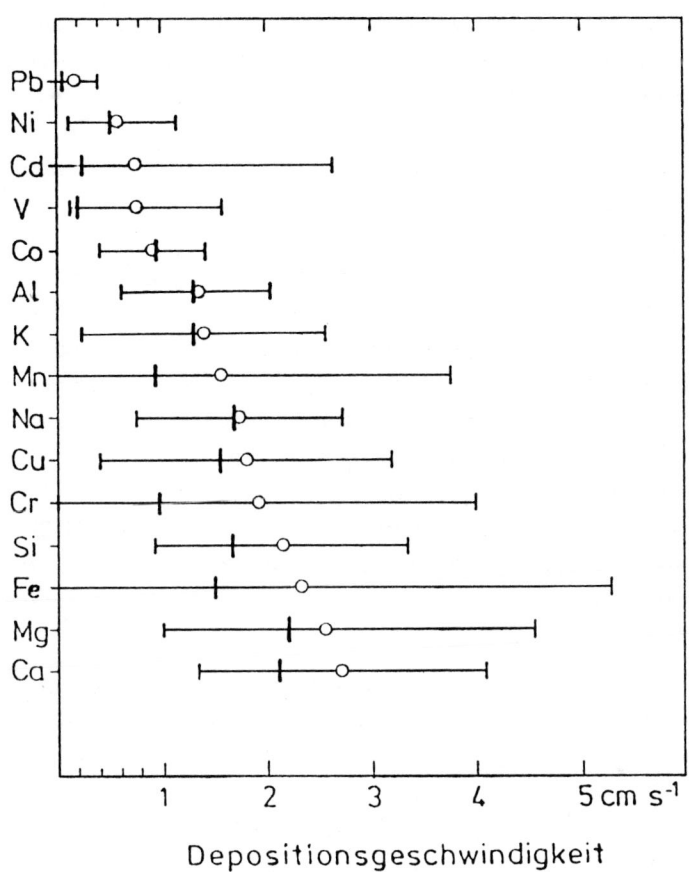

Depositionsgeschwindigkeit

├──○──┤ arithmetrisches Mittel   ──┼── 50% Wert

Abb. 3:   Mittlere Depositionsgeschwindigkeiten von Metallen

Für die Metalle Blei, Cadmium, Mangan und Eisen wurden
alle verfügbaren Werte der Meßstellen des Deposition-
meßnetzes des Zeitraumes 8/1979 bis 8/1981 berücksichtigt. Für die anderen Metalle die Ergebnisse aus
drei Meßperioden im Frühjahr, Sommer und Herbst 1980.

Spurenstoffkonzentration sich während des Verlaufes einzelner Regen-
fälle ändert. Dieser Zusammenhang zwischen Konzentrationsverlauf und
Regenmenge läßt sich für Einzelfälle von Landregen durch folgende Beziehung beschreiben:

$$C = \text{const. } N^{-a} \tag{6}$$

C = Spurenstoffkonzentration im Regenwasser
N = Niederschlagsmenge

Der numerische Wert des Exponenten a ist orts- und stoffspezifisch. Er
beträgt für die Sulfatkonzentration im Regenwasser in Frankfurt/Main
z.B. = 4 (Kins (40)). Die bisher in der Literatur veröffentlichten Ergebnisse über die feuchte Deposition sind sehr lückenhaft. Sie beschränken sich meist auf die Bestimmung der Sulfat- und Nitratkonzentration im Regenwasser sowie der pH-Werte. Über die feuchte Deposition von
Aerosolen bzw. organischen Komponenten im Niederschlagswasser herrscht
ein bedenklicher Mangel.

7. UNTERSUCHUNG DER FEUCHTEN UND TROCKENEN SCHADSTOFFDEPOSITION IN DER BUNDESREPUBLIK DEUTSCHLAND

Für das Gebiet der Bundesrepublik wurde eine erste Abschätzung der feuchten und trockenen Schwefeldeposition auf der Grundlage von gemessenen
SO_2-Konzentrationen und einer mittleren SO_2-Depositionsgeschwindigkeit
sowie von einigen Meßwerten der Sulfatkonzentration im Regen versucht
(Perseke et al. (32)). Diese Untersuchung konnte nur die Größenordnung
der zu erwartenden Schwefeldeposition liefern. Dabei wurde deutlich,
daß eine befriedigende Kenntnis über feuchte und trockene Deposition nur
durch direkte Messungen und deren flächenhafte Bewertung in einem Meß-
netz zu erreichen ist.

Die folgenden Ausführungen sollen knapp zusammenfassend die Ergebnisse
beschreiben, die während einer zweijährigen Meßperiode mit einem flächen-
deckenden Depositionsmeßnetz erzielt wurden. Dabei wurde mit wet/dry-
Sammelgeräten die feuchte und trockene Deposition getrennt, um deren relative Bedeutung für die verschiedenen Komponenten bewerten zu können.
Eine ausführliche Darstellung wurde von Georgii et al. (41) gegeben.

7.1 Feuchte Deposition von Anionen

Die Untersuchung der ionischen Zusammensetzung der Niederschläge ergab
für das Gebiet der Bundesrepublik in Bezug auf Sulfat, Nitrat und Chlorid
ein relativ einheitliches Bild, wenn man von den Küstenstationen absieht.
Im Jahresmittel liefert Sulfat einen Beitrag von 50-60% und Nitrat einen
Beitrag von 25-30% zur Säurebildung. In Küstennähe und im hochindus-
trialisierten Ruhrgebiet ist der Chloridanteil erhöht. An den übrigen
Stationen beträgt der Chloridanteil weniger als 15% (Perseke (17)). Es
muß dabei festgehalten werden, daß in Küstennähe ein Teil des Chlorids
dem Seesalz entstammt und somit nicht zur freien Säure beiträgt.

Die feuchte Deposition wurde auf der Grundlage von gemessenen Spurenstoffkonzentrationen und der Niederschlagsmenge bestimmt. Wie bereits
erwähnt, bestimmen diese beiden Parameter die durch den Regen deponierte
Spurenstoffmasse. Dies wird am Beispiel der Sulfatdeposition deutlich,
die in Abb. 4 kumulativ für den Zeitraum 1979-1981 aufgetragen ist. Es
zeigt sich, daß Essen und das im Hunsrück gelegene Deuselbach im betrachteten Zeitraum vergleichbare Niederschlagsmengen erhalten, die deponierte Sulfatmenge in Essen jedoch fast doppelt so hoch ist wie in
Deuselbach. Hohe Feuchtdepositionen an den beiden Bergstationen Feld-
berg/Taunus und Hohenpeißenberg/Obb. sind primär auf hohe Niederschlagsmengen zurückzuführen. Am Feldberg/Taunus, der dem Ruhrgebiet vergleichbare Sulfatdepositionen erhält, wird neben der hohen Niederschlagsrate
der Einfluß der verunreinigten Atmosphäre des Rhein-Maingebietes deutlich.

Im Mittel werden in Deutschland 1 - 2 g $m^{-2}a^{-1}$ an Sulfat gerechnet als
Schwefel feucht deponiert. Die feuchte Deposition schließt die Abscheidung von SO_2 und Sulfataerosol mit dem Regen ein, wobei allerdings bei
einem pH-Wert um 4 die Aufnahmefähigkeit der Tropfen für SO_2 begrenzt ist.

Die regionale Verteilung der feuchten Nitrat-Deposition zeigt ein ähnliches Bild. Im Jahresmittel betragen die feuchten Nitratdepositionen
in der Bundesrepublik zwischen 0.4-0.8 g m^{-2} a^{-1} gerechnet als Stickstoff.
Ein Vergleich mit der feuchten Sulfatdeposition macht deutlich, daß diese
die Nitratdeposition um den Faktor 2-3 überwiegt, doch sollte die Nitrat-
deposition nicht vernachlässigt werden.

Die regionale Verteilung der feuchten Chloriddeposition zeigt wesentliche
Unterschiede gegenüber der Sulfat- und Nitratdeposition. Wenn man von
mittleren Tageswerten der feuchten Chloriddeposition ausgeht, so werden
in Schleswig etwa 5 g m^{-2} a^{-1} (gerechnet als Chlor) deponiert, während

144

Cumulative Verteilung

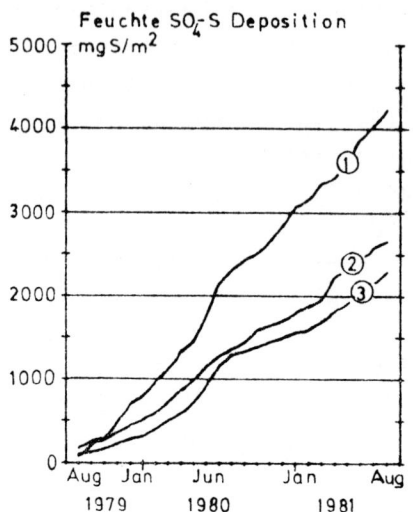

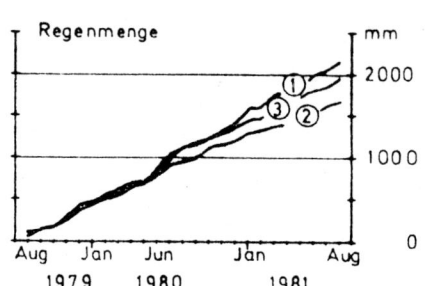

Cumulative Verteilung

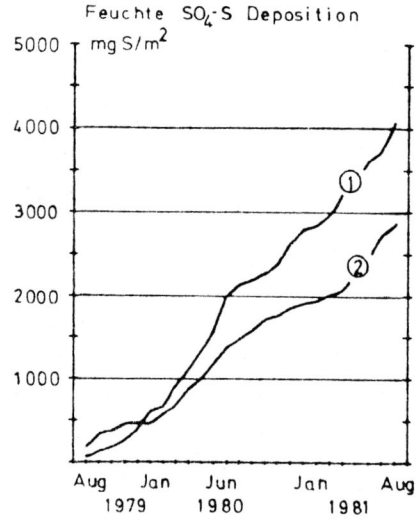

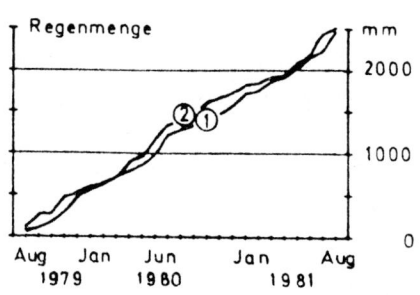

Abb. 4:   Kumulative Verteilung der feuchten Sulfatdeposition an
den Stationen Essen, Hof, Deuselbach, Kl. Feldberg/Ts.
und Hohenpeißenberg im Zeitraum August 1979–August 1981

an den Binnenlandstationen (mit der Ausnahme von Essen) die feuchte
Chloriddeposition unter 1.0 g m^{-2} a^{-1} beträgt. Der Einfluß der maritimen Quelle tritt an den norddeutschen Stationen deutlich hervor.

7.2 Trockene Deposition von Anionen

Die Messung der trockenen Deposition auf einer künstlichen Oberfläche
nach der Bergerhoff-Methode erfaßt nur Aerosole. Die trockene Deposition der Spurengase SO_2, NO_x kann mit diesem Verfahren nicht bestimmt
werden.

Die trockene Sulfatdeposition zeigt keine deutlichen regionalen Unterschiede zwischen unbelasteten und belasteten Gebieten, was auf eine relativ homogene Verteilung des Sulfataerosols hinweist. Im Verlauf des
Jahres orientiert sich die Menge des trockenen deponierten Sulfats an der
zeitlichen Niederschlagsverteilung. So wird während einer Periode erhöhter Niederschlagstätigkeit und damit erhöhter feuchter Sulfatdeposition (z.B. Sommer 1980 und Sommer 1981) eine relativ niedrige trockene
Sulfatdeposition festgestellt. Entsprechendes gilt für die trockene
Nitratdeposition. Hinsichtlich der trockenen Chloriddeposition wird
eine Abnahme mit zunehmender Entfernung vom Meer beobachtet. Dies weist
wiederum auf den maritimen Ursprung der Chloridaerosole hin.

Eine Beurteilung der Bedeutung der einzelnen Schwefelsenken muß neben der
trockenen Aerosoldeposition und der feuchten Sulfatdeposition auch die
trockene SO_2-Deposition berücksichtigen, die allerdings meßtechnisch bei
der hier diskutierten Untersuchung nicht erfaßt wurde.

Ein in Abb. 5 dargestellter Vergleich der feuchten Sulfatdeposition und
der trockenen Sulfataerosoldeposition zeigt, daß an allen Meßstellen die
feuchte Deposition überwiegt. Es werden nur 9-29% der gesamten Sulfatdeposition trocken als Aerosol deponiert mit den geringsten Anteilen auf
dem Schauinsland.

Eine von C. Perseke et al. (31) vorgenommene Abschätzung der trockenen
SO_2-Deposition ergab, daß in Belastungsgebieten die gesamte trockene
Schwefeldeposition (SO_2+Aerosolsulfat) die feuchte Schwefeldeposition
überwiegt. In Reinluftgebieten mit hohen Niederschlagsraten dominiert
dagegen die feuchte Schwefeldeposition. Es wird weiterhin deutlich, daß
die trockene Aerosolsulfatdeposition im Vergleich zur trockenen SO_2-De-
position nur einen geringen Beitrag liefert. Eine entsprechende Aussage
kann für die Trockendeposition von Nitrataerosolen gemacht werden. In
verunreinigten Gebieten dominiert die Trockendeposition von NO_2 gegen-

146

über der Aerosoldeposition von Nitratpartikeln. Es muß allerdings berücksichtigt werden, daß Abschätzungen der trockenen Deposition von NO_2 bisher nur in beschränktem Umfang vorgenommen wurden und die NO_2-Depositionsgeschwindigkeit mit 0.2-0.6 cm sec^{-1} nur ungenau beschrieben wird.

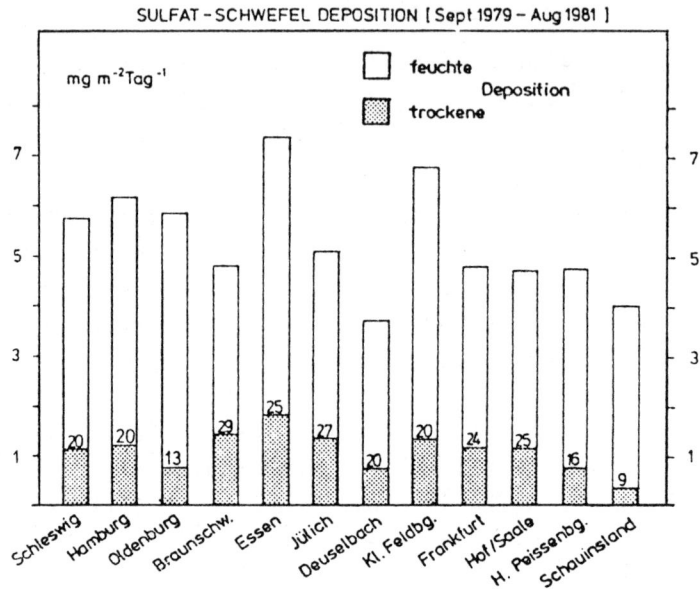

Abb. 5:   Vergleich der trockenen Deposition von Aerosolsulfat und
           der feuchten Sulfatdeposition an 12 deutschen Meßstellen
           in mg m^{-2} d^{-1} (gerechnet als Schwefel)
           Zahlen: %-Anteil der trockenen Aerosolsulfatdeposition
           an der gesamten Sulfatdeposition

Aufgrund der vorliegenden experimentellen Befunde kann in erster Näherung darauf hingewiesen werden, daß durch trockene Deposition säurebildender Gase, dem Boden größere Säuremengen zugeführt werden. Eine quantitative Angabe ist nicht zulässig. Es müssen auch die unterschiedlichen Anteile der feuchten und trockenen Deposition in belasteten und in Reinluftgebieten berücksichtigt werden, wobei insbesondere auf die hohen Feuchtdepositionen an Bergstationen hinzuweisen ist.

Andererseits können Wälder erhöhte gasförmige Schadstoffmengen aus der Atmosphäre ausfiltern, die dann durch nachfolgenden Niederschlag abgewaschen werden und einen zusätzlichen Beitrag zur Säuredeposition darstellen.

7.3 Deposition von Schwermetallen

Bei der Berechnung der Gesamtdeposition von Schwermetallen können gasförmige Anteile vernachlässigt werden, es ist nur die feuchte und trok-
kene Deposition des Aerosols zu berücksichtigen.

Die regionale Verteilung der feuchten Bleiaerosoldeposition weist ein
Maximum im Ruhrgebiet mit Werten von 140 μg m^{-2} d^{-1} auf. Während in
Frankfurt/Main nur etwa 50 μg Blei m^{-2} d^{-1} feucht deponiert werden,
steigt dieser Wert auf dem Kleinen Feldberg/Taunus auf 100 μg m^{-2} d^{-1}
an. An dieser Meßstelle ist der Einfluß der hohen Niederschlagsrate
wieder klar ausgedrückt. Insgesamt weist die Verteilung der Bleidepo-
sition größere regionale Unterschiede auf, die in stärkerem Maße als
bei der Sulfatdeposition über den Niederschlagsmechanismus gesteuert werden. Entsprechendes gilt für die Ablagerung von Cadmium, Mangan und
Eisen durch den Niederschlag.

Die trockene Deposition von Schwermetallaerosolen wird vornehmlich durch
deren Größenverteilung bestimmt. Die Größenverteilung wirkt über die
Depositionsgeschwindigkeit auf die Depositionsrate. Es zeigen sich bei
den erwähnten Schwermetallen signifikante Unterschiede hinsichtlich der
Größenverteilung und damit der Depositionsrate.

Die Trockendeposition von Blei- und von Cadmiumaerosolen beträgt zwischen
7 und 35% der Gesamtdeposition dieser Schwermetalle. Die regionalen
Unterschiede des trocken deponierten Anteiles sind beträchtlich, wobei
in Reinluftgebieten und an Bergstationen der Anteil der Feuchtdeposition
fast 90% der Gesamtdeposition ausmacht. An allen Meßstationen überwiegt
deutlich der Anteil der Feuchtdeposition gegenüber der Trockendeposition
von Blei und Cadmium.

Ein ganz anderes Bild ergibt die Verteilung der Trockendeposition von
Eisen und Mangan. Für diese beiden Schwermetalle liegt der Anteil der
Trockendeposition - mit Ausnahme an den Stationen Kleiner Feldberg/Taunus
und Schauinsland - bei über 50% der Gesamtdeposition, d.h. höher als der
durch den Niederschlag aus der Atmosphäre entfernte Anteil. Hierfür ist
vor allen anderen Ursachen die unterschiedliche Größenverteilung der
Blei- und Cadmiumaerosole im Vergleich zu den Eisen- und Manganaerosolen
zu suchen. Mittlere Depositionsgeschwindigkeiten, in denen sich vorrangig die Größenbereiche der Aerosolteilchen spiegeln, machen dies deutlich.

148

Die Abb. 3 zeigt anhand der charakteristischen Depositionsgeschwindigkeiten, daß Mangan- und Eisenaerosole vorzugsweise grobkörnig auftreten.

Es muß allerdings auch noch berücksichtigt werden, daß regionale Unterschiede der Depositionsgeschwindigkeiten zwischen belasteten und unbelasteten Gebieten auftreten, die darauf zurückzuführen sind, daß in Reinluftgebieten - fern der Aerosolquellen - der feinkörnige Bereich der
Aerosolteilchen überwiegt. Das heißt, die Größenverteilung der Aerosole
ändert sich beim Ferntransport durch bevorzugte Deposition grober Teilchen in Quellnähe.

Wir können die Ergebnisse zusammenfassen, in dem wir betonen, daß für
die säurebildenden Anionen, für Blei und Cadmium die Niederschlagspro-
zesse zu einer bevorzugten Feuchtdeposition dieser Komponenten führen,
während Mangan und Eisen trocken deponiert werden und die höchsten Depositionsraten der zuletzt genannten Schwermetalle in Quellnähe auftreten.

7.3 Übertragbarkeit der Meßergebnisse auf natürlich Bedingungen

Die an den Meßstellen des Depositionsnetzes angewandte Methode erlaubt
es, die Depositionsraten unter definierten, standardisierten Methoden
zu bestimmen. Unter natürlichen Bedingungen nimmt die Oberflächenstruktur erheblichen Einfluß auf die Deposition von Spurenstoffen.
Pflanzen und Bodenbewuchs bewirken eine Erhöhung der Trockendeposition
durch
a) eine Vergrößerung der effektiven Akzeptorflächen
b) Filterwirkung

Im allgemeinen wird mit einer Vergößerung der Akzeptorfläche für trok-
kene Deposition in Wald-Ökosystemen um den Faktor 5-6 im Vergleich zur
ebenen Bodenoberfläche gerechnet (Lindberg und Harris (42)). Jahres-
zeitliche Unterschiede zwischen belaubten und unbelaubten Wäldern sind
zu berücksichtigen.

Die feuchte Deposition wird durch die Vergrößerung der Akzeptorfläche
nicht beeinflußt. Unter natürlichen Bedingungen ist somit ein höherer
Anteil der Trockendeposition zu erwarten, wobei diese Erhöhung vor allem
im Bereich kleiner Aerosolpartikelgrößen wirksam wird. Im Teilchengrößenbereich, der vorwiegend durch Sedimentation im Schwerefeld deponiert wird - hierzu gehören die oben erwähnten Eisen - und Manganaero-
sole - dürfte die Vergrößerung der effektiven Oberfläche nur geringen
Einfluß haben. Ein noch weitgehend unerforschtes Gebiet ist der Anteil

der Interzeption von Nebelwasser bzw. Wolkenwasser aus tiefliegenden
Wolken durch Wald-Ökosysteme in orographisch gegliedertem Gelände
sowie die chemische Beschaffenheit von Nebel- und Wolkenwasser.

Seit Herbst 1983 sind Untersuchungen zur Analyse von Nebelwasser in
Waldgebieten in gebirgigem Terrain angelaufen. Hierfür wurden sowohl
aktive als auch passive Nebelwassersammelgeräte entwickelt und eingesetzt. Ein grundlegendes Ergebnis der ersten Messungen der Nebel-
inhaltsstoffe sind die im Vergleich zum Niederschlag erhöhten Konzentrationen der säurebildenden Ionen im Nebelwasser. Dies deckt sich
mit den Ergebnissen anderer Arbeitsgruppen, die im Nebel bis zum
Faktor 10 erhöhte Konzentrationen gegenüber Niederschlagswasser bei
gleichem pH-Wert finden (Georgii et al. (43)).

8. LITERATUR

1. Scott WD, Hobbs PV (1967) The formation of sulfate in water
     droplets. J Atm Sci 24: 54-57
2. Easter RC, Hobbs PV (1974) The formation of sulfates and the
     enhancement of cloud condensation nuclei in clouds. J Atm Sci 31:
     1586-1594
3. Georgii HW (1965) Untersuchungen über Ausregnen und Auswaschen
     atmosphärischer Spurenstoffe durch Wolken und Niederschlag.
     Berichte Deutscher Wetterdienst Nr. 100
4. Calvert JG, Fu Su, Bottenheim JW, Strausz OP (1978) Mechanism of
     the homogenious oxidation of sulphur dioxide in the troposphere.
     Atm Environment 12: 197-226
5. Crutzen P (1976) The possible importance of CSO for the sulfate
     layer of the stratosphere. Geophysics Res Lett 3: 73-76
6. Gravenhorst G, Müller H-P, Franken H (1979) Inorganic Nitrogen in
     marine aerosols. Gesellschaft für Aerosolforschung 7: 182-187
7. Warner J (1968) The supersaturation in natural clouds. J Rech Atm 3:
     233-237
8. Junge C, Mc Laren E (1971) Relationship of cloud nuclei spectra
     to aerosol size distribution and composition. J Atm Sci 28: 382
9. Pruppacher H, Klett D (1978) Microphysics of clouds and precipita-
     tion. Reidel D Publ Comp, Dordrecht
10. Junge C (1963) Air chemistry and radioactivity. Academic Press,
     New York
11. Beilke S (1975) Die Abscheideprozesse der Spurenstoffe aus der
     Atmosphäre. Promet 5: 15-18
12. Fletcher N (1962) The physics of rainclouds. Cambridge Univ Press

13. Grover SN, Pruppacher H, Hamilec AE (1977) A numerical determination of the efficiency with which spherical aerosol particles collide with spherical water droplets due to inertial impaction and phoretic and electrical forces. J Atm Sci 34: 1655-1663

14. Greenfield SM (1957) Rain scavenging of radioactive particulate matter from the atmosphere. J Met 14: 115-125

15. Barrie AL (1975) An experimental investigation of the absorption of sulfur dioxide by cloud-and rain drops containing heavy metals. Berichte Inst f Met u Geophys   Univ Frankfurt, Nr 28

16. Beilke S, Gravenhorst G (1978) Heterogenious SO_2-oxidation in the droplet phase. Atm Environment 12: 231-239

17. Perseke C (1982) Die trockene und feuchte Deposition säurebildender atmosphärischer Spurenstoffe. Inaugural Dissertation. Univ Frankfurt

18. Gravenhorst G, Beilke S, Betz M, Georgii H-W (1980) Sulphur dioxide absorbed in rain water. In: Hutchinson Effects of acid precipitation on terrestrial ecosystems. Plenum Press 41-45

19. Marsh ARW (1978) Sulphur and nitrogen contributions to the acidity of rain. Atm Environment 12: 401-406

20. Cox RA (1974) Particle formation from homogeneous reactions of sulphur dioxide and nitrogen dioxide. Tellus 26: 235-240

21. Schurath U, Seitz H, Löbel J (1978) Oxidation von SO_2 in der Gasphase. In: VDI Berichte Nr. 314: 33-40

22. Ehhalt D, Drummond JW (1982) Tropospheric cycle of NO_x. In: Georgii H-W, Jaeschke W Chemistry of the unpolluted and polluted atmosphere. ReidelD Publishing Comp, Dordrecht, p 219-251

23. Huebert BS, Lazrus AL (1978) Global tropospheric measurements of nitric acid vapour and particulate nitrate. Geophys Res Lett 5: 577-580

24. Beilke S (1970) Untersuchungen über das Auswaschen atmosphärischer Spurenstoffe durch Niederschläge. Berichte Inst f Met u Geophys, Univ Frankfurt, Nr. 19

25. Schwartz SE, White WH (1980) Equilibrium solubility of the nitrogen oxides an oxyacids in aqueous solution. Report Brookhaven National Lab Nr. 27102

26. Böttger A, Ehhalt D, Gravenhorst G (1978) Atmosphärische Kreisläufe von Stickoxiden und Ammoniak. Bericht KFA Jülich, Nr 1558

27. Höltje J (1979) Quellen und Senken des Ammoniak. Diplomarbeit Univ Frankfurt

28. Georgii H-W, Gravenhorst G (1977) The ocean as source or sink of
    reactive trace-gases. Pure and appl Geophysics 115: 503-511
29. Chamberlain AC (1960) Aspects of the deposition of radioactive
    and other gases and particles. Int J Air Pollution 3: 63-88
30. Garland JA (1978) Dry and wet removal of sulphur from the
    atmosphere. Atm Environment 12: 349-362
31. Garland JA (1982) Field measurements of the dry deposition of small
    particles to grass. In: Georgii HW, Pankrath J Deposition of
    Atmospheric pollutants. Reidel Publ Comp, S 9-16
32. Perseke C, Beilke S, Georgii H-W (1980) Die Gesamtschwefel-
    deposition in der Bundesrepublik Deutschland auf der Grundlage
    von Meßdaten des Jahres 1974. Berichte Inst f Met u Geophysik,
    Univ Frankfurt, Nr 40
33. Garland JA (1974) Sorption of sulphur dioxide on land surfaces.
    Progress Report COST 61 a
34. Koch C (1979) Experimentelle Untersuchung der trockenen und nassen
    Ablagerung der atmosphärischen Schwefelverbindungen SO_2 und
    Sulfat. Diplomarbeit Univ Frankfurt
35. Garland JA, Branson SR (1977) The deposition of sulphur dioxide
    to pine forest assessed by a radioactive tracer method. Tellus 29:
    445-454
36. Galbally J (1971) Ozone profiles and ozone fluxes in the atmospheric
    surface layer. Quart J Roy Met Soc 97: 18-29
37. Garland JA (1983) Dry deposition of small particles to grass in
    field conditions. In: Pruppacher H et al (ed) Precipitation
    scavenging, Dry Deposition and Resuspension. Elsevier Science
    Publ Comp , p 849-858
38. Höfken KD, Georgii H-W, Gravenhorst G (1981) Untersuchungen über
    die Deposition atmosphärischer Spurenstoffe an Buchen- und
    Fichtenwald. Berichte Inst f Met u Geophys,Univ Frankfurt,
    Nr 46
39. Georgii H-W, Perseke C, Rohbock E (1982) Feststellung der Deposition
    von sauren und langzeitwirksamen Luftverunreinigungen aus
    Belastungsgebieten. Abschlußbericht des Umweltbundesamtes
40. Kins L (1982) Differentialanalysen der chemischen Zusammensetzung
    von Einzelniederschlägen. Diplomarbeit Univ Frankfurt/Main
41. Rohbock E, Georgii H-W (1982) Ein Depositionssammelgerät zur
    getrennten Erfassung der trockenen und feuchten Deposition
    atmosphärischer Schadstoffe. Forschungsbericht im Auftrag der
    Umweltbundesamtes, Inst f Met u Geophysik, Frankfurt/Main

152

42. Lindberg SE, Harries RC (1981) The role of atmospheric deposition
    in an eastern US decidious forest. Water,Air and Soil Pollution
    16: 13-31
43. Georgii H-W, Rohbock E, Schmitt G (1984) Untersuchung des
    atmosphärischen Schadstoffeintrages in Waldgebieten in der
    Bundesrepublik Deutschland. Forschungsbericht des Umweltbundes-
    amtes

Atmosphärische Spurenstoffe im Niederschlagswasser: Konzentration und chemisches Verhalten

R. Nießner und D. Klockow

1. PHYSIKALISCH-CHEMISCHE VORGÄNGE IM NIEDERSCHLAG

Die wesentliche Senke im Kreislauf von atmosphärischem Wasserdampf ist nach dessen Übergang in die flüssige und feste Phase die Deposition in Form von Regen oder Schnee (Tau, Reif). In diesen Vorgang werden in der Luft vorhandene Spurenstoffe durch eine Vielzahl physikalisch-chemischer Vorgänge einbezogen (s. Abb. 1), so daß Regenwasser letztlich eine verdünnte Lösung eines komplexen Elektrolytgemisches darstellt.

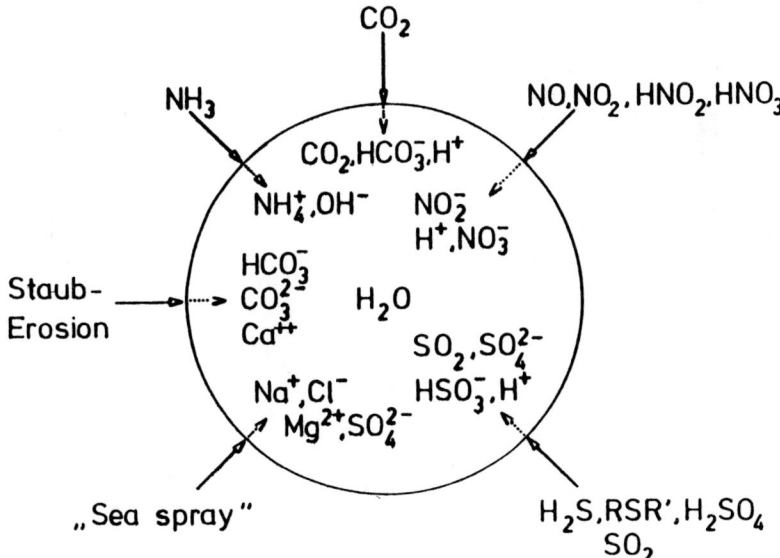

Abb. 1
Bekannte Quellen und chemische Komponenten in der Niederschlagschemie

Die wesentlichen anorganischen Spurenbestandteile im Niederschlag sind H^+, Ca^{2+}, Mg^{2+}, NH_4^+, Na^+ und K^+ bei den Kationen, sowie SO_4^{2-}, NO_3^-, Cl^-, F^- und Br^- bei den Anionen. Die meisten der aus diesen Ionen aufgebauten Komponenten werden direkt in Form von Staub oder Sea-spray in die

Atmosphäre emittiert und durch Kondensation, Impaktion und Diffusion in die wäßrige Phase überführt.

Andere Stoffe gelangen als Gase in die wäßrige Phase und werden dabei in z. Teil erheblichem Ausmaße umgewandelt. Zum besseren Verständnis derartiger chemischer Transformationen im Niederschlag ist es von besonderem Interesse, mehr über die Konzentrationen gelöster reaktiver Spezies wie Nitrit, Sulfit, Wasserstoffperoxid und Ozon zu wissen.

Auch <u>organische Stoffe</u> sind in Niederschlagswasser durch ein breites Spektrum von Verbindungen vertreten. So werden z. T. erstaunlich hohe Anteile von Formaldehyd, Carbonsäuren und Kohlenwasserstoffen im Niederschlag gefunden. Die Kenntnis über die Art und Menge org. Bestandteile in Regenwasser ist wegen deren reduzierendem und komplexierendem Verhalten gegenüber verschiedenen Spezies von Interesse.

Einige der in den Niederschlag eingebrachten Stoffe werden durch <u>Oxidations-Reduktions-Prozesse</u> zu sekundären Produkten umgesetzt. Man glaubt, daß hierbei H_2O_2 und Ozon die wesentlichen Oxidantien sind. Die analytische Erfassung dieser Stoffe in wäßrigem Medium, insbesondere die von H_2O_2, ist erst in den letzten Jahren befriedigend gelöst worden (Klockow, Jacob 1984). Einige möglicherweise relevante Redoxsysteme sind im folgenden aufgeführt (Graedel 1982).

Halbzellen-Reaktionen:

$$O_3 + 2H^+ + 2e^- = O_2 + H_2O$$
$$O_2 + 4H^+ + 4e^- = 2H_2O$$
$$O_2 + 2H^+ + 2e^- = H_2O_2$$
$$NO_2 + e^- = NO_2^-$$
$$NO_2^- + 2H^+ + e^- = NO + H_2O$$
$$NO_3^- + 4H^+ + 3e^- = NO + 2H_2O$$
$$NO_2 + H_2O = NO_3^- + 2H^+ + e^-$$

Gekoppelte Redoxreaktionen:

$$
\begin{aligned}
\text{A} \quad & HSO_3^- + H_2O = SO_4^{2-} + 3H^+ + 2e^- \\
& \underline{H_2O_2 + 2H^+ + 2e^- = 2H_2O} \\
& HSO_3^- + H_2O_2 = SO_4^{2-} + H^+ + H_2O
\end{aligned}
$$

$$
\begin{aligned}
\text{B} \quad & NO_2 + 2H^+ + 2e^- = NO + H_2O \\
& \underline{HSO_3^- + H_2O = SO_4^{2-} + 3H^+ + 2e^-} \\
& NO_2 + HSO_3^- = SO_4^{2-} + NO + H^+
\end{aligned}
$$

Das bis jetzt meist untersuchte und am besten verstandene System ist das der Oxidation von SO_2 in Lösung. Die thermodynamisch günstigen Redoxreaktionen sind alle kinetisch kontrolliert, entweder durch eine begrenzte Löslichkeit der Reaktionspartner oder wegen hoher Redox-Aktivierungsenergien. So führt die Löslichkeit von Ozon unter typischen atmosphärischen Bedingungen zu Konzentrationen um 10^{-11} $Mol \cdot l^{-1}$ in Regen, und die O_3/SO_2-Reaktion besitzt eine mit sinkendem pH-Wert abnehmende Geschwindigkeit. Bei Sauerstoff ist zwar die Konzentration in Wassertropfen um rund 7 Größenordnungen höher, zur effizienten SO_2-Oxidation sind hier jedoch hohe pH-Werte und die Anwesenheit von Katalysatoren erforderlich. Wasserstoffperoxid scheint dagegen alle Eigenschaften zu besitzen, die von einem potenten Oxidationsmittel für SO_2 unter atmosphärischen Bedingungen erwartet werden: Es zeichnet sich durch eine hohe Löslichkeit in Wasser aus und reagiert auch bei niedrigen pH-Werten rasch mit SO_2 (Martin, Damschen 1981). Man glaubt daher, daß bei entsprechend hoher H_2O_2-Konzentration in der Atmosphäre (0.1 - 1 ppbv) diese Umsetzung der dominierende Mechanismus für die SO_2-Konversion in der wäßrigen Phase ist (Schwartz 1982, Klockow and Jacob 1984)

Über die Beteiligung photochemisch erzeugter Radikale ($OH^{\cdot}$, $HO_2^{\cdot}$, $RO_2^{\cdot}$) in Flüssigphasen-Redoxreaktionen ist bislang wenig bekannt (Graedel 1982).

Hinsichtlich katalytischer Prozesse in Niederschlagswasser wurde festgestellt, daß die SO_2-Oxidation durch O_2 von Übergangsmetallen wie z. B. Eisen und Mangan beschleunigt wird. Deren Möglichkeiten, als Katalysatoren zu wirken, hängen ab von den Konzentrationen und den chemischen Formen, in denen sie auftreten, sowie von der Stabilität der verschiedenen Oxidationsstufen. Für eine homogene Redox-Katalyse im Niederschlag können Kupfer, Mangan und Vanadium als besonders geeignet angesehen werden. Potentielle heterogene Katalysatoren, für welche die Löslichkeit keine Rolle spielt, sind Verbindungen von Eisen, Kupfer, Titan, Mangan, Vanadium und Chrom sowie elementarer Kohlenstoff (Graphit) (Graedel, Weschler 1981).

Über die Rolle von Metallkomplexen im Niederschlag können bislang ebenfalls nur Vermutungen angestellt werden. Unter den im Niederschlag existierenden Bedingungen muß jedoch mit dem Auftreten von Chloro-, Nitrato- und Sulfato- und Sulfitokomplexen und evtl. mit Komplexen unter Beteiligung organischer Liganden (z. B. Carbonsäuren, Carbonylverbindungen) gerechnet werden. Derartige Koordinationsverbindungen könnten bei den vorgenannten Redox-Prozessen als Katalysatoren von Bedeutung sein.

Eine wesentliche Rolle in der Niederschlagschemie spielt die Löslichkeit von Gasen in wäßriger Phase, die durch das Henry'sche Gesetz beschrieben wird:

$$[X(aq)] = H_X P_X$$

$[X(aq)]$ = molare Konzentration des Gases X in der wäßrigen Phase (hydratisiertes Gas)

P_X = Partialdruck des Gases X

H_X = Henry'sche Konstante, stark temperaturabhängig

Das Gesetz hat nur im Falle verdünnter Lösungen Gültigkeit. Wenn außer einer rein physikalischen Auflösung von Gas in Wasser eine anschließende Protolysereaktion stattfindet, wie z. B. bei SO_2

$$SO_2(aq) + H_2O \rightleftharpoons H^+ + HSO_3^-, \quad pK_{a1} = 1.8$$
$$HSO_3^- \rightleftharpoons H^+ + SO_3^{2-}, \quad pK_{a2} = 7.2$$

pk_a = negat. dekad. Logarithmus der Säure-Dissoziationskonstanten

dann wird anstatt der Henry-Konstante eine Pseudo-Henry-Konstante angegeben, welche diese sekundären Dissoziationsprozesse berücksichtigt:

$$H^*_{S(IV)} = [S_{(IV)}]/P_{SO_2}$$
$$= \{[SO_2(aq)] + [HSO_3^-] + [SO_3^{2-}]\}/P_{SO_2}$$
$$= H_{SO_2} \left(1 + \frac{K_{a1}}{[H^+]} + \frac{K_{a1} K_{a2}}{[H^+]^2}\right)$$

Hierbei stellen K_{a1} und K_{a2} die erste und zweite Dissoziationskonstante der schwefligen Säure dar. Wie ersichtlich ist, hängt in diesem Falle die Pseudo-Henry-Konstante H^* sehr stark von der Protonenkonzentration ab. Dies bedeutet aber, daß eine lineare Abhängigkeit zwischen P_{SO_2} und $[S(IV)]$ nur dann existiert, wenn die Protonenkonzentration durch Abpuffern konstant gehalten wird.

Mit verknüpft in dieses Geschehen sind auch maskierende Stoffe. So bilden z. B. Formaldehyd und HSO_3^- ein stabiles Bisulfit-Addukt, das gegen Oxidation wesentlich stabiler ist als freies HSO_3^- bzw. gelöstes SO_2.

Zusätzlich beeinflußt werden kann die Absorption oder Desorption von Spurengasen (z. B. Neutralisation starker Säuren durch NH_3) durch die Anwesenheit organischer Filme. Derartige Filme bestehen im wesentlichen aus $C_9 - C_{29}$-Kohlenwasserstoffverbindungen. Die Anwesenheit dieser Filme auf Tröpfchenoberflächen kann die Gleichgewichtseinstellung zwischen flüssiger Phase und Gasphase erschweren (Graedel, Weschler, 1982).

Aufgrund des besonderen Interesses an den im Niederschlag enthaltenen Säuren sei auf das Wechselspiel zwischen säurebildenden Vorgängen und abpuffernden Prozessen im Niederschlag hingewiesen. Es werden zum einen starke Säuren wie HCl, HNO_3 oder H_2SO_4 durch Wasserdampfkondensation als auch durch Diffusion oder Impaktion in Niederschlagselemente eingebracht oder z. B. durch Oxidation von Vorläufern in wäßriger Phase erzeugt. Zum anderen existiert das CO_2/HCO_3^--_Puffer_system, verursacht durch die Löslichkeit von CO_2 in Wasser. Reines Wasser, welches sich im Gleichgewicht mit dem atmosphärischen CO_2-Gehalt von 335 ppm befindet, weist einen pH-Wert von ca. 5.6 auf. Die _Puffer-Kapazität_ dieses Wassers ist jedoch nur sehr gering, so daß bei Zufuhr stärkerer Säuren als CO_2 der pH-Wert schnell unter diesen Wert sinkt. Als einzige neutralisierende Faktoren bleiben die Umsetzung mit Ammoniak oder suspendiertem staubförmigem Material (z. B. $CaCO_3$) in der Wasserphase:

$$CO_2(aq) + H_2O \rightleftharpoons H^+ + HCO_3^-, \quad pK_{a1} = 6.3$$
$$HCO_3^- \rightleftharpoons H^+ + CO_3^{2-}, \quad pK_{a2} = 10.7$$
$$NH_4^+ \rightleftharpoons NH_3 + H^+, \quad pK_a = 9.3$$

Heute wird in weiten Teilen der nördlichen Hemisphäre überwiegend "saurer Regen" gefunden, meist mit pH-Werten zwischen 3.5 und 4.5.

2. TECHNIK DER PROBENAHME

Zunächst ist zwischen den einzelnen Arten von Niederschlägen zu unterscheiden: Regen - Schnee - Graupel - Hagel - Nebel - Tau - Reif. Zur Probenahme von Regen und Schnee stehen inzwischen eine Reihe unterschiedlicher Probenahmetechniken zur Verfügung. Sie reichen von der einfachen Form eines offenen, zylindrischen Glases mit Vogelschutzring (Bergerhoff-Gerät) bis hin zu Regen- und Schneesammlern mit über Leitfähigkeitssensoren gesteuerten Verschlüssen (Galloway, Likens 1976). Die Wahl eines solchen Gerätes und der Probenahmedauer werden sich nach der Zielsetzung der jeweiligen Untersuchung richten. Läßt sich für eine einfache Depositionsmessung "unproblematischer" Ionen wie Calcium oder Sulfat eine mehrwöchige Sammelperiode noch tolerieren, so ist bei der Messung von Protonen oder Ammonium im Niederschlag zu befürchten, daß diese Ionen bei längeren Standzeiten des gesammelten Regens, insbesondere in offenen Gefäßen, einer Konzentrationsänderung unterworfen sind, z. B. durch Absorption von Ammoniak im bereits gefallenen Niederschlag oder auch durch Ablagerung von basischem Staub. An Standorten mit ge-

legentlich hohem Staubeintrag liefern "offene" Sammler immer nur schwer
interpretierbare "Mischresultate" für trockene und nasse Deposition.
Letztere ist zuverlässig nur durch Anwendung eines "wet only" Sammlers
zu erfassen. Die zur Sammlung von Schnee an verschiedenen Geräten ange-
brachte Heizung kann zu mikrobiellen Aktivitäten im Sammelgefäß führen
(Algenwachstum, Ammonium- und Nitratverluste) (Galloway, Likens 1978).

Das Niederschlagswasser wird normalerweise mit Polyethylentrichtern
in Polyethylenflaschen gesammelt. Dieses Material erwies sich bei Lage-
rungsversuchen von Regenproben als gut geeignet für anorganische Komponenten wie Metallkationen und säurebildende Anionen (Slanina et al.
1979). Für die Erfassung organischer Bestandteile hat sich die Verwendung brauner, wenig lichtdurchlässiger Glasflaschen bewährt. Für
Spezialzwecke sind auch Regenfänger aus PTFE verwendet worden.

Nach der Probenahme empfiehlt sich die umgehende Weiterverarbeitung
bzw. Analyse. Ist dies nicht möglich, sollte die Wasserprobe im Kühl-
schrank bei 4 ^{O}C gelagert werden. Dadurch wird das Ausmaß biologischer
Aktivitäten, welche besonders NO_3^- und NH_4^+ betreffen, eingeschränkt.
Vom Einfrieren als Konservierungstechnik ist wegen der Gefahr von Ent-
mischungsvorgängen abzuraten.

Das Sammeln von Wolkenwasser oder auch von Nebel erfordert eine spezielle Sammeltechnik (Falconer R.E., Falconer P.D. 1980). Wegen der geringen Größe der Tröpfchen (< 20 μm) müssen diese oder aber Elemente der
Sammeleinrichtung so beschleunigt werden, daß über den Effekt der Impaktion eine Abscheidung der Tröpfchen erzwungen wird. Damit möglichst
wenig Niederschlagsvolumen durch Wandhaftung im Sammler verlorengeht,
wird dieser zweckmäßigerweise aus PTFE hergestellt. Aufgrund des günstigen Kontaktwinkels von Wassertropfen auf PTFE-Oberflächen läuft das
Wasser ohne große Haftungsverluste in den Sammelbehälter.

Zuverlässige Probenahmetechniken zur Sammlung von Tau und Reif sind bislang nicht bekannt. Besonders diese Niederschlagsarten wurden bislang
von der Forschung vernachlässigt, obwohl gerade dann, wenn in der Atmosphäre wenig Kondensationskerne vorhanden sind, die festen terrestrischen Oberflächen für den Abbau der Wasserdampfübersättigung samt
Schadstoffen (Diffusiophorese) an Bedeutung gewinnen.

3. ANALYSENVERFAHREN UND INTERPRETATION

Da aufgrund der Analysenergebnisse von Niederschlagsinhaltsstoffen Erkenntnisse über folgende Themenkreise

- Deposition von Spurenstoffen aus der Atmosphäre
- Erkenntnisse über die molekulare Zusammensetzung von Luftinhaltsstoffen
- Verhältnisse von nasser zu trockener Deposition
- Dosis-Wirkungs-Beziehungen
- Schadstoffquellen-Identifizierung

erlangt werden sollen, muß auf die sorgfältige, erschöpfende Spurenanalyse besonderer Wert gelegt werden.

Folgende Ionen bestimmen nach bisherigen Erfahrungen im wesentlichen die Ionenbilanz im Niederschlag: H^+, NH_4^+, Na^+, K^+, Ca^{2+}, Mg^{2+}, Fe^{3+}, Al^{3+}, SO_4^{2-} (SO_3^{2-}), NO_3^- (NO_2^-), Cl^-, Br^- und F^-. Eine gute Kontrolle über die Vollständigkeit einer Niederschlagsanalyse ergibt sich durch den Vergleich gemessener und berechneter Ionenleitfähigkeiten (s. Abb. 2) (Klockow et al. 1978). Ebenfalls eine gute Kontrolle über die Vollständigkeit der Analysendaten wird aus dem Vergleich der gemessenen Anionen- und Kationenäquivalente erhalten (s. Abb. 3). Wie bei der Leitfähigkeitsmessung bereits deutlich wird, kommt der exakten Bestimmung der Protonenkonzentration eine besondere Bedeutung zu. Eine einfache pH-Messung liefert dabei lediglich ein unselektives Summensignal, welches außer durch starke anorg. Säuren etwa auch durch organ. Säuren (Carbon- und Sulfonsäuren) oder Protolyse von Aluminium- und Eisenverbindungen beeinflußt werden kann. Um Informationen über den Beitrag lediglich starker Säuren zur Niederschlagsacidität zu erhalten, müssen daher Korrekturen der pH-Werte durchgeführt werden. Geeigneter zur selektiven Bestimmung starker Säuren im Niederschlag sind titrimetrische und radiometrische Verfahren.

Alkali-, Erdalkali- und auch Schwermetallionen in Regen werden heutzutage vorwiegend über Atomabsorptionsspektrometrie bestimmt. Für Schwermetalle hat sich zusätzlich die voltammetrische Analyse (Nguyen et al. 1979) bewährt. Für Anionen wird in steigendem Maße die Ionenchromatographie (Fritz et al. 1982) eingesetzt.

Eine Zusammenfassung der wichtigsten Techniken findet sich in Tab. 1.

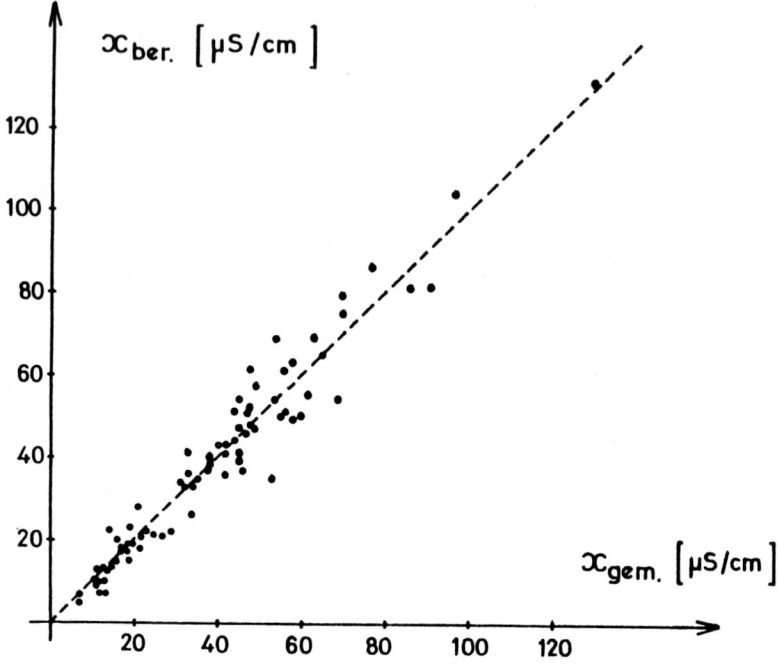

Abb. 2

Vergleich von gemessener und berechneter Leitfähigkeit für die analysierten Regenproben. Die theoretisch zu erwartende Regressionsgerade
ist gestrichelt eingezeichnet. Gleichung der tatsächlichen Regressionsgeraden:

$$\chi_{ber.} = (1,004 \pm 0,03) \cdot \chi_{gem.} - (0,3 \pm 1,3).$$

Das anfallende umfangreiche Datenmaterial (besonders beim Betrieb
mehrerer Regenfänger) läßt sich nur durch Anwendung statistischer Verfahren sinnvoll ordnen und interpretieren. So müssen etwa Ausreißer
(z. B. kontaminierte Proben) erkannt und eliminiert und darüber hinaus
Bilanzen erstellt werden. Im folgenden sind einige Beispiele zur Auswertung und Interpretation aufgeführt:

A. Beantwortung der Frage nach der Art der aus der Atmosphäre nieder-
   geschlagenen starken Säuren und ihrer Salze

Dazu werden Häufigkeitsverteilungen für einige Kationen-Anionen-Paare
erstellt (s. Abb. 4) (Klockow et al. 1978). Diese Verteilungen geben
Hinweise darauf, ob z. B. Schwefelsäure, NH_4HSO_4 und Seesalzbestand-

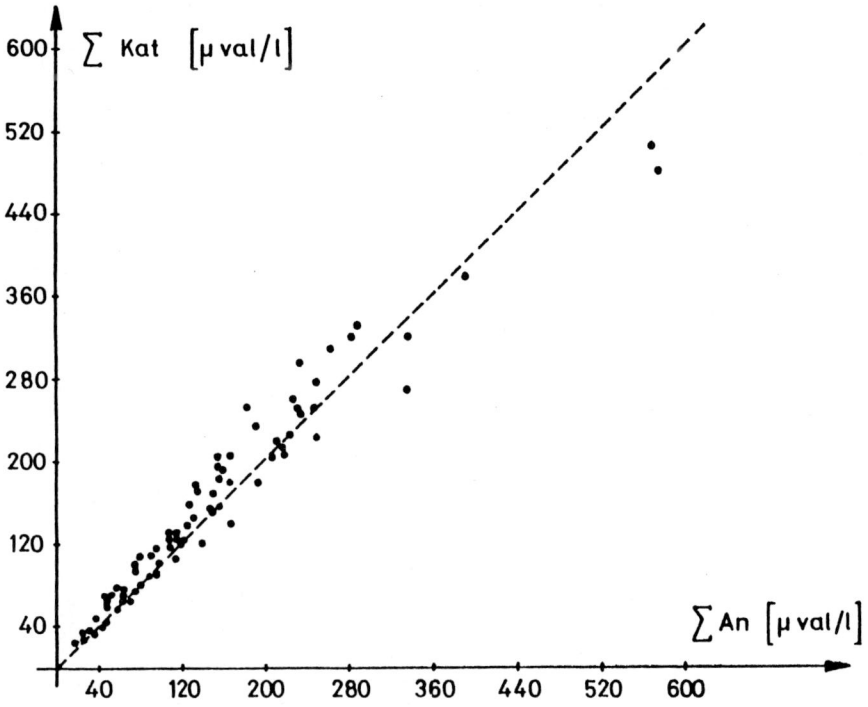

Abb. 3
Vergleich der Anionenäquivalente mit den Kationenäquivalenten für die
analysierten Regenproben. Die theoretisch zu erwartende Regressionsgerade ist gestrichelt eingezeichnet. Gleichung der tatsächlichen Regressionsgeraden:
ΣKat = (0,909 ± 0,025) · ΣAn + (22,93 ± 4,43).

teile (mit einem aus der Zusammensetzung des Meerwassers folgenden
leichten Übergewicht von Chlorid gegenüber Natrium) zur Elektrolytzu-
sammensetzung der Regenproben beigetragen haben. Ähnliche Erkenntnisse
lassen sich auch durch die Darstellung der Flächenbelastungen für verschiedene Ionen gewinnen (s. Abb. 5). Besonders deutlich wird die
Rolle der Schwefelsäure in der Darstellung als "excess acid", d. h.
im vorliegenden Fall

$$[H^+] \equiv [SO_4^{2-}] - [Ca^{2+}]$$

Es müßte, falls für die Neutralisation von Schwefelsäure lediglich die
im sedimentierenden Staub vorhandenen Calciumverbindungen in Frage
kommen, eine gute Korrelation zwischen der Differenz $c_{SO_4^{2-}} - c_{Ca^{2+}}$

und der Protonenkonzentration existieren. Wie in Abb. 6 ersichtlich
ist, ist dies zumindest bei Regenproben aus dem Südschwarzwald der
Fall. Aus anderen Langzeitstudien (Nordholland, östliches Ruhrgebiet)
ist bekannt, daß zunehmende Anteile von Salpetersäure zur Gesamtacidi-
tät von Niederschlägen beitragen.

Tab. 1
Im Regenwasser bestimmte Komponenten mit den zugehörigen Analysenver-
fahren. (Siehe J. Slanina et al. 1979; D. Klockow et al. 1978)

Meßobjekt	Meßverfahren
Protonen starker Säuren:	Radiometrisch: $H^+ + Na^{36}Cl \rightarrow H^{36}Cl + Na^+$
	Potentiometrisch: Glas-Elektrode
	Titrimetrisch
NH_4^+:	Photometrisch: Indophenolblau; potentiome-trisch: Gas-Elektrode
Ca^{2+}:	Atomabsorption, Atomemission, Röntgenfluores-zenz
Na^+:	Atomemission
K^+:	Atomemission, Röntgenfluoreszenz
Mg^{2+}:	Atomabsorption
Al^{3+}:	Atomabsorption
Fe^{3+}:	Atomabsorption
Schwermetalle:	Atomabsorption, Voltammetrie
SO_4^{2-}, Cl^-:	Isotopenverdünnung, Röntgenfluoreszenz, Ionenchromatographie
NO_3^-:	Photometrisch: Griess'sche Reaktion, Ionenchromatographie
F^-:	Kinetisch: Landolt-Reaktion, Potentiome-trisch: Fluorid-Elektrode, Ionenchromato-graphie

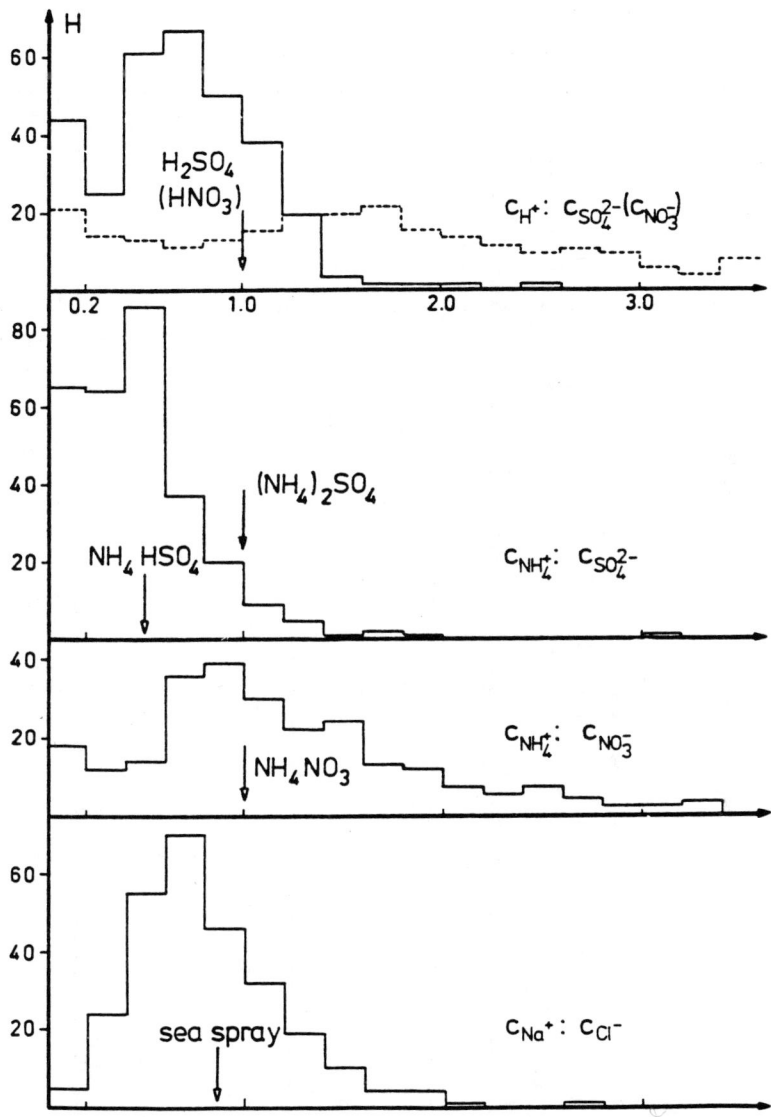

Abb. 4

Häufigkeitsverteilungen der Quotienten C_{Kat}/C_{An} für verschiedene Ionen-paare auf der Basis von Äquivalentkonzentrationen (z. B. $C_{NH_4^+}$ und $C_{SO_4^{2-}}$ jeweils in [µval/l]). Schauinsland/Südschwarzwald; Beobachtungs-zeitraum Juni 1975 - März 1977

164

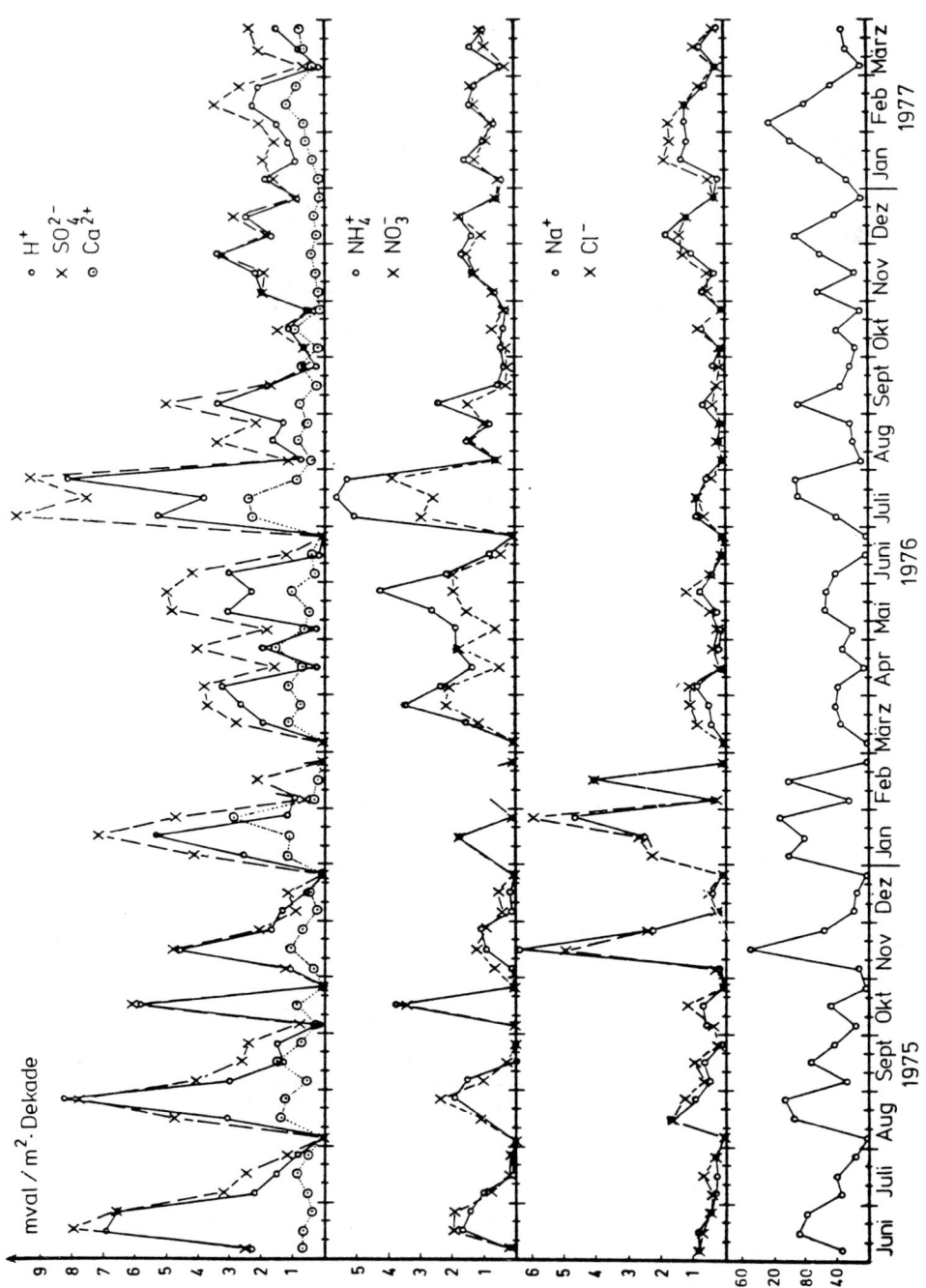

Abb. 5

Verlauf der Flächenbelastungen [mval/m² · Dekade] für verschiedene
Ionen sowie der Niederschlagsmenge [mm/Dekade] im Beobachtungszeitraum
Juni 1975 – März 1977; Schauinsland/Südschwarzwald.

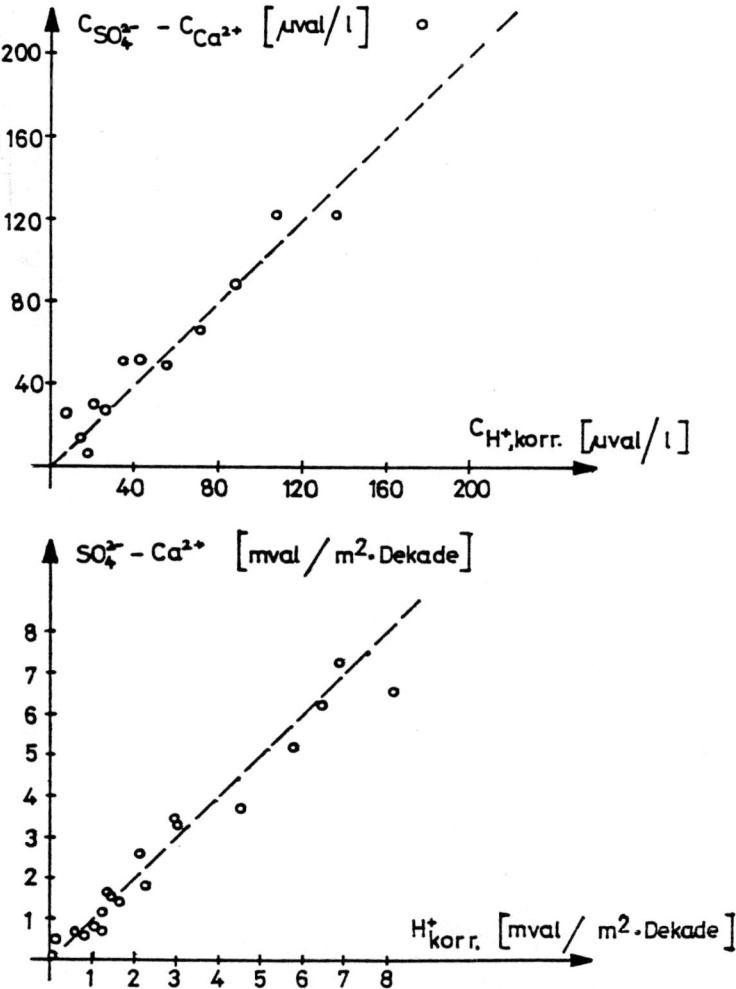

Abb. 6

"Excess acid" als Differenz von gefundenem Sulfat und Calcium. Oberes
Diagramm: Darstellung des Zusammenhangs mit Hilfe der bestimmten Konzentrationen (zusammengefaßt zu pH-Klassen der Breite 0,1). Unteres
Diagramm: Darstellung des Zusammenhangs über die Flächenbelastungen.
Die theoretisch zu erwartenden Regressionsgeraden sind jeweils gestrichelt eingezeichnet. Schauinsland/Südschwarzwald; Beobachtungs-
zeitraum Juni 1975 - Dezember 1975

B. Klärung von Flüssigphasenreaktionen nach Absorption reaktiver Spurengase durch fallende Tropfen.

Besonderes Interesse findet neuerdings die Untersuchung der Kinetik von
Redox-Reaktionen in Wolkenwasser und im bereits gefallenen Niederschlag.
In letzterem Falle wird der frisch gefallene Niederschlag sofort analysiert und die zeitliche Änderung eines Redoxpaares verfolgt. Von besonderem Interesse sind dabei die Umsetzungen von

$$NO_2^- \longrightarrow NO_3^-$$

$$NO_2(aq) \xrightarrow{\ ?\ } NO_2^- \longrightarrow NO_3^-$$

$$SO_2(aq) \longrightarrow HSO_3^- \longrightarrow SO_4^{2-}$$

$$HSO_3^- \xrightarrow{H_2O_2(aq)} SO_4^{2-}$$

$$HSO_3^- + HCHO(aq) \longrightarrow CH_2OHSO_3^- \xrightarrow[H_2O_2]{?} SO_4^{2-}$$

Erste Ergebnisse deuten darauf hin, daß Teile der im Niederschlag ge-
fundenen Ionen erst in einer "post collection reaction" gebildet werden (Freiberg, Schwartz 1981; Bambauer 1983). Ob diese Konzentrations-
veränderungen im Niederschlag auch ökologische Bedeutung besitzen, ist
bis heute noch ungeklärt.

C. Verhältnisse "Trockene Deposition"/"Nasse Deposition".

Zur Beantwortung der Frage nach einem Schadstofftransport durch trockene oder nasse Deposition werden geeignete Sammeleinrichtungen zum selektiven Auffangen entweder der trocken bzw. naß oder der trocken + naß
(total) bzw. naß deponierten Stoffe benötigt. Ein Beispiel für eine
Felduntersuchung (J. Slanina et al. 1979) der letztgenannten Art (totale Deposition gegen nasse Deposition) ist in Tab. 2 dargestellt.
Hieraus ist ersichtlich, daß bei wesentlichen "Bulk"-Ionen wie NO_3^- und
SO_4^{2-} kein Beitrag durch trockene Deposition festgestellt werden konnte.
Bei anderen Bestandteilen wie Al^{3+}, NH_4^+, Na^+, K^+, Cl^- und F^- ging dieser Beitrag nicht über 20 % der Totaldeposition hinaus. Im Falle von
H^+ und Mg^{2+} lag die totale Deposition unter der der nassen. Für H^+ kann
dies durch partielle Neutralisation von Säuren in den offenen Sammelbe-
hältern, etwa durch Eintrag von NH_3, erklärt werden.

Tab. 2

Totale und nasse Deposition von 28 Sammelperioden (~ 5100 Proben) in
Petten/Nordholland. -x-: statistisch gesicherter Unterschied zwischen
totaler und nasser Deposition (Entnommen: J. Slanina et al. 1979).

	Totale Deposition $[10^{-3}$ Mol/m^2 ·Sammelperiode]	Nasse Deposition $[10^{-3}$ Mol/m^2 ·Sammelperiode]	Verhältnis Totale/Nasse Dep.	
H^+	11.76	12.67	0.94	x
NH_4^+	13.32	11.95	1.11	x
Na^+	23.49	20.18	1.16	x
K^+	0.95	0.79	1.20	x
Ca^{2+}	1.95	1.87	1.04	x
Mg^{2+}	3.06	3.57	0.85	x
Al^{3+}	0.34	0.31	1.08	
SO_4^{2-}	11.00	10.98	1.00	
NO_3^-	10.58	11.05	0.96	x
Cl^-	28.93	25.89	1.12	x
F^-	0.24	0.22	1.10	x

D. Quellenidentifizierung

Hierzu ist es nötig, eine Aufschlüsselung nach während des Niederschlags-
ereignisses bestehenden meteorologischen Verhältnissen (Windrichtung,
-geschwindigkeit, Trajektorien) vorzunehmen. Darüber hinaus sollten
einige sonst möglichst selten auftretende Elemente einzelner Emitten-
ten ("Trace marker") bekannt sein. Durch entsprechende mathematische
Aufbereitung (Hopke 1983) läßt sich so anhand der "Konzentrationsmuster"
eine teilweise Zuordnung der Immission (vorgegeben durch den Niederschlag) zu verschiedenen Emissionsquellen vornehmen:

Na (Seesalz)
Cl (Seesalz, Müllverbrennung)
Pb (KFZ-Verkehr)
V   (Öl-Kraftwerke)
As (Kohle-Kraftwerke)
Al, Fe (Bodenerosion, Kohle-Verbrennung).

Eine andere Möglichkeit, Quellen zu erkennen, besteht in der Analyse der Isotopenverhältnisse bestimmter Elemente (Holt et al. 1982). So ist es z. B. möglich gewesen, durch Feststellung der $^{18}O/^{19}O$-Isotopenverhältnisse im Niederschlagssulfat zu entscheiden, ob das Sulfat in einer "heißen" Quelle (Verbrennungsanlage) gebildet wurde oder aus einer Flüssigphasenkonversion von SO_2 stammte.

LITERATUR

Chemie im Niederschlag:

Bambauer A (1983) Untersuchungen zum Auftreten und Reaktionsverhalten von Sulfit, Nitrit und Formaldehyd in Niederschlägen. Diplomarbeit, Universität Dortmund, Dortmund

Freiberg JE, Schwartz SE (1981) Oxidation of SO_2 in Aqueous Droplets: Mass-Transport Limitation in Laboratory Studies and the Ambient Atmosphere. Atmos Environ 15: 1145 – 1154

Graedel TE, Weschler CJ (1981) Chemistry within Aqueous Atmospheric Aerosol and Raindrops. Reviews of Geophysics and Space Physics 19: 505 – 539

Graedel TE (1982) Group Report on Aqueous Chemistry in the Atmosphere. In: Goldberg ED (ed) Atmospheric Chemistry. Springer-Verlag, Berlin, p. 93 – 118

Klockow D, Jacob P (1984) The Peroxyoxalate Chemiluminescence and its Application to the Determination of Hydrogen Peroxide in Precipitation. NATO Advanced Study Institute on Chemistry of Multiphase Atmospheric Systems, Corfu/Greece. In: Jaeschke W, Mohnen V (eds) Chemistry of Multiphase Atmospheric Systems. Springer-Verlag, Berlin, im Druck

Martin LR, Damschen DE (1981) Aqueous Oxidation of Sulfur Dioxide by Hydrogen Peroxide at Low pH. Atmos Environ 15: 1615 – 1621

Morgan JJ (1982) Factors Governing the pH, Availability of H^+, and Oxidation Capacity of Rain. In: Goldberg ED (ed) Atmospheric Chemistry. Springer-Verlag, Berlin, p. 17 – 40

Schwartz SE (1982) Gas-Aqueous Reactions of Sulfur and Nitrogen Oxides in Liquid-Water Clouds. Paper ENVI 51, American Chemical Society, Las Vegas, Nevada

VDI-Projektgruppe "Säurehaltige Niederschläge" (1983) Säurehaltige Niederschläge – Entstehung und Wirkungen auf terrestrische Ökosysteme –. VDI-Verlag, Düsseldorf

Technik der Probenahme und Analytik:

Falconer RE, Falconer PD (1980) Determination of Cloud Water Acidity at
    a Montain Observatory in the Adirondack Mountains of New York State.
    J Geophys Res 85: 7465 - 7470
Fritz JS, Gjerde DT, Pohlandt C (1982) Ion Chromatography. Alfred
    Hüthig, Heidelberg
Galloway JN, Likens GE (1976) Calibration of Collection Procedures for
    the Determination of Precipitation Chemistry. Water Air Soil Pollution
    6: 241 - 258
Galloway JN, Likens GE (1978) The Collection of Precipitation for Chemi-
    cal Analysis. Tellus 30: 71 - 82
HoltBD, Kumar R, Cunningham PT (1982) Primary Sulfates in Atmospheric
    Sulfates: Estimation by Oxygen Isotope Ratio Measurements. Science
    217: 51 - 53
Hopke PK (1983) An Introduction to Multivariate Analysis of Environmen-
    tal Data. In: Natusch DFS, Hopke PK (eds) Analytical Aspects of Envi-
    ronmental Chemistry. (Elving PJ, Winefordner JD (eds) Chemical Analy-
    sis: A Series of Monographs on Analytical Chemistry and its Applica-
    tion, Vol. 64) Wiley + Sons, New York, p. 219 - 262
Klockow D, Denzinger H, Rönicke G (1978) Zum Zusammenhang zwischen pH-
    Wert und Elektrolytzusammensetzung von Niederschlägen. VDI-Berichte
    Nr. 314: 21 - 26
Nguyen VD, Valenta P, Nürnberg HW (1979) Voltametry in the Analysis of
    Atmospheric Pollutants - The Determination of Toxic Trace Metals in
    Rain Water and Snow by Differential Pulse Stripping Voltametry. The
    Science of the Total Environment 12: 151 - 167
Slanina J, Möls JJ, Baard JH, van der Sloot HA, van Raaphorst JG (1979)
    Collection and Analysis of Rainwater; Experimental Problems and the
    Interpretation of Results. Int J Environ Anal Chem 7: 161 - 176

Diffusionsvorgänge in der unteren Atmosphäre

J. Löbel

1. Aufbau und Eigenschaften der Troposphäre

Die Strömung der Luft in der oberen Troposphäre wird im wesentlichen durch groß-
räumige Luftdruckunterschiede und durch die Erdrotation beeinflußt. Der Wind in
dieser Höhe heißt geostrophischer Wind; er stimmt weder in Betrag noch Richtung
mit dem bodennahen Wind überein.

Die Strömung in der unteren Troposphäre, die auch Mischungsschicht heißt, wird
mit abnehmender Höhe über Grund zunehmend durch die Luftreibung an der Erdoberfläche (Boden, Bewuchs, Bebauung, Geländeerhebungen) beeinflußt. Bei ausreichender
Einstrahlung bewirkt die Erwärmung des Bodens und der bodennahen Luftschicht durch
die Sonne außerdem eine intensive vertikale Luftbewegung (Konvektion).

Die Mischungsschicht (auch "planetarische Grenzschicht") ist nach oben (gegen die
freie Troposphäre) durch eine Sperrschicht, die meist eine Temperaturinversion
aufweist, abgegrenzt. Das Vorhandensein dieser Sperrschicht verhindert, daß ein
nennenswerter vertikaler Fluß von Spurenstoffen in die obere Troposphäre stattfindet. Die Untergrenze der Sperrschicht - das ist die Mischungsschichthöhe z_i - ist
wesentlich von der Stärke der thermischen Konvektion abhängig. Sie beträgt je nach
Tages- und Jahreszeit 300 m bis 1200 m und weist in den Monaten November bis Fe-
bruar ein Minimum und im Juni bis Juli ein Maximum, bezogen auf eine bestimmte
Tageszeit, auf (siehe z.B. GIEBEL 1981).

Der unterste Teil der Mischungsschicht heißt bodennahe Grenzschicht (auch Reibungs-
oder Prandtl-Schicht). In dieser etwa einige zehn bis etwa 100 m mächtigen Schicht
sind Kräfte infolge von Luftdruckunterschieden und Erdrotation gegenüber Reibungs-
kräften vernachlässigbar. Als Höhe z_s der bodennahen Grenzschicht kann man als
Faustregel $z_s = 0,1 \; z_i$ ansetzen.

Die Verbindung zwischen der bodennahen Grenzschicht und der Erdoberfläche (Böden,
Gewässer, Pflanzen, Gebäude) stellt die diese Objekte bedeckende, weniger als 1 mm
dicke (laminare) Grenzschicht her. In dieser Grenzschicht ist die molekulare Diffusion der entscheidende Transportvorgang, z.B. für die Aufnahme von Spurenstoffen
durch trockene Deposition.

In der Mischungsschicht bilden sich als Folge der Reibungs- und Konvektionskräfte
Wirbel typischer Größe aus. Diese Wirbel hängen von den mechanischen und thermischen Eigenschaften der Erdoberfläche und von der Einstrahlung der Sonne ab. Ihre
charakteristischen Dimensionen sind weder räumlich noch zeitlich konstant. Sie
sind für den vertikalen Transport von Spurenstoffen verantwortlich. Bei mechanisch
bedingten Wirbeln ("mechanische" oder "dynamische Turbulenz") betragen die Wirbel-
durchmesser einige mm bis 10 m und bei thermischer Turbulenz wenige dm bis wenige
100 m, wenn dabei keine Phasenübergänge des Wassers beteiligt sind. Thermische
Konvektion mit Kondensationsvorgängen (Wolkenkonvektion) erreicht dagegen Wirbel-
größen von einigen 100 m bis 10 km.

Mechanische Turbulenz dominiert nachts sowie an Tagen mit dichter Bewölkung oder
hoher Windgeschwindigkeit. Thermische Turbulenz überwiegt bei intensiver Sonneneinstrahlung oder geringer Windgeschwindigkeit. Thermische Turbulenz ist ein wesentlicher Einflußfaktor für die Höhe der Mischungsschicht.

2. Molekulare und turbulente Diffusion in der Mischungsschicht

Für viele Fragestellungen in der Atmosphärenforschung und in der Luftreinhaltung
ist es wichtig zu wissen, wie groß der vertikale Fluß von Wärme oder von Spurenstoffen über einem bestimmten Gebiet ist. Nach Abschnitt 1 ist es klar, daß die für
molekulare Diffusion geltenden, relativ einfachen Ansätze in der Atmosphäre praktisch nicht anwendbar sind, da die Luft weder ruht noch laminar strömt. In der
Atmosphäre spielt die molekulare Diffusion nur in Höhen oberhalb 100 km eine Rolle.
Da der Transport durch Molekularbewegung und durch Wirbelbewegung eine gewisse
Ähnlichkeit zeigt, liegt es nahe, die vertikalen Flüsse von Masse, Impuls und Wärme analog zu beschreiben. Für solche Transportvorgänge kann man häufig den folgenden Ansatz für den Fluß einer physikalischen Größe verwenden:

$$F = - \tilde{K} \cdot \frac{d\Phi}{dz} \tag{1}$$

Darin bedeuten:

F   Fluß einer physikalischen Größe, d.h. die in der Zeit- und durch die Flächen-
      einheit transportierte Größe

$\frac{d\Phi}{dz}$ vertikaler Gradient der physikalischen Größe Φ, der den Fluß verursacht

$\tilde{K}$ Koeffizient für vertikalen Fluß

172

Gleichung 1 wird auch als 1. Ficksches Gesetz bezeichnet. Notwendig für die Gültigkeit von Gl. 1 ist es, daß die Reisezeit ("Relaxationszeit") der transportierten Größe klein ist im Vergleich zur zeitlichen Änderung dieser Größe.

Der Koeffizient $\tilde{K}$ kann auch als Produkt einer charakteristischen Geschwindigkeit v und einer charakteristischen Länge l dargestellt werden:

$$\tilde{K} = v \cdot l \tag{2}$$

Im allgemeinen ist $\tilde{K}$ weder räumlich noch zeitlich eine Konstante. Die Bedeutung dieses Koeffizienten für den Transport von Impuls, Wärme und Masse soll in den folgenden Abschnitten für molekulare und für turbulente Diffusion behandelt werden.

3. Molekulare Diffusion

In ruhender oder laminar strömender Luft wird der Transport von Impuls, Wärme oder Masse durch die ungeordnete Bewegung der Moleküle bewirkt. Diese Molekülbewegung nennt man molekulare Diffusion oder, wenn die Teilchen größer als Moleküle sind, Brownsche Diffusion.

Liegt bei einem Luftstrom in x-Richtung ein vertikales Gefälle der horizontalen Strömungsgeschwindigkeit u vor, so wird Impuls p in die Richtung der kleinsten Geschwindigkeit transportiert. Den Impulsfluß F_p kann man analog zu Gl. 1 schreiben:

$$F_p = - \eta \cdot \frac{du}{dz} \tag{3}$$

Der Transportkoeffizient η ist die innere Reibung (Viskosität), die dem Impulsfluß Widerstand entgegensetzt.

Ähnliche Gleichungen erhält man bei vertikalem Temperaturgefälle dT/dz (Ursache für Wärmetransport) sowie bei vertikalem Konzentrationsgefälle dc/dz (Ursache für Massetransport):

$$F_h = - k \cdot \frac{dT}{dz} \tag{4}$$

$$F_m = - D \cdot \frac{dc}{dz} \tag{5}$$

Es bedeuten:

F_h Wärmefluß, z.B. in $W \cdot m^{-2}$

F_m Massefluß, z.B. in $mg \cdot m^{-2} \cdot s^{-1}$

k   Koeffizient für molekulare Wärmeleitung

D   Koeffizient für molekulare Massendiffusion

Da die Molekülbewegung die Ursache für den Transport von p, H und m ist, hängen die zugehörigen Koeffizienten analog zu Gl. (2) in ähnlicher Weise von charakteristischer Geschwindigkeit und Länge ab:

$$\eta = \frac{1}{3} \bar{v} \cdot \lambda \cdot \rho \tag{6}$$

$$k = \frac{1}{3} \bar{v} \cdot \lambda \cdot C_v \tag{7}$$

$$D = \frac{1}{3} \bar{v} \cdot \lambda \tag{8}$$

Hierin bedeuten:

$\bar{v}$ mittlere quadratische Molekülgeschwindigkeit

λ mittlere freie Weglänge

ρ Dichte

C_v Wärmekapazität (bei konstantem Volumen)

Dabei hängen $\bar{v}$ und λ wie folgt von der Temperatur ab:

$$\bar{v} \sim \sqrt{T} \quad \text{und} \quad \lambda \sim T^{-1}$$

Deshalb sind die Transportkoeffizienten in dem üblichen troposphärischen Temperaturbereich praktisch nicht temperaturabhängig. Die Massetransportkoeffizienten D haben Werte um $1 \cdot 10^{-5}\ m^2\ s^{-1}$:

$$D\ (\text{Luft, } 288\ K) = 0{,}13\ cm^2/s$$

$$D\ (H_2O,\ 273\ K) = 0{,}21\ cm^2/s$$

$$D\ (CO_2,\ 288\ K) = 0{,}16\ cm^2/s$$

Für andere Spurengase ergeben sich ähnliche Werte. Die Diffusionskoeffizienten
für die Brownsche Bewegung von Aerosolen in Luft hängen sehr stark von der Aero-
solgröße ab. Für Wassertröpfchen erhält man folgende Werte für D:

Aerosolradius in μm	D in cm^2/s
0,01	$5 \cdot 10^{-4}$
0,1	$7 \cdot 10^{-6}$
1	$3 \cdot 10^{-7}$
10	$2 \cdot 10^{-8}$

Der Massetransportkoeffizient von Aerosolen ist also um viele Größenordnungen
kleiner als der von Gasen. Dies kann man zur Trennung von Gasen und Aerosolen in
nicht-turbulenter Strömung ausnutzen (siehe z.B. Beiträge von Nießner und Klockow
bzw. Spurny).

Verglichen mit den Koeffizienten für turbulenten Transport sind die Koeffizienten
für molekularen Transport sehr klein. Wenn nur molekulare Diffusion bei der Ausbreitung von Abgasfahnen wirksam wäre, würden diese Jahre bis Jahrzehnte benötigen, um sich auf die zu beobachtenden Fahnenquerschnitte zu verbreitern.

4. Turbulente Diffusion

In Analogie zu den Gleichungen 3, 4, 5 kann man die turbulenten Vertikalflüsse
von Impuls, Wärme und Masse folgenden durch folgende Gleichungen definieren.
Darin sind aus Dimensionsgründen die Dichte ρ und die spezifische Wärmekapazität
c_p eingefügt:

$$F_p = K_p \cdot \rho \cdot \frac{du}{dz} \tag{9}$$

$$F_h = K_h \cdot c_p \cdot \rho \cdot \frac{dT}{dz} \tag{10}$$

$$F_m = K_m \cdot \rho \cdot \frac{dc}{dz} \tag{11}$$

Hierin bedeuten:

F_p Impulsfluß, z.B. in $g \cdot s^{-2} \cdot m^{-1}$

F_h Wärmefluß, z.B. in $W \cdot m^{-2}$

F_m Massefluß, z.B. in $g \cdot m^{-2} \cdot s^{-1}$

K_p, K_h, K_m entsprechende Transportkoeffizienten

Hier sei daran erinnert, daß die molekularen Koeffizienten η, k und D gasspezifische Konstanten bei konstanter Temperatur sind. Da den Wirbeln als Elemente der Turbulenz keine konstanten charakteristischen Längen und Geschwindigkeiten zugeordnet werden können, sind K_p, K_h und K_m keine Konstanten. Vielmehr werden sie von den die Turbulenz verursachenden Kräften, also von der Reibung der Luft an der Erdoberfläche und vom vertikalen Wärmefluß abhängen. Diese Zusammenhänge werden in Abschnitt 6 dargestellt. Zunächst sollen jedoch Eigenschaften und Vorgänge in der Mischungsschicht skizziert werden.

5. Meteorologische Vorgänge in der Mischungsschicht

5.1 Temperatur

Luftdruck und -dichte nehmen wegen der Kompressibilität der Luft mit der Höhe ab. Auch die Temperatur nimmt mit der Höhe ab, und zwar für ein sich adiabatisch aufwärts bewegendes Luftpaket um 1 K je 100 m ("Trockenadiabate") bzw. in wasserdampfgesättigter Luft um etwa 0,6 K je 100 m ("Feuchtadiabate"). In Bild 1 ist die Trockenadiabate für verschiedene Bodenlufttemperaturen eingezeichnet. Die Trockenadiabate (oder "Hebungskurve") dient zum Vergleich mit dem gemessenen vertikalen Temperaturprofil, welches natürlich nur selten genau adiabatisch verläuft (s. Bild 1).

Je nach dem Wert des gemessenen Temperaturgradienten in einer Luftschicht unterscheidet man folgende Fälle für die Temperaturschichtung:

Temperaturgradient dT/dz	Schichtung ("Stabilität")
< - 1 K je 100 m	labil (instabil)
= - 1 K je 100 m	neutral (indifferent)
> - 1 K je 100 m	stabil
= 0 K je 100 m	isotherm
> 0 K je 100 m	Inversion

176

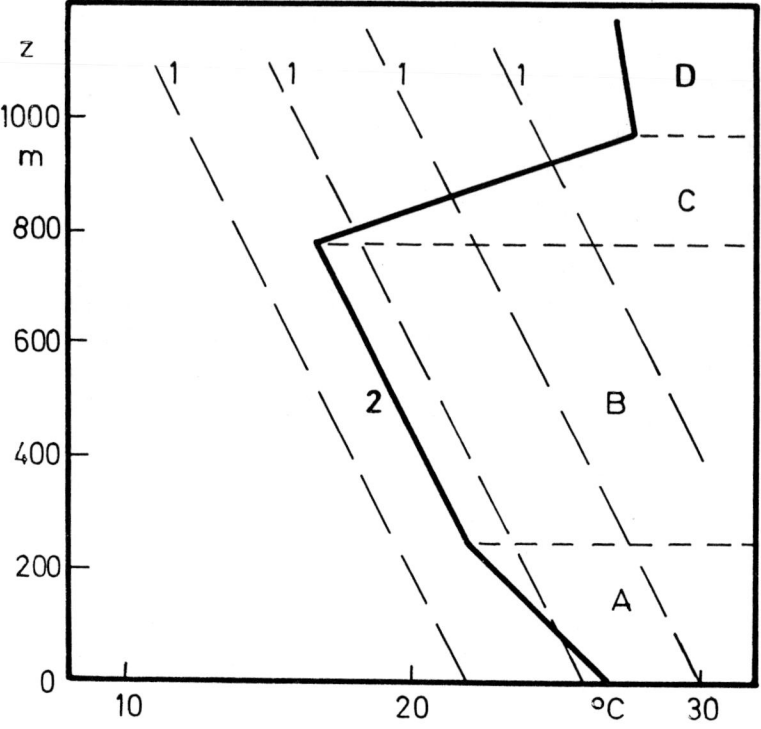

Bild 1: Vertikale Temperaturschichtung (schematisch)

1 Trockenadiabate
2 Temperatur
A labile Schichtung
B neutrale Schichtung
C sehr stabile Schichtung (Inversion)
D stabile Schichtung

Die isotherme und die inverse Schichtung sind Sonderfälle der stabilen Schichtung. Inversionen werden häufig nachts und im Winter in einer Schicht über dem Boden (Untergrenze einige 10 bis 100 m, "abgehobene Inversion") bzw. direkt über dem Erdboden ("Bodeninversion") beobachtet. In Bild 1 wirkt die bei etwa 800 m beginnende Inversionsschicht als Sperrschicht für den vertikalen Transport in die obere Troposphäre und als Obergrenze der Mischungsschicht. Labile Schichtung verstärkt den vertikalen Luftaustausch und bewirkt starke Verdünnung von Emissionen, stabile Schichtung wirkt dem vertikalen Austausch entgegen und behindert die Verdünnung.

Wenn man Temperaturen in verschiedenen Höhen (oder bei verschiedenen Drücken) vergleichen will, ist es praktisch, die Höhenabhängigkeit zu eliminieren, indem man die Temperatur auf ein bestimmtes Druckniveau bezieht. Deshalb wird die potentielle Temperatur θ anstelle der wahren Temperatur verwendet:

$$\theta = T \cdot (1000 \text{ hPa}/p)^{0,286} \tag{12}$$

Die potentielle Temperatur eines Luftpaketes mit dem Druck p und der Temperatur T ist diejenige Temperatur, die sich bei einer trockenadiabatischen Überführung des Luftpaketes auf den Druck 1000 hPa einstellen würde. In der bodennahen Schicht gilt θ ≈ T. Da man in dieser Schicht dθ/dz = dT/dz + 1 K/100 m schreiben kann, läßt sich die Stabilität auch einfacher mit Hilfe von θ definieren:

$$\frac{d\theta}{dz} = \begin{cases} < 0 & \text{labil} \\ = 0 & \text{neutral} \\ > 0 & \text{stabil} \end{cases}$$

Über einer Stadt kann man wegen der großen Rauhigkeit und der Wärmeemission eine gute Durchmischung und niedrigen Wärmefluß, also adiabatische Schichtung (dθ/dz ≈ 0) bis in mehrere 100 m Höhe annehmen.

5.2 Windgeschwindigkeit

Die Windgeschwindigkeit - gemeint ist die mittlere Geschwindigkeit u in Strömungs-
richtung - nimmt mit der Höhe zu, bis sie den Wert des geostrophischen Windes erreicht hat. Die Ursache für dieses vertikale Windprofil ist die Rauhigkeit der
Erdoberfläche, durch die mechanische Turbulenz erzeugt wird. Aber nicht nur die
Geschwindigkeit, sondern auch die Windrichtung wird durch die Rauhigkeit in bezug
auf den geostrophischen Wind modifiziert. Der Bodenwind über einer glatten, ebenen
Oberfläche weicht um etwa 10°, über einem Gebiet mit Bodenwellen um ca. 20° und in
städtischem oder hügeligem Gelände um mehr als 40° nach links (auf der Nordhalbkugel) vom geostrophischen Wind ab. Der Ablenkungswinkel wird mit der Höhe kleiner.
Je rauher die Oberfläche ist, umso weniger steil steigt die Windgeschwindigkeit
mit der Höhe auf die "ungestörte" Windgeschwindigkeit an; über Städten ist sie
niedriger als über offenem Land (s. Bild 2).

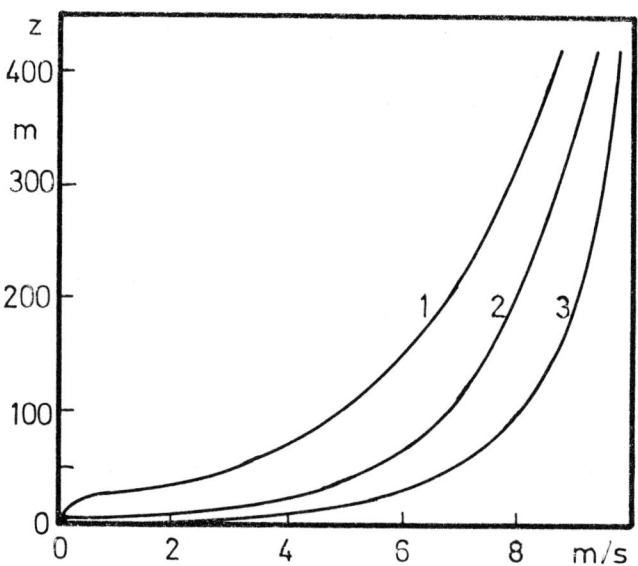

Bild 2: Vertikalprofile der Windgeschwindigkeit bei
verschiedenen Rauhigkeiten

1 sehr rauh, z.B. Großstadt, Hochwald
2 rauh, z.B.niedrige Bebauung
3 wenig rauh, z.B. Weideland

Kurve 1 in Bild 2 läßt auch erkenne, daß das typische, steil ansteigende Windprofil erst im oberen Teil der Bebauungs- oder Waldkronenhöhe beginnt. Unterhalb
einer bestimmten "Verdrängungshöhe" steigt u nur langsam mit z an. Dies kommt
auch im linken Teil von Bild 3 zum Ausdruck. Bild 3 veranschaulicht, daß sich das
Windprofil bei Änderung der Rauhigkeit erst nach Überströmen einer gewissen Anpas-
sungsstrecke F auf die neue Oberfläche einstellt.

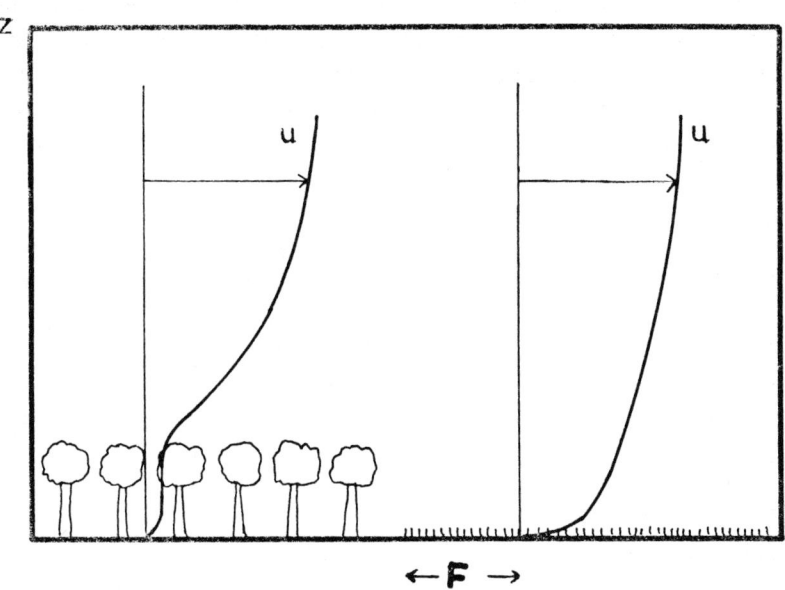

Bild 3: Übergang von einem sehr rauhen auf ein weniger rauhes
Gebiet. F = Adaptationsweg (Fetch)

Die Fetchlänge hängt stark von der Hindernishöhe ab. Der Fetch ist bei der Auf-
stellung von meteorologischen und Spurenstoff-Meßgeräten zu berücksichtigen.

5.3 Mischungsschicht und Tageszeit

Das im vorigen Abschnitt Gesagte gilt nur für den Fall eines vernachlässigbaren
Wärmeflusses, d.h. nur bei Überwiegen von mechanischer Turbulenz (neutrale Schichtung). Bei erhöhter Sonneneinstrahlung bewirkt die einsetzende vertikale Konvek-

tion einen intensiveren Impulsaustausch, was sich in einem steileren Windprofil äußert. Das vertikale Windprofil wird also auch durch den Wärmefluß in der Mischungsschicht beeinflußt.

Der Zustand der Mischungsschicht im Verlauf des Tages soll nun skizziert werden. Vor Sonnenaufgang ist die bodennahe Grenzschicht wegen der thermischen Abstrahlung des Bodens kälter als die darüber liegende Luft und deshalb stabil geschichtet. Nach Sonnenaufgang erwärmt sich der Boden rascher als die Luft darüber, jedoch steigen bald erwärmte Luftpakete aus unmittelbarer Bodennähe auf. Es setzt erzwungene Konvektion ein. Die bodennahe, und im Verlauf des Vormittags auch die darüber liegende Luftschicht, in der freie Konvektion überwiegt, wird instabil. Die darüber liegende Sperrschicht, die die Mischungsschicht oben begrenzt, steigt im Laufe des Tages nach oben, wobei sie am Nachmittag ihre maximale Höhe erreicht. Boden- und Lufttemperatur haben sich dann einander angeglichen, und ein vertikaler Wärmefluß findet kaum noch statt. Die Schichtung ist dann neutral. Später am Nachmittag oder frühen Abend kühlt der Boden schneller als die bodennahe Luft ab, und der Wärmefluß ist zum Boden gerichtet. Es bildet sich eine Bodeninversion aus. Durch das Verschwinden der Sonneneinstrahlung verschwindet auch die thermische Turbulenz, und die Mischungsobergrenze sinkt im Laufe der Nacht auf ein Minimum.

Diese Vorgänge sind natürlich von der Jahreszeit abhängig. Im Winter kommt es öfter vor, daß sich die bodennahe oder die abgehobene Sperrschicht nicht auflöst. Dann sind die Bedingungen für den London-Smog gegeben.

Man erkennt, daß die Kenntnis der vertikalen Profile von Windgeschwindigkeit und Temperatur notwendig ist, wenn man den Weg oder die Herkunft von Emissionen und deren Ausbreitung abschätzen oder Immissionskonzentrationen und Depositionsraten bewerten muß. Die vertikalen Profile können mit Hilfe von hohen Gittermasten oder durch Aufstiege von Radiosonden oder Ballonen gemessen werden.

Die Abhängigkeit der Profile von Wind und Temperatur von Rauhigkeit und Wärmefluß wird als Weiterführung von Abschnitt 4 in den nächsten Abschnitten behandelt.

6. Windprofil bei neutraler Schicht

Den Schreiberstreifen von Windmeßgeräten ist leicht zu entnehmen, daß die Meßwerte starke Schwankungen um eine mittlere Windgeschwindigkeit zeigen. Man kann die drei Windgeschwindigkeitskomponenten u, v, w in einen mittleren und einen turbulenten Anteil aufspalten:

$$u = \bar{u} + u'$$

$$v = \bar{v} + v'$$

$$w = \bar{w} + w'$$

Die Mittelung der turbulenten Anteile ergibt natürlich Null:

$$\bar{u}' = \bar{v}' = \bar{w}' = 0$$

Als Turbulenzintensität I kann man definieren:

$$I_x = \frac{1}{u} \cdot \left(\overline{u'^2}\right)^{1/2}$$

$$I_y = \frac{1}{v} \cdot \left(\overline{v'^2}\right)^{1/2}$$

$$I_z = \frac{1}{w} \cdot \left(\overline{w'^2}\right)^{1/2}$$

Ähnlich kann man die Größen Temperatur und Konzentration aufspalten und entsprechende Turbulenzintensitäten definieren.[1]

Für die Flüsse von Impuls, Wärme und Masse (s. Gl. 9-11) kann man aufgrund vieler Beobachtungen annehmen, daß sie in der bodennahen Grenzschicht ("constant flux layer") praktisch unabhängig von der Höhe sind. In Analogie zur freien Weglänge und zur Molekülgeschwindigkeit kann man den vertikalen Mischungsweg l und die vertikale Reibungsgeschwindigkeit u_* (Schubspannungsgeschwindigkeit) einführen:

$$l = k \cdot z \qquad\qquad u_* = l \cdot \frac{du}{dz} \qquad\qquad (13)$$

Hierin ist k die von-Karman-Konstante, für die Werte von 0,35 bis 0,41 gelten. u_* ist ein Maß für mechanische Turbulenz und beträgt je nach Rauhigkeit und Windgeschwindigkeit 0,1 bis 1 m/s.

Unter Verwendung der turbulenten Anteile von Wind, potentieller Temperatur und Masse kann man für die Flüsse bei konstanter Luftdichte ρ auch schreiben:

---

[1] In den folgenden Gleichungen ist immer der mittlere Anteil gemeint; der Querstrich wurde weggelassen.

$$F_p = - \rho \overline{u' \, w'} \tag{14}$$

$$F_h = c_p \, \rho \, \overline{\theta' \, w'} \tag{15}$$

$$F_m = \rho \, \overline{c' \, w'} \tag{16}$$

Da man u_* auch mit Hilfe des Impulsflusses F_p (hierfür wird auch das Symbol τ verwendet) definieren kann,

$$F_p = \rho \, u_*^2 \tag{17}$$

erhält man mit Gl. 9, 13 und 17 für den turbulenten Impulskoeffizienten K_p:

$$K_p = k \cdot u_* \cdot z \tag{18}$$

Über analoge Gleichungen für den Wärme- und den Massefluß,

$$F_h = - c_p \, \rho \, u_* \, \theta_* \tag{19}$$

$$F_m = - \rho \, u_* \, c_* \tag{20}$$

lassen sich unter der Annahme gleicher Mischungswege für Impuls, Wärme und Masse ähnliche Ausdrücke für K_h und K_m finden. Für neutrale Temperaturschichtung setzt man jedoch

$$K_p = K_h = K_m \tag{21}$$

Bei Kenntnis der Vertikalprofile von u, θ und c kann man die Flüsse F_p, F_h und F_m mit Hilfe von Gl. 9-11, 18 und 21 berechnen. Liegen Messungen der Streuungen u', w', θ' und c' vor, so können die Flüsse mit Gl. 14-16 bestimmt werden.

Nach Gl. 13 gilt für das Windprofil

$$\frac{du}{dz} = \frac{u_*}{k \cdot z} \tag{22}$$

Nach Integration erhält man:

$$u = \frac{u_*}{k} \ln \frac{z}{z_0} \tag{23}$$

Die Integrationskonstante z_0 heißt Rauhigkeitslänge, für die definitionsgemäß gilt
$u(z_0) = 0$. Gl. 23 ist nur gültig für Höhen, die genügend groß sind gegenüber z_0.
Aus Windprofilmessungen in homogenem Gelände für den neutralen Fall wurden folgen-
de Rauhigkeitslängen z_0 ermittelt:

Oberfläche	z_0
Schnee, Wasser	1 bis 5 mm
blanker Boden	5 bis 10 mm
Wiese	2 bis 3 cm
Getreidefeld	5 bis 10 cm
Wald	1 bis 3 m
Kleinstadt	0,5 bis 1 m
Großstadt	2 bis 10 m

Ganz grob kann man z_0 als 10 bis 20 % der Höhe der Rauhigkeitselemente annehmen.
Diese Relation hängt davon ab, wie dicht die Rauhigkeitselemente horizontal ange-
ordnet sind. Bei großen Rauhigkeiten muß man noch die Verdrängungshöhe d einführen:

$$u = \frac{u_*}{k} \ln \frac{z - d}{z_0} \tag{24}$$

Für d kann man etwa 2/3 der Höhe der Rauhigkeitselemente annehmen.

Falls das Gelände um die Meßstelle nicht homogen ist, muß man mit einer Beeinflus-
sung des Windprofils durch Rauhigkeitselemente im Umkreis von einigen 100 m rechnen.

Für das Temperaturprofil im neutralen Fall gilt definitionsgemäß $d\theta/dz = 0$
(s. Abschn. 5.1).

Für das Konzentrationsprofil eines Spurenstoffes wird oft Ähnlichkeit mit dem
Windprofil angenommen. Dies bedingt, daß der Spurenstoff durch den Boden absorbiert wird, während des Flusses keinen chemischen Reaktionen unterliegt und sich
im Boden oder in der bodennahen Grenzschicht keine Quellen für den Spurenstoff
befinden. Die Frage nach der Ähnlichkeit des Profils der vielen verschiedenen
Spurenstoffe mit $d\theta/dz$ oder du/dz kann deshalb nicht allgemein beantwortet werden.

7. Wind- und Temperaturprofil bei nicht-neutraler Schichtung

Zur Beschreibung des vertikalen Windprofils bei anderer als neutraler Temperaturschichtung hat man in Gl. 22 eine Korrekturfunktion Φ_p ergänzt, die nur von der Höhe z und einer charakteristischen Höhe L für die bodennahe Grenzschicht abhängt:

$$\frac{du}{dz} = \frac{u_\star}{k \cdot z} \Phi_p \left(\frac{z}{L}\right) \tag{25}$$

Die Höhe L heißt Monin-Obuchow-Länge, welche wie folgt ausgedrückt werden kann:

$$L = -\frac{u_\star^3 \, T \, \rho \, c_p}{k \, g \, F_h} \tag{26}$$

Hierbei ist T die mittlere Temperatur der Grenzschicht, g die Erdbeschleunigung (9,81 m/s^2) und F_h der fühlbare Wärmefluß. Mit Hilfe von Gl. 15 und 19 findet man:

$$L = \frac{u_\star^2 \, T}{k \, g \, \theta_\star} = -\frac{u_\star^3 \, T}{k \, g \, \overline{w' \, \theta'}} \tag{27}$$

Aus Gl. 26 ergeben sich folgende Eigenschaften von L:

$$L = \infty \quad \text{für } F_h = 0 \quad \text{(neutral)}$$

$$L > 0 \quad \text{für } F_h < 0 \quad \text{(stabil)}$$

$$L < 0 \quad \text{für } F_h > 0 \quad \text{(labil)}$$

Mit der Definition von L ergibt sich, daß im neutralen Fall (L = ∞) Φ_p = 1 gilt. Die Funktion Φ_p muß empirisch bestimmt werden. In der Literatur sind häufig Darstellungen der Form

$$\Phi_p = \left(1 + \alpha \cdot \frac{z}{L}\right)^\beta \tag{28}$$

im stabilen Fall auch

$$\Phi_p = \gamma \cdot \left(\frac{z}{L}\right)^\delta \tag{29}$$

zu finden. Die Konstanten α, β, γ, δ müssen empirisch bestimmt werden.

Analog zu Gl. (25) kann man für das Temperaturprofil schreiben:

$$\frac{d\theta}{dz} = \frac{\theta_\star}{kz} \Phi_h \left(\frac{z}{L}\right) \tag{30}$$

Die charakteristische Temperatur θ_* ist durch Gl. (19) definiert. Für die Funktionen Φ_p und Φ_h existieren in der Literatur zahlreiche Ausdrücke. Wir wollen die Form von Businger et al. (1971) übernehmen:

$$\Phi_p = \begin{cases} (1 - 15 \; z/L)^{-1/4} & \text{für } z/L < 0 \\ (1 + 4,7 \; z/L) & \text{für } z/L \geq 0 \end{cases} \tag{31}$$

$$\Phi_h = \begin{cases} 0,74 \cdot (1 - 9 \; z/L)^{-1/2} & \text{für } z/L < 0 \\ (0,74 + 4,7 \; z/L) & \text{für } z/L \geq 0 \end{cases} \tag{32}$$

Rein formal läßt sich für ein Konzentrationsprofil (Massefluß) ansetzen:

$$\frac{dc}{dz} = \frac{c_*}{kz} \; \Phi_m \left(\frac{z}{L} \right) \tag{33}$$

Für die Funktion Φ_m von Wasserdampf wird meist $\Phi_m = \Phi_h$ gesetzt; dies ist jedoch umstritten.

Durch Integration der Gl. (25) und (30) erhält man:

$$u \; (z) = \frac{u_*}{k} \left[\ln z/z_0 - \Psi_p \; (z/L) \right] \tag{34}$$

$$\theta \; (z) - \theta \; (z=0) = \frac{\theta_*}{k} \left[\ln z/z_0 - \Psi_h \; (z/L) \right] \tag{35}$$

Die Funktionen Ψ_p und Ψ_h sind die integrierten Formen von Φ_p und Φ_h. Es wurden folgende Ausdrücke ermittelt (BUSINGER et al., 1971):

Für $z/L < 0$

$$\Psi_p = \ln \left[(1 + x^2) \; (1 + x)^2 \right] - 2 \arctan x + \frac{\pi}{2} - \ln 8 \tag{36}$$

mit $x = (1 - 15 \; z/L)^{1/4}$

für $z/L > 0$ (für kleine z/L)

$$\Psi_p = - 4,7 \; z/L \tag{37}$$

für z/L < 0

$$\Psi_h = 2 \ln (1/2 + y/2) \qquad (38)$$

$$\text{mit } y = (1 - 9 \, z/L)^{1/2}$$

für z/L > 0 (für kleine z/L)

$$\Psi_h = - 6{,}4 \, z/L \qquad (39)$$

Die Funktion Ψ nimmt den Wert null an, wenn z/L gegen null geht. Das ist der Fall, wenn der vertikale Wärmefluß sehr klein ist. Dies entspricht dem Grenzfall der neutralen Schichtung mit dem Profil nach Gl. (23).

Die Bestimmung der Parameter u_*, Φ_* und L muß aus Profilmessungen erfolgen. Diese Parameter lassen sich mit Hilfe von Meßwerten von u und T in zwei Höhen aus einem entsprechenden Satz von Gleichungen ermitteln (siehe z.B. Berkowicz und Prahm, 1982).

In der Praxis, z.B. zur Bestimmung der Windgeschwindigkeit in Schornstein- oder Gebäudehöhe, werden anstelle des Ansatzes nach Gl. (34) auch sog. Potenzansätze der Form

$$u \, (z) = u \, (z_1) \cdot (z/z_1)^a \qquad (40)$$

verwendet. Dabei sind z_1 die Höhe des Anemometers und a ein von der Rauhigkeit und der thermischen Schichtung abhängiger Parameter. Häufig wird auch nur die Abhängigkeit des Exponenten von der thermischen Schichtung berücksichtigt (z.B. in der TA Luft).

Der Zusammenhang von Rauhigkeitslänge z_0, Stabilitätsklasse nach Pasquill und Exponent a ist in folgender Tabelle zu finden (nach Höschele, 1979):

Pasquill-Stabilität	z_0	a	Pasquill-Stabilität	z_0	a
B (labil)	1 cm	0,06	E (stabil)	1 cm	0,34
	10 cm	0,10		10 cm	0,32
	1 m	0,18		1 m	0,38
	3 m	0,28		3 m	0,47
D (neutral)	1 cm	0,12	F (sehr stabil)	1 cm	0,53
	10 cm	0,16		10 cm	0,54
	1 m	0,27		1 m	0,61
	3 m	0,36		3 m	0,68

Zur Bestimmung von z_0 in einem bestimmten Gelände kann man entweder Messungen des Profils u (z) bei neutraler Schichtung durchführen (s. Gl. 23) oder man kann z_0-Werte aus anderen Messungen auf das betrachtete Gebiet übertragen.

Sind nun die Parameter u_* und θ_* bekannt, so kann man nach Gl. (18) den vertikalen Impuls-Transportkoeffizienten bestimmen. In Bild 4 ist die Höhenabhängigkeit von K bei verschiedenen Tageszeiten an einem Wintertag mit einer Inversionshöhe von etwa 400 m nach einer Berechnung von van Dop et al. (1982) wiedergegeben.

Die Kenntnis von K kann z.B. dazu dienen, die trockene Deposition von Spurenstoffen zu berechnen.

Abschließend sei noch einmal daran erinnert, daß die beschriebene Theorie nur für die bodennahe Grenzschicht ausreichend verifiziert ist. Auf die darüber liegende Ekman-Schicht dürfen die Ansätze nicht unmodifiziert angewendet werden, und es müssen Strahlungs- und Kondensationsvorgänge berücksichtigt werden.

Literatur

BERKOWICZ R, PRAHM LP (1982) Evaluation of the profile method for estimation of surface fluxes of momentum and heat. Atmosph Environm 16: 2809-2819

BUSINGER JA, WYNGAARD JC, IZUMI Y, BRADLEY EF (1971) Flux-profile relationships in the atmospheric surface layer. J Atmosph Science 28: 181-189

VAN DOP H, DE HAAN BJ, ENGELDAN C (1982) The KNMI mesoscale air pollution model. KNMI-Report WR 82-6, de Bilt

GIEBEL J (1981) Verhalten atmosphärischer Sperrschichten. LIS-Bericht Nr. 12, Landesanstalt für Immissionsschutz, Essen

HÖSCHELE K (1979) Das Windfeld der Stadt. Promet Nr.4: 21-26

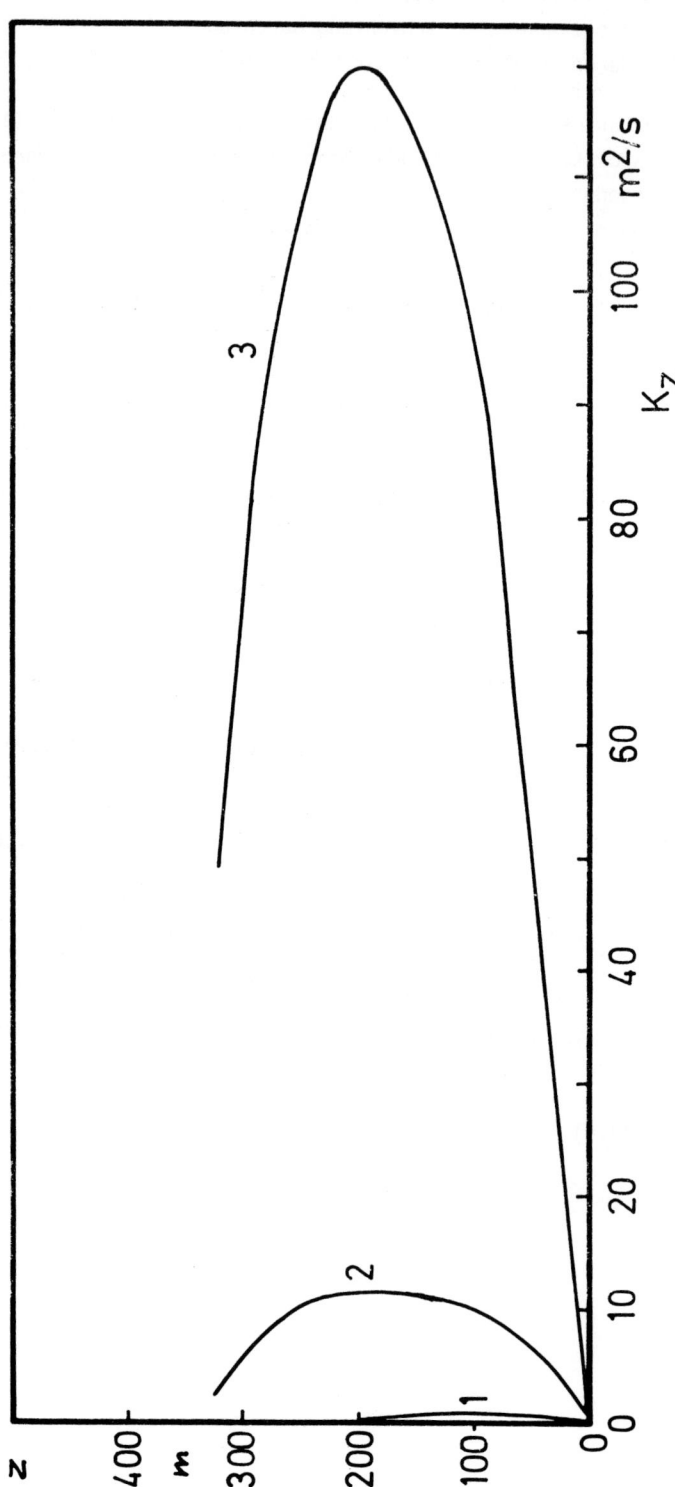

Bücher und Schriften über atmosphärische Transportprozesse

BERLJAND ME Moderne Probleme der atmosphärischen Diffusion und der Verschmutzung der Atmosphäre. Akademie-Verlag, Berlin 1982

CSANADY GT Turbulent Diffusion in the Environment. Reidel Publ Comp, Dordrecht 1973

GEORGII HW, PANKRATH J Deposition of Atmospheric Pollutants. Reidel Publ Comp, Dordrecht 1982

HANGEN DA (Editor) Workshop on Micrometeorology. American Meteorological Society, Boston 1973

LONGHETTO A Atmospheric Planetary Boundary Layer Physics. Elsevier Scientific Publ Comp, Amsterdam 1980

LUMLEY JL, PANOFSKY HA The Structure of Atmospheric Turbulence. Wiley-Interscience, New York 1964

MCBEAN GA (Editor) The Planetary Boundary Layer. World Meteorological Organization, WMO-No 530. Technical Note No 165, Geneva 1979

MUNN RE Descriptive Micrometeorology. Academic Press, New York 1966

PASQUILL F Atmospheric Diffusion. Ellis Horwood, Chichester (Sussex) 1974

PLATE EJ Aerodynamic Characteristics of Atmospheric Boundary Layers. US Atomic Energy Commission, Springfield (Virginia) 1971

SCORER RS Environmental Aerodynamics. Ellis Horwood, Chichester (Sussex) 1978

WIPPERMANN F The Planetary Boundary Layer of the Atmosphere. Deutscher Wetterdienst, Offenbach 1973

Trockene Deposition reaktionsträger Substanzen, beschrieben mit einem diagnostischen Simulationsmodell der bodennahen Luftschicht

F. Herbert und G. Kramm

1. EINLEITUNG

Daß Fremdstoffe durch Deposition am Erdboden und an der Vegetation aus
verunreinigter Luft entfernt werden können, hat meteorologische Ursachen, die in erster Linie im spezifischen Verhalten der an die Erdoberfläche angrenzenden Luftschicht von bis zu mehreren 100 m Mächtigkeit
zu finden sind. Der materielle und energetische Einfluß des Bodens
führt dazu, daß in dieser sog. atmosphärischen Grenzschicht (ABL) eine
spezifische Dynamik herrscht, wobei vor allem das turbulente Transport-
oder Austauschvermögen eine bedeutende Rolle spielt. Das physikalisch
wichtigste Merkmal der ABL ist nämlich ihre intensive turbulente Durchmischung, die zur sachgerechten Behandlung der ABL unbedingt berücksichtigt werden muß. Eigenschaften wie thermische Stabilität, Baroklinität,
Impuls des Windes in oberen Schichten, Mischungslängen, Topografie- und
Oberflächencharakteristika, sowie Transportwiderstände etc. bestimmen
zusammen die Turbulenzparameter, die für den Transport und die Deposition von Fremdstoffen in der ABL verantwortlich sind. Da die Umweltpro-
bleme durch Luftverunreinigung wachsen, wird es zunehmend wichtiger,
diese Effekte durch Messungen und vor allem rechnerische Modellverfah-
ren zu erfassen.

Heutzutage werden Messungen der verschiedenen ABL-Flüsse, sowie von Depositionsgeschwindigkeiten mit modernen, empfindlichen Instrumenten und
unter Zuhilfenahme von Datenverarbeitungsanlagen durchgeführt. Solche
experimentell ausgerichtete Arbeiten belegen jedoch, daß die direkte
Bestimmung turbulenter Spurengasflüsse (eddy-correlation -method) wegen
der simultan zu messenden Wind- und Konzentrationsfluktuationen nur für
wenige Gase (H_2O-Dampf, CO_2) und nur mit einem hohen technologischen
Aufwand durchgeführt werden kann. Für die übrigen Gase steht die Entwicklung der notwendigen schnellen physikochemischen Analyseverfahren
erst in den Anfängen. Ein völlig anderer (und weitaus billigerer) Weg
zur Bestimmung von Flüssen und Depositionsgeschwindigkeiten ist mit dem

Einsatz von mathematischen Simulationsmodellen der ABL gangbar. Dabei
werden nur Messungen der Mittelwerte der Transporteigenschaften benötigt. Solche Modelle gestatten insbesondere, die Auswirkungen der verschiedenen externen und internen Einflüsse auf den Zustand und die Um-
weltaktivität der ABL genauer zu untersuchen.

In derartigen Modellen besitzt das Fremdstoffmassenbudget eine zentrale
Stellung, wobei außer chemischen Produktions- oder Vernichtungsraten
der Beitrag durch die turbulenten Vertikaltransporte maßgebend ist. Die
Problematik hierbei steckt (abgesehen von der numerischen Lösung der
Differentialgleichungen) in der geeigneten Bestimmung turbulenter Diffusionskoeffizienten, sowie in der Vorgabe geeigneter externer Bedingungen. Charakteristisch für solche numerischen Simulationsmodelle ist
es auch, daß sie, wegen ihres praktischen Bezugs, grundsätzlich auf die
Einbeziehung von Meßdaten zugeschnitten sein müssen. Die Verfügbarkeit
von geeigneten Datensätzen führt dabei häufig zu beträchtlichen Schwierigkeiten.

Um passende Ausdrücke für den Transport eines Fremdstoffs zu erhalten,
ist es vorteilhaft, sich am Verhalten von Wasserdampf zu orientieren.
D.h. daß für Fremdstoffe und Dampf ähnliche Transportmechnismen in der
ABL vorausgesetzt werden dürfen. Weiterhin ist es sinnvoll, Ähnlichkeit
zwischen dem Feuchte- und dem Auftriebswärmetransport anzunehmen. Diese
Ähnlichkeit wurde für praktische Berechnungen von Delsol et al. (1971)
auf der Grundlage von Untersuchungen von Swinbank und Dyer (1967),
Högström (1967) und Dyer und Hicks (1970) vorgeschlagen.

Bei der Modellierung des Transports und der Deposition eines Fremdstof-
fes muß der Massenfluß in der ABL und insbesondere durch die untersten
Meter hin zum Boden bestimmt werden. Natürlich spielt es hierbei eine
Rolle, welche grundlegende physikalische Modellkonzeption für den Transportvorgang zugrundegelegt wird. Für gezielte Untersuchungen der ABL
unter mittleren (repräsentativen) Bedingungen haben sich insbesondere
diagnostische Modelle als sehr erfolgreich erwiesen. Wir werden hier
als eine spezielle Verfahrensweise dieses Modelltyps ein reines Ober-
flächen-ABL-Modell vorstellen, in dem auch die Rolle molekularer Effekte in unmittelbarer Bodennähe Berücksichtigung finden. Unter Oberflä-
chen-ABL ist der unterste Teil der ABL in unmittelbarer Nähe zur Erd-
oberläche zu verstehen. In dieser Schicht ist die Wechselwirkung mit
dem Erdboden dominierend, so daß stationäre Bedingungen und höhenkonstante Flüsse innerhalb dieser Schicht angenommen werden können. Mit

diesen Annahmen können relativ gut die untersten 20-50 m Luft rechnerisch erfaßt werden.

Eine ganz andere diagnostische Modellkonzeption erhält man, wenn man
die gesamte ABL betrachtet. Solche Modelle (z.B. Estoque 1973; Kramm
und Herbert 1982) sind, bei wiederum stationären Bedingungen, als
Randwertaufgabe zu lösen, wobei die Grenzflächen durch den Boden und
die ABL-Höhe definiert sind (vgl. Abb. 1). In diesem Fall wird die Genauigkeit der Rechnungen nicht nur durch die Qualität der Modellphysik,
sondern auch wesentlich durch die Vertikalauflösung des Modells (Gitter-
abstand) bestimmt.

2. GRUNDLAGEN DES FLUSS- UND DEPOSITIONSKONZEPTS

Zur Beschreibung des Transports und der trockenen Deposition eines
Fremdstoffs in der Atmosphäre werden halbempirische Beziehungen für die
vertikale Massenflußdichte F_c, sowie für die sog. Depositionsgeschwindigkeit V_c entwickelt. Hierbei definiert V_c eine mittlere Massentrans-
portgeschwindigkeit. Beide Größen werden für eine bestimmte Luftschicht
(etwa die unteren 10-20 m über Grund) berechnet und ermöglichen daher,
auch auf die Verweilzeit des transportierten Fremdstoffs in dieser
Schicht zurückzuschließen.

Geben ρ_L = const. eine charakteristische Luftdichte und $c(z)$ das Massen-
mischungsverhältnis in der Höhe z an, so können in Einklang mit den em-
pirischen Mischungsgesetzen der Bodenluft folgende Beziehungen für F_c
und V_c angesetzt werden (Chamberlain 1968; Herbert und Kramm 1982):

$$F_c = - \rho_L (D_c + K_c) \frac{\partial c(z)}{\partial z} \tag{1}$$

$$V_c(z) = \frac{- F_c}{\rho_L c(z)} \quad . \tag{2}$$

In (1) und (2) wurde mit D_c der molekulare und mit K_c der turbulente
(Eddy)Diffusionskoeffizient des Fremdstoffs eingeführt. Dabei wurde,
wie in atmosphärischen Modellen üblich, aufgrund der Ähnlichkeit zwischen turbulentem Wärme- und Feuchtetransport (Högström 1967; Dyer and
Hicks 1970) der turbulente Fremdstoffkoeffizient K_c dem Wärmekoeffizi-
enten K_h gleichgesetzt. Während D_c eine rein stoffspezifische Konstante

ist, ist K_h eine Funktion der typischen mechanischen und thermischen Turbulenzeigenschaften der Grenzschicht und dadurch stark von der Höhe abhängig. Empirische Befunde (Schlichting, 1965) zeigen deutlich, daß bei voll ausgeprägter Turbulenz molekulare Transporte gegenüber turbulenten zu vernachlässigen sind, d.h. D << K. Jedoch ist in der untersten Luftschicht direkt über dem Boden diese Vereinfachung nicht zulässig, da mit Annäherung an die Erdoberfläche K stark abnimmt, zunächst die Größe von D erreicht und in unmittelbarer Bodennähe, der viskosen Unterschicht, sogar kleiner wird als der molekulare Transportkoeffizient.

Anhaltspunkte über die Vertikalstruktur von F_C liefert die Massenbilanz. Beispielsweise kann unter sehr speziellen dynamischen und chemischen Bedingungen der Fluß F_C eines Fremdstoffs als höhenkonstant, $\partial F_C/\partial z = 0$, angenommen werden. Diese Annahme ist äquivalent mit der durch viele empirische Befunde belegten Höhenkonstanz von Impuls- und Wärmeflüssen in den unteren Metern über dem Erdboden. Sie beinhaltet, daß die Transporte, die die Zwischenschicht direkt über dem Erdboden durchsetzen, mit den Transporten durch die turbulente Schicht gleich sind (vgl. Abb. 1).

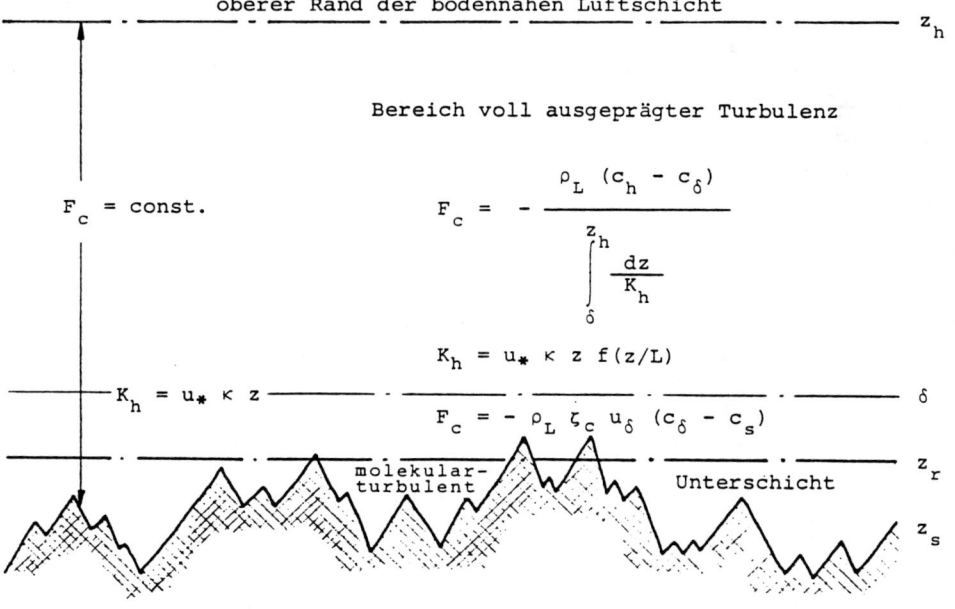

Abb. 1. Schematische Darstellung zur Behandlung des Fremdstofftransports in der bodennahen Luftschicht

Aufgrund der starken Austauschaktivität besitzen die Grenzschichtprofile in Bodennähe sehr ausgeprägte Gradienten. In diesem Bereich können die turbulenten Flüsse mit Hilfe integrierter Transportkoeffizienten beschrieben werden. Mit dieser Behandlung werden komplizierte Gradienten $\partial c/\partial z$ vermieden. Nunmehr werden Flüsse, die Fremdstoffe (wie auch Impuls, Wärme und Wasserdampf) aus der Luft zum Boden bzw. vom Boden in die Luft transportieren, proportional zu einer endlichen Differenz Δc der Fremdstoffkonzentration bestimmbar. Obgleich diese Methode zu prinzipiellen und praktischen Problemen führt, wenn sie für größere Höhen oder sogar für die gesamte ABL angewandt wird, ist sie sicher sehr zweckmäßig für konstante bzw. quasi-konstante Flüsse in der surface-ABL.

Auf eine wichtige Rolle, die die Oberflächenrauhigkeit spielt, soll hier noch hingewiesen werden. Die Rauhigkeit der Oberfläche erhöht den Reibungswiderstand bei turbulenten Strömungen beträchtlich. Auch die Wärmeübergangszahl wird durch die Rauhigkeit erhöht. In der Regel ist jedoch die Zunahme der Wärmeübergangszahl prozentual geringer als die des Reibungsbeiwerts. Das ist verständlich, denn ein Teil der turbulenten Schubkräfte kann auf den Boden durch Druckkräfte an den Rauhigkeitserhebungen übertragen werden, wohingegen der Wärme- und Massentransport durch molekulare Eigenschaften (Temperaturleitfähigkeit, Diffusivität) kontrolliert werden (vgl. Owen and Thomson 1963; Schlichting 1965).

Für höhenkonstante Flüsse liefert die Integration von (1) zwischen z_s (= Bodenoberfläche), wo $c = c_s$, und z_h (= Höhe der bodennahen Luftschicht), wo $c = c_h$, die äquivalente Gleichung

$$F_c = - \frac{\rho_L (c_h - c_s)}{\displaystyle\int_{z_s}^{z_h} \frac{dz}{D_c + K_c}} = - \rho_L\, r_a^{-1} (c_h - c_s) \qquad (3)$$

Dies ist eine dem Ohm'schen Gesetz der Elektrostatik (Fluß = Potentialdifferenz/Widerstand) analoge Beziehung, wobei der Integralausdruck

$$\int_{z_s}^{z_h} \frac{dz}{D_c + K_c} = r_a \qquad (4)$$

einen 'bulk'-Widerstand definiert, den die bodennahe Luftschicht dem Fremdstofftransport entgegensetzt. Der reziproke Wert von r_a besitzt

die Dimension einer Geschwindigkeit und man nennt r_a^{-1} auch Transfer-
geschwindigkeit. Diese ist ein Maß für das Transportvermögen der bodennahen Luftschicht und ist nicht zu verwechseln mit der Depositionsgeschwindigkeit V_c, die ihrerseits natürlich noch von der transportierten
Substanz abhängt (vgl. Gl. 2). Da sich das Transportvermögen des turbulenten Bereichs sehr deutlich von dem der molekular beeinflußten Unterschicht unterscheidet, ist es nützlich, eine Aufteilung des Gesamtwiderstands r_a im Sinne der Kirchhoff'schen Regel für elektrische Serien-
schaltungen vorzunehmen, d. h. in einen rein turbulenten Widerstand

$$r_t = \int_\delta^{z_h} \frac{dz}{K_h} \tag{5}$$

sowie in einen molekular-turbulenten Widerstand

$$r_{mt} = \int_{z_s}^{\delta} \frac{dz}{D_c + K_h} \tag{6}$$

Dabei ist δ eine charakteristische Höhe im unteren, quasi-neutralen
Bereich der turbulenten Grenzschicht, die so zu bestimmen ist, daß das
diabatisch-turbulente Regime und die molekular-turbulente Schicht separat betrachtet werden können. In der Praxis erweist sich die Bestimmung
von δ als recht kompliziert. Als geeigneter Wert für δ wird bei Turm-
oder Mastmessungen häufig die Höhe des untersten Meßniveaus angesehen.
Die willkürliche Festlegung von $\delta = 1$ m (z. B. Roth 1975) ist bei
nicht allzu hoher Vegetation ebenfalls akzeptabel.

Gleichung (5) liefert unter Berücksichtigung der Gesetzmäßigkeiten der
'surface layer'-Theorie sowie der semi-empirischen Beziehungen für die
Eddy-Diffusionskoeffizienten K_m und K_h (s. Anhang A) für den turbulenten Widerstand

$$r_t = \frac{1}{u_* \kappa} \left[\ln \frac{z_h - d}{\delta - d} - \psi_h \right] \tag{7}$$

mit

$$\psi_h = \begin{cases} - \dfrac{5}{L} (z_h - \delta) & \text{für } L > 0 \quad \text{(stabile Schichtung)} \\[2mm] 0 & \text{für } L \to \infty \quad \text{(neutrale Schichtung)} \\[2mm] 2 \ln \dfrac{1 + y_h^2}{1 + y_\delta^2} & \text{für } L < 0 \quad \text{(instabile Schichtung)} \end{cases} \tag{8}$$

sowie

$$y_\delta = (1 - \frac{16}{L} (\delta-d))^{\frac{1}{4}} \quad \text{und} \quad y_h = (1 - \frac{16}{L} (z_h-d))^{\frac{1}{4}} \, . \qquad (9)$$

L ist die bekannte Monin-Obukhov-Stabilitätslänge, κ die von Kármán-Konstante (= 0.4) und d die sog. Nullpunktsverschiebung; die Zahlen 5 und 16 sind empirisch gefundene Werte. Die zur Berechnung von r_t und L notwendigen höheninvarianten 'scaling parameters' u_* (Schubspannungsgeschwindigkeit), Θ_* (Wärmeflußtemperatur), q_* (Feuchteflußkonzentration) und c_* (Fremdstoffflußkonzentration) können anhand der Beziehungen

$$u_* = \frac{\kappa \, (u_h - u_\delta)}{\ln \dfrac{z_h - d}{\delta - d} - \psi_m}$$

$$\Theta_* = \frac{\Theta_h - \Theta_\delta}{u_* \, r_t}$$

$$q_* = \frac{q_h - q_\delta}{u_* \, r_t} = \frac{q_h - q_\delta}{\Theta_h - \Theta_\delta} \, \Theta_*$$

$$c_* = \frac{c_h - c_\delta}{u_* \, r_t} = \frac{c_h - c_\delta}{q_h - q_\delta} \, q_* = \frac{c_h - c_\delta}{\Theta_h - \Theta_\delta} \, \Theta_*$$

$$(10)$$

mit

$$\psi_m = \begin{cases} - \dfrac{5}{L} (z_h - \delta) & \text{für } L > 0 \\[2mm] 0 & \text{für } L \to \infty \\[2mm] 2 \ln \dfrac{1 + y_h}{1 + y_\delta} + \ln \dfrac{1 + y_h^2}{1 + y_\delta^2} - 2 \arctan \dfrac{y_h - y_\delta}{1 + y_\delta \, y_h} & \text{für } L < 0 \end{cases} \qquad (11)$$

aus den Werten des Windes (u), der potentiellen Temperatur (Θ), der spezifischen Feuchte (q) und der Fremdstoffkonzentration (c) in den Höhen δ und z_h berechnet werden.

Im Gegensatz zu Gleichung (5) läßt sich Gleichung (6) nur für glatte Oberflächen (z. B. Wasseroberflächen, glatte Schneeoberflächen) näherungsweise lösen (vgl. Reichardt 1951; Hasse und Liss 1980). Bei rauhen Oberflächen (Vegetation etc.) beschreibt man deshalb den Schadstofftransport zwischen der Bodenoberfläche und der Höhe δ durch den 'bulk'-Ansatz

$$F_c = - \rho_L \, \zeta_c \, u_\delta \, (c_\delta - c_s) \, , \tag{12}$$

wobei in Analogie zum örtlichen Reibungsbeiwert und zur dimensionslosen Wärmeübergangszahl (Stanton-Zahl)

$$\zeta_h = \frac{\Theta_*}{\Theta_\delta - T_s} \frac{u_*}{u_\delta} \tag{13}$$

eine stoffspezifische Stanton-Zahl

$$\zeta_c = \frac{c_*}{c_\delta - c_s} \frac{u_*}{u_\delta} \tag{14}$$

verwendet wird, worin u_δ das charakteristische Geschwindigkeitsmaß ist. In Analogie dazu lassen sich mit u_* als charakteristischem Geschwindigkeitsmaß auch für die Unterschicht, $z_s \leqslant z \leqslant z_r$, sog. 'sublayer'-Stanton-Zahlen

$$B_h = \frac{\Theta_*}{\Theta_r - T_s} \, , \qquad B_c = \frac{c_*}{c_r - c_s} \tag{15}$$

einführen (s. Owen und Thomson 1963; Chamberlain 1968). Θ_r und c_r sind die mittleren Werte der Feldgrößen in der für die Rauhigkeitserhebungen charakteristischen Höhe z_r. Ein solches Maß ist z. B. die Sandrauhigkeit nach Nikuradse (1933), die auch von Owen und Thomson (1963) sowie Chamberlain (1968) verwendet wurde. Wir benutzen jedoch generell $z_r = z_0 + d$ (z_0 = Rauhigkeitslänge), da in dieser Höhe die mittlere Geschwindigkeit definitionsgemäß verschwindet.

Da der Wärme- und Fremdstofftransport in der Unterschicht von molekular-turbulenter Struktur ist, müssen die 'sublayer'-Stanton-Zahlen auch Funktionen der Reynolds-Zahl $Re_* = u_* z_r / \nu$ (ν = kinematische Viskosität) und der Prandtl-Zahl $Pr = \nu / \alpha$ (α = Temperaturleitfähigkeit) bzw. von Re_* und der Schmidt-Zahl $Sc = \nu / D$ sein. Solche Funktionen der Form

$$B_h = \beta^{-1} \, Re_*^{-m} \, Pr^{-n} \, , \qquad B_c = \beta^{-1} \, Re_*^{-m} \, Sc^{-n} \tag{16}$$

wurden von Owen und Thomson (1963) für den Wärmetransfer und von
Chamberlain (1968) für den Massentransfer (Thorium-B, Wasserdampf) aus
Windkanaluntersuchungen hergeleitet, wobei Chamberlain für den Massentransfer im Bereich $0.33 < Re_* < 33$ ein ähnliches Ergebnis erhielt wie
Owen und Thomson für den Wärmetransfer. Daher liegt es nahe, auch hier
an Stelle der fremdstoffspezifischen Kenngröße die des Wärmetransfers
zu verwenden, weil sich die Temperaturdifferenz $\Theta_r - T_s$ einfacher und
genauer bestimmen läßt als die Differenz $c_r - c_s$ der Massenmischungs-
verhältnisse.

Geht man davon aus, daß in der Schicht $z_r \leqslant z \leqslant \delta$ trotz der vielleicht
noch nicht ganz vernachlässigbaren molekularen Effekte sowie einer ge-
ringfügigen Abweichung von der neutralen Schichtung eine vollständige
Reynolds'sche Analogie zwischen Konzentrations-, Temperatur- und Wind-
geschwindigkeitsverteilung existiert, d. h.

$$\frac{c_\delta - c_s}{c_*} = \frac{\Theta_\delta - T_s}{\Theta_*} = \frac{u_\delta}{u_*} \tag{17}$$

so erhält man für die Stanton-Zahlen des Fremdstoff- und Wärmetransfers

$$\zeta_c = \zeta_h = \frac{1}{\frac{u_\delta}{u_*} \left[\frac{u_\delta}{u_*} + B_h^{-1} \right]} \tag{18}$$

und für den molekular-turbulenten Widerstand

$$r_{mt} = \frac{1}{\zeta_c u_\delta} = \frac{1}{u_*} \left[\frac{u_\delta}{u_*} + B_h^{-1} \right] . \tag{19}$$

Da F_c sich allein aus den Meßdaten des turbulenten Regimes bestimmen
läßt, können mit Hilfe des aerodynamischen Gesamtwiderstands

$$r_a = r_{mt} + r_t = \frac{1}{u_*} \left[\frac{u_\delta}{u_*} + B_h^{-1} + \frac{1}{\kappa} \left[\ln \frac{z_h - d}{\delta - d} - \psi_h \right] \right]$$

die Konzentration an der Bodenoberfläche (nach Gleichung (3) oder (12))
sowie die zugehörige Depositionsgeschwindigkeit (nach Gleichung (2))
berechnet werden.

3. MODELLTESTS

Obwohl zur Berechnung von Fremdstoffflüssen und Depositionsgeschwindigkeiten in der bodennahen Luftschicht die Vertikalprofile von Wind,
potentieller Temperatur, spezifischer Feuchte sowie Fremdstoffkonzen-

trationen notwendig sind, existieren nur wenige Datensätze, die es ermöglichen, numerische Verfahren zu testen. Unsere Testberechnungen wurden anhand von Meßdaten des GREIV I-Experiments (Beyer und Roth 1976)
durchgeführt, das im April 1974 in der Nähe von Meppen/Emsland (Nord-
deutschland) stattfand. Das Meßgebiet ist eben und war während der Meß-
phase mit ca. 25 cm hoher Wintergerste und mit 50-75 cm hohem Raps be-
deckt. Zur Berechnung der turbulenten Flüsse von Impuls, Wärme und
Feuchte wurden die 30min-Mittel von Wind, Trocken- und Feuchttemperatur
verwendet, die in den Höhen von 0.50, 1.26, 3.18 und 8.00 m simultan
gemessen wurden (Arbeitsgruppe der Universität Kiel). Zusätzlich wurden
noch die 30min-Mittel der Oberflächentemperaturen (Strahlungsthermome-
ter-Messungen der Arbeitsgruppe der Universität Hannover) zur Berechnung der 'sublayer'-Stanton-Zahlen sowie die Daten der direkt bestimmten Flüsse von Impuls, sensibler und latenter Wärme (Ultraschall-Anemo-
meter-Thermometer- und Lyman-Alpha-Hygrometer-Messungen der Arbeitsgruppe der Universität Mainz) zu Vergleichszwecken herangezogen. Massenflüsse und Depositionsgeschwindigkeiten von SO_2, NH_3 sowie NH_4^+-Par-
tikeln wurden anhand der Konzentrationen in 2, 4, 8 und 16 m Höhe berechnet. Die Messungen wurden von der Arbeitsgruppe der Universität
Frankfurt durchgeführt, wobei zur Probennahme jeweils 2 Stunden benötigt wurden (Lenhard, persönliche Mitteilungen).

Numerische Beispiele unserer Testrechnungen sind in den Tabellen 1 und
2 aufgelistet. Die zur Berechnung der Fremdstoffdeposition notwendigen
ABL-Parameter z_0, d, u_*, Θ_*, Θ_r, q_* und q_r in Tabelle 1 wurden mit dem
in Anhang B beschriebenen Iterationsverfahren, das auf den Beziehungen
der 'constant-flux'-Theorie basiert, aus den Meßdaten von Wind, Trok-
ken- und Feuchttemperatur bestimmt. Wie die in der Abbildung 2
dargestellten Beispiele zeigen, stimmen die berechneten Ausgleichsprofile sehr gut mit den beobachteten Werten überein. Eine recht gute
Übereinstimmung besteht auch zwischen den direkt gemessenen Flüssen
von Impuls, sensibler und latenter Wärme und den berechneten Flüssen
(s. Abb. 3).

Die in Tabelle 1 aufgelisteten 'sublayer'-Stanton-Zahlen wurden mit den
gemessenen Oberflächentemperaturen nach Gleichung (15) berechnet. Ein
Vergleich zwischen den so ermittelten Werten und den nach Gleichung (16)
berechneten 'sublayer'-Stanton-Zahlen ($\beta = 0.52$, $m = 0.45$, $n = 0.8$,
$z_r = z_0 + d$) ergab einen Korrelationskoeffizienten von $R = 0.68$ sowie
ein 95%-Konfidenzintervall von $[0.38, 0.85]$. Außerdem ergab sich eine
gute Übereinstimmung zwischen den nach Gleichung (15) berechneten

und den für den Thorium-B- (vgl. Chamberlain 1968) sowie für den Ozon-Transfer (vgl. Galbally 1974) ermittelten Werten.

Die Ergebnisse der Depositionsberechnung sind in Tabelle 2 aufgelistet. Sie basieren auf den Mittelwerten der Grenzschichtparameter, die für das jeweilige Probenahmeintervall gebildet wurden. Wie die Ergebnisse zeigen, stellt der Boden nur in 2 Fällen (negative Fremdstoffflüsse) eine Senke für den transportierten Fremdstoff dar. In den übrigen Fällen (positive Fremdstoffflüsse) gibt er Fremdstoffe an die Atmosphäre ab. Die für diese Fälle berechneten 'Depositionsgeschwindigkeiten' an der Bodenoberfläche sind daher aufwärtsgerichtete (daher negative) mittlere Massentransportgeschwindigkeiten. In den beiden Fällen mit abwärtsgerichtetem Fremdstofftransport konnten Depositionsgeschwindigkeiten nur für das turbulente Regime bestimmt werden, da die Berechnungen der Bodenkonzentrationen negative Werte ergaben.

Während der Boden in den beiden Fällen des 21. April 1974 SO_2 an die Atmosphäre abgibt, trägt er am 21. und 22. April 1974 auf unterschiedliche Weise zu den Massenbilanzen von NH_3 und NH_4^+ bei. Von besonderem Interesse ist dabei, daß die Flüsse von NH_3 und NH_4^+ entgegengesetzt gerichtet sind, was vermutlich auf die Umwandlung von NH_3 in NH_4^+ zurückzuführen ist.

Die zuvor diskutierten Modellversuche zeigen, daß die berechneten Konzentrationsprofile recht gut mit den gemessenen Profilwerten übereinstimmen (s. Abb. 2). Es ist daher anzunehmen, daß auf diesem Weg eine rechnerische Bestimmung der Deposition (bzw. Exhalation) von Fremdstoffen in der bodennahen Luftschicht zu qualitativ und quantitativ vernünftigen Ergebnissen führt. Um jedoch die praktische Tauglichkeit des Modells garantieren zu können, ist die Verifikation der gesamten Modellphysik erforderlich. Dies setzt voraus, daß auch direkt gemessene Fremdstoffflüsse zum Vergleich herangezogen werden können; denn es kommt in erster Linie auf die richtige Modellbestimmung der an der Bodenoberfläche abgelagerten bzw. an die Atmosphäre abgegebenen Fremdstoffmengen an. Solche Fremdstoff-Flußmessungen wurden jedoch im Rahmen des GREIV I-Experiments nicht durchgeführt, so daß eine Kontrolle der modellierten Flüsse zur Zeit nicht möglich ist. Mit zukünftigen Feldexperimenten ist daher die dringliche Erwartung verbunden, daß außer den Vertikalprofilen von Wind, Temperatur, Feuchte und Fremdstoffkonzentrationen auch insbesondere die zugehörigen Depositionsflüsse bzw. Bodenquellstärken gemessen werden.

Tabelle 1. Berechnete Werte der Grenzschichtparameter z_o, d, u_*, Θ_*, Θ_r, q_* und q_r sowie der 'sublayer'-Stanton-Zahl B_h anhand von Messungen aus GREIV I

Tag	Ortszeit	z_o (cm)	d (cm)	u_* (cm/s)	Θ_* (K)	Θ_r (K)	q_* (g/kg)	q_r (g/kg)	B_h^{-1} nach Gl.(15)
21.4.74	11:45	2.1	21.1	20.7	- 0.1719	283.30	- 0.140	6.54	14.5
	12:16	3.4	19.2	21.9	- 0.2218	283.86	- 0.183	6.70	8.2
	12:45	2.4	22.1	22.6	- 0.1952	284.14	- 0.161	6.86	10.3
21.4.74	14:16	2.9	25.9	20.9	- 0.3539	286.33	- 0.271	7.44	9.8
	14:52	1.4	33.3	17.0	- 0.3358	286.78	- 0.275	7.69	10.9
	15:16	1.4	32.7	18.2	- 0.1953	285.36	- 0.165	7.01	24.4
	15:42	2.6	20.3	25.8	- 0.2292	285.95	- 0.149	6.92	16.5
22.4.74	14:14	2.2	22.5	40.7	- 0.2175	287.48	- 0.223	8.07	24.2
	14:38	3.0	18.6	44.1	- 0.2035	287.27	- 0.206	7.80	26.8
	15:13	1.8	23.9	42.5	- 0.1574	286.74	- 0.171	7.61	33.8
	15:45	1.6	25.6	43.0	- 0.1179	285.92	- 0.136	7.27	44.7

Tabelle 2. Berechnete Depositionsflüsse und -geschwindigkeiten (bzw. Exhalationsflüsse und -geschwindigkeiten) sowie Oberflächenkonzentrationen der Fremdstoffe SO_2, NH_3 und NH_4^+ anhand von Messungen aus GREIV I

Tag	Probennahmeintervall	SO_2				NH_3				NH_4^+			
		c_* (µg/kg)	F_c $\frac{µg}{m^2 s}$	c_s (µg/kg)	$(V_c)_s$ (mm/s)	c_* (µg/kg)	F_c $\frac{µg}{m^2 s}$	c_s (µg/kg)	$(V_c)_s$ (mm/s)	c_* (µg/kg)	F_c $\frac{µg}{m^2 s}$	c_s (µg/kg)	$(V_c)_s$ (mm/s)
21.4.74	11:00 - 13:00	- 0.821	0.222	21.3	- 8.5	- 0.208	0.056	6.3	- 7.3	keine Meßwerte vorhanden			
21.4.74	14:00 - 16:00	- 0.061	0.015	4.1	- 3.1	0.525	- 0.129	-	129.2 in z=2.0 m	- 0.343	0.085	34.4	- 8.0
22.4.74	14:00 - 16:00	keine Meßwerte vorhanden				- 0.716	0.374	34.4	- 9.0	0.143	- 0.075	-	91.5 in z=0.5 m

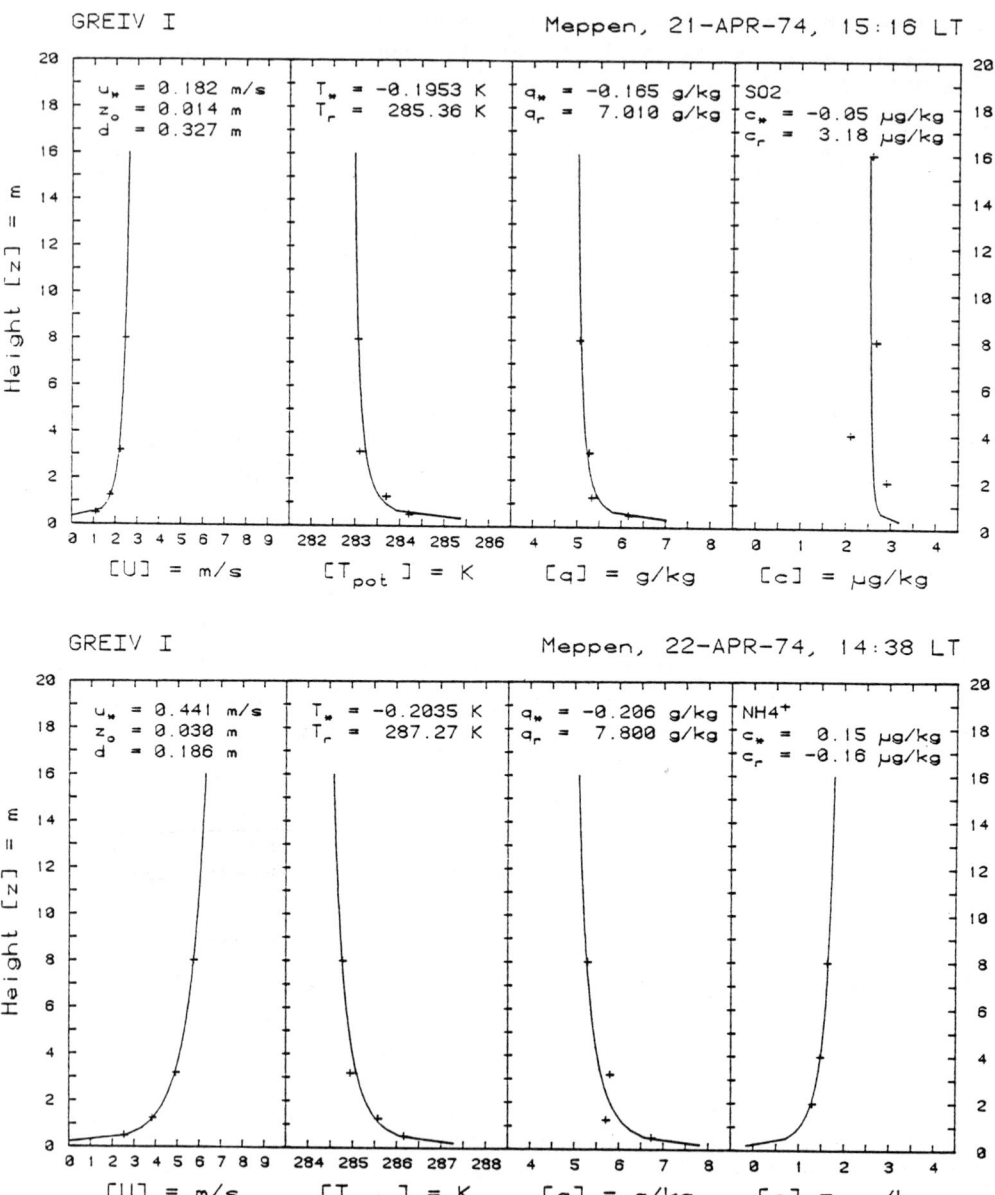

Abb. 2. Ergebnisse der Modellrechnungen für die Grenzschichtparameter z_o, d, u_*, Θ_*, Θ_r, q_*, q_r, c_* und c_r in 2 Fällen des GREIV I-Experiments

'+' = beobachtete Profile (Wind, Trocken- und Feuchttemperatur, Fremdstoffkonzentrationen

'-' = berechnete Ausgleichsprofile

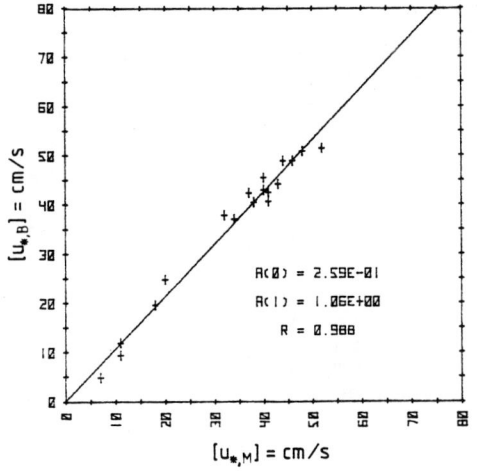

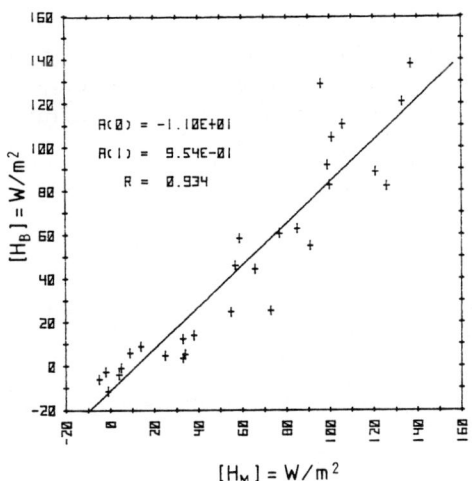

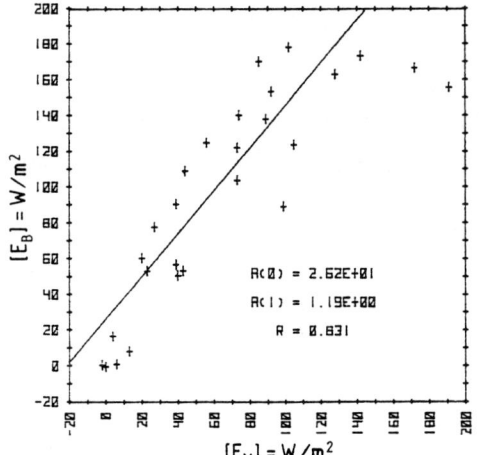

Abb. 3. Vergleich zwischen den
direkt gemessenen Flüssen von
Impuls ($u_{*,M}$), sensibler Wärme
(H_M) sowie latenter Wärme (E_M)
und den berechneten Flüssen $u_{*,B}$,
H_B und E_B. A(O) und A(1) sind die
Koeffizienten der Ausgleichsge-
raden; R ist der Korrelations-
koeffizient der Stichprobe

DANKSAGUNG

Teilarbeiten zu diesem Artikel wurden durch die Deutsche Forschungsge-
meinschaft im Rahmen des Sonderforschungsbereichs 73 'Atmosphärische
Spurenstoffe' (Projekt F9) gefördert.

LITERATUR

Beyer R, Roth R (1976) GREIV I 1974-Meßdaten. Berichte des Inst. f.
  Met. u. Klimat. der TU Hannover 16
Businger JA, Wyngaard JC, Izumi Y, Bradley EF (1971) Flux-profile rela-
  tionships in the atmospheric surface layer. J Atmos Sci 28:181-189
Chamberlain AC (1968) Transport of gases to and from surfaces with
  bluff and wave-like roughness elements. Quart J R Met Soc 94:318-332
Delsol F, Miyakoda K, Clarke RH (1971) Parameterized processes in the
  surface boundary layer of an atmospheric circulation model. Quart J
  R Met Soc 97:181-208

Dyer AJ, Hicks BB (1970) Flux-gradient relationships in the constant flux layer. Quart J R Met Soc 96:715-721

Estoque MA (1973) Numerical modeling of the planetary boundary layer. In: Haugen DA (Ed.) Workshop on Micrometeorology. AMS, p 392

Galbally IE (1974) Gas transfer near the earth's surface. In: Frenkiel FN, Munn RE (Ed.) Turbulent diffusion in environmental pollution. Advances in Geophysics 18B:329-339

Hasse L, Liss PS (1980) Gas exchange across the air-sea interface. Tellus 32:470-481

Herbert F, Panhans W-G (1979) Theoretical studies of the parameterization of the non-neutral surface boundary layer. Boundary-Layer Meteorol. 16:155-167

Högström U (1967) Turbulent water vapour transfer at different stability conditions. Phys of Fluids 10 (Supplement):247-254

Kramm G, Herbert F (1982) Bestimmung lokaler Transport- und Depositionsraten in der ABL. Annalen der Meteorologie (NF) 19:204-206

Nikuradse J (1933) Strömungsgesetze in rauhen Rohren. Forsch Arb Ing-Wes 361

Owen PR, Thomson WR (1963) Heat transfer across rough surfaces. J Fluid Mech 15:321-334

Panhans W-G, Herbert F (1979) Theoretical studies of the parameterization of the non-neutral surface boundary layer. Boundary-Layer Meteorol. 16:169-179

Reichardt H (1951) Vollständige Darstellung der turbulenten Geschwindigkeitsverteilung in glatten Leitungen. Z angew Math Mech 31:208-219

Roth R (1975) Der vertikale Transport von Luftbeimengungen in der Prandtl-Schicht und die Deposition-Velocity. Meteorol Rdsch 28:65-71

Schlichting H (1965) Grenzschicht-Theorie, 5. Aufl: Braun, Karlsruhe, p 736

Swinbank WC, Dyer AJ (1967) An experimental study in micro-meteorology. Quart J R Met Soc 93:494-500

Webb EK (1970) Profile relationships: The log-linear range, and extension to strong stability. Quart J R Met Soc 96:67-90

ANHANG A   Die Eddy-Diffusionskoeffizienten

Die turbulenten Diffusionskoeffizienten für Impuls (K_m) und Wärme (K_h) besitzen eine zentrale Bedeutung in numerischen Grenzschichtmodellen. Dabei ist das Hauptproblem, daß K_m und K_h sehr empfindlich von der Stabilität der Luft (die etwa durch die Richardson-Zahl Ri analytisch gefaßt wird) abhängen. Anstelle früherer, mehr oder weniger intuitiver Formulierungen können zuverlässigere K-Relationen aus einem geschlossenen theoretischen Konzept abgeleitet werden, wobei allerdings empirisch gewonnene Schließungsbedingungen angenommen werden müssen.

Für eine solche K-Konzeption sieht man sich am besten die Bilanzgleichung für die Turbulenzenergie (z.B. Herbert und Panhans 1979) an und substituiert darin Impuls- und Wärmeflüsse durch übliche Gradientbeziehungen. So ergibt sich die Gleichung

$$K_m = \ell^2 \left| \frac{\partial \vec{v}}{\partial z} \right| \left\{ 1 - \frac{K_h}{K_m} \text{Ri} \left[1 + \frac{\frac{\partial E}{\partial z}}{\rho_L K_h \frac{g}{\Theta_m} \frac{\partial \Theta}{\partial z}} \right] \right\}^{1/2} \tag{A 1}$$

Hierin werden auf der Grundlage von experimentellen Befunden gewonnene analytische Schließungsbedingungen für den turbulenten Energietransfer $\partial E/\partial z$ (Panhans und Herbert 1979), sowie für das Prandtl-Verhältnis (Webb 1970; Dyer and Hicks 1970) eingeführt. Damit gelangt man zu den Beziehungen

$$K_m = \ell^2 \left| \frac{\partial \vec{v}}{\partial z} \right| (1 - \text{Ri})^{1/2} \tag{A 2}$$

$$K_h = \begin{cases} K_m & \text{für Ri} \geqslant 0 \text{ (stabile Schichtung)} \\[2ex] \ell_n^{-1} \left| \frac{\partial \vec{v}}{\partial z} \right|^{-1/2} K_m^{3/2} & \text{für Ri} < 0 \text{ (instabile Schichtung)} \end{cases} \tag{A 3}$$

In (A 1) - (A 3) wird die thermische Stabilität durch die Richardson-Zahl

$$\text{Ri} = \frac{g}{\Theta_m} \left[\frac{\partial \Theta}{\partial z} + \left[\frac{Rv}{Ra} - 1 \right] \Theta_m \frac{\partial q}{\partial z} \right] \left[\frac{\partial \vec{v}}{\partial z} \right]^{-2} \tag{A 4}$$

sowie durch die Mischungswegrelation

$$\ell = \ell_n \, \phi(\text{Ri}) \tag{A 5}$$

berücksichtigt. Für Modellrechnungen wird die Stabilitätsfunktion $\phi(\text{Ri})$ durch folgende Ansätze parametrisiert:

1. erzwungene Konvektion ($Ri_{fc} < Ri$):

$$\phi(Ri) = \begin{cases} \left[\dfrac{(1 - 5\ Ri)^4}{1 - Ri}\right]^{1/4} & \text{für } O \leqslant Ri < Ri_{cr} \\[4mm] \left[\dfrac{1 - 16\ Ri}{1 - Ri}\right]^{1/4} & \text{für } Ri < O \end{cases} \qquad (A\ 6)$$

$Ri_{cr} = 0.2$ (kritische Richardson-Zahl)

2. freie Konvektion ($Ri < Ri_{fc}$):

$$\phi(Ri) = 1.78\ |Ri|^{-1/12} \qquad (A\ 7)$$

Zur Bestimmung des Mischungswegs ℓ_n thermisch neutralgeschichteter Luft ist die Blackadar(1962)-Formel geeignet

$$\ell_n = \frac{\kappa\ (z-d)}{1 + \dfrac{\kappa\ (z-d)}{\lambda_n}} \qquad \text{mit} \quad \lambda_n = 2.7 \times 10^{-4}\ \frac{|\vec{v}_g|}{f} \qquad (\lambda_n = \text{max. Mischungsweg}),$$

die speziell für die Luftschicht in Bodennähe in die Prandtl-Relation übergeht:

$$\ell_n = \kappa\ (z - d) \qquad . \qquad (A\ 8)$$

Für die Luftschicht in Bodennähe finden wir aus (A 2) - (A 8) folgende Beziehungen:

1. erzwungene Konvektion ($Ri_{fc} < Ri$):

$$K_m = \begin{cases} \left[\kappa(z-d)\right]^2\ \left|\dfrac{\partial \vec{v}}{\partial z}\right|\ (1 - 5\ Ri)^2 & ; \quad O \leqslant Ri < Ri_{cr} \\[4mm] \left[\kappa(z-d)\right]^2\ \left|\dfrac{\partial \vec{v}}{\partial z}\right|\ (1 - 16\ Ri)^{1/2} & ; \quad Ri < O \end{cases} \qquad (A\ 9)$$

$$K_h = \begin{cases} K_m & \text{für } Ri \geqslant O \\[2mm] K_m\ (1 - 16\ Ri)^{1/4} & \text{für } Ri < O \end{cases} \qquad (A\ 10)$$

Diese Ansätze wurden bei der Herleitung von (7)-(11) herangezogen.

2. freie Konvektion ($Ri < Ri_{fc}$):

$$K_h = 0.90\ \left|\frac{\partial \vec{v}}{\partial z}\right|\ |Ri|^{1/2}\ (z-d)^2 \qquad (A\ 11)$$

$$K_m = 0.56\ |Ri|^{-1/6}\ K_h$$

Diese beiden K-Bestimmungsgleichungen findet man unter Berücksichtigung des bekannten $z^{-4/3}$-Gesetzes (Lumley und Panofsky 1964) für den Gradienten der potentiellen Temperatur Θ bei freier Konvektion.

ANHANG B   Beschreibung des Rechenschemas für die ABL-Parameter

Depositionsraten und -geschwindigkeiten sowie 'sublayer'-Stanton-Zahlen und Fremdstoffkonzentrationen können an der Bodenoberfläche modellmäßig berechnet werden (Gln. (7) - (11), (15)), wenn d, z_O und die Referenzwerte Θ_r, q_r und c_r bekannt sind. Zu ihrer Bestimmung sind die Profildaten von Wind, potentieller Temperatur und spezifischer Feuchte sowie Fremdstoffkonzentrationen aus mehr als zwei Meßniveaus erforderlich (etwa mikrometeorologische Mast- bzw. Turmmessungen). Mit den nachfolgend beschriebenen Ausgleichsverfahren (Methoden der kleinsten Quadrate) können die erforderlichen ABL-Parameter so bestimmt werden, daß die darauf basierenden berechneten Profile mit den gemessenen Profilen optimal übereinstimmen (Abb. 2).

Um die besten Approximationen für d und z_O sowie die zugehörigen Referenzwerte Θ_r und q_r ermitteln zu können, sind die Summen der 'Fehler'-Quadrate

$$\sum_{i=1}^{N} (u_{M,i} - u_{B,i}((z_O,d)^T))^2 \tag{B1}$$

$$\sum_{i=1}^{N} (\Theta_{M,i} - \Theta_{B,i}(\Theta_r))^2 \tag{B2}$$

$$\sum_{i=1}^{N} (q_{M,i} - q_{B,i}(q_r))^2 \tag{B3}$$

N $\geqslant$ 3 (Zahl der Meßniveaus)

zu minimieren. Hierin ist $u_{M,i}$ der gemessene Wind des i-ten Meßniveaus z_i; die entsprechenden Werte $\Theta_{M,i}$ und $q_{M,i}$ für die potentielle Temperatur und die spezifische Feuchte werden aus Messungen der Trocken- und Feuchttemperatur in derselben Höhe z_i ermittelt. Die Profilfunktionen

$$u_{B,i}((z_O,d)^T) = \frac{u_*}{\kappa} \left[\ln \frac{z_i - d}{z_O} - \psi_{m,i} \right] \tag{B4}$$

$$\begin{bmatrix} \Theta_{B,i}(\Theta_r) \\ q_{B,i}(q_r) \end{bmatrix} = \begin{bmatrix} \Theta_r \\ q_r \end{bmatrix} + \frac{1}{\kappa} \begin{bmatrix} \Theta_* \\ q_* \end{bmatrix} \left[\ln \frac{z_i - d}{z_O} - \psi_{m,i} \right] \tag{B5}$$

können aus (8) - (11) hergeleitet werden, wobei δ und z_h durch $z_O + d$ und z_i zu ersetzen und die zugehörigen Profilwerte entsprechend zu berücksichtigen sind. Geeignete Werte für die 'scaling parameters' u_*, Θ_* und q_* liefern die arithmetischen Mittel

$$\begin{bmatrix} u_* \\ \Theta_* \\ q_* \end{bmatrix} = \frac{1}{N-1} \sum_{i=1}^{N-1} \begin{bmatrix} u_{*,i} \\ \Theta_{*,i} \\ q_{*,i} \end{bmatrix} \tag{B6}$$

die auch zur Berechnung der Obukhov-Stabilitätslänge

$$L = \frac{u_*^2}{\kappa \dfrac{g}{\Theta_m} \left[\Theta_* + \left[\dfrac{R_v}{R_a} - 1 \right] \Theta_m \, q_* \right]} \qquad (B7)$$

verwendet werden. $u_{*,i}$, $\Theta_{*,i}$ und $q_{*,i}$ können aus den Profildaten benachbarter Meßniveaus z_i und z_{i+1} für instabil geschichtete Luft iterativ (mit dem Gleichungssystem (7) - (11) als Iterationsvorschrift) berechnet werden; für neutrale und stabile Schichtung gibt es analytische Lösungen:

$$\begin{bmatrix} u_{*,i} \\ \Theta_{*,i} \\ q_{*,i} \end{bmatrix} = \beta \begin{bmatrix} u_{M,i+1} - u_{M,i} \\ \Theta_{M,i+1} - \Theta_{M,i} \\ q_{M,i+1} - q_{M,i} \end{bmatrix} \qquad (B8)$$

mit

$$\beta = \frac{\kappa}{\ln \dfrac{z_{i+1} - d}{z_i - d}} \, (1 - 5 \, Ri_b) \qquad (B9)$$

sowie

$$Ri_b = \frac{g}{\Theta_m} \, \frac{\Theta_{M,i+1} - \Theta_{M,i} + (R_v/R_a - 1) \, \Theta_m \, (q_{M,i+1} - q_{M,i})}{(u_{M,i+1} - u_{M,i})^2} \, (z_{i+1} - z_i),$$

$$\qquad (B10)$$

der sog. 'bulk'-Richardson-Zahl.

Die linearen Ausgleichsprobleme nach (B2) und (B3) führen mit (B5) zu den Minimierungsbedingungen

$$\begin{bmatrix} \Theta_r \\ q_r \end{bmatrix} = \frac{1}{N} \left\{ \sum_{i=1}^{N} \begin{bmatrix} \Theta_{M,i} \\ q_{M,i} \end{bmatrix} - \frac{1}{\kappa} \begin{bmatrix} \Theta_* \\ q_* \end{bmatrix} \sum_{i=1}^{N} \left[\ln \frac{z_i - d}{z_o} - \psi_{h,i} \right] \right\} . \qquad (B11)$$

Hingegen kann das nichtlineare Ausgleichsproblem nach (B1) nur iterativ gelöst werden, indem es beispielsweise auf eine Folge linearer Ausgleichsprobleme zurückgeführt wird. Sind z_o und d Näherungen für die gesuchte Optimallösung, so werden die Lösungen $\tilde{z}_o$ und $\tilde{d}$ des linearen Ausgleichsproblems

$$\sum_{i=1}^{N} (u_{M,i} - u_{B,i}((z_o,d)^T) - \frac{\partial u_{B,i}}{\partial z_o} (\tilde{z}_o - z_o) - \frac{\partial u_{B,i}}{\partial d} (\tilde{d} - d))^2 = \min$$

$$\qquad (B12)$$

i. a. bessere Lösungen des nichtlinearen Ausgleichsproblems sein als z_o und d. $\partial u_{B,i}/\partial z_o$ und $\partial u_{B,i}/\partial d$ können dabei durch folgende Beziehungen approximiert werden:

$$\frac{\partial u_{B,i}}{\partial z_o} = - \frac{u_*}{\kappa \, z_o} \, \phi_{m,o} \qquad (B13)$$

$$\frac{\partial u_{B,i}}{\partial d} = - \frac{u_*}{\kappa (z_i - d)} \phi_{m,i} + \frac{1}{\kappa} \left[\ln \frac{z_i - d}{z_0} - \psi_{m,i} \right] \frac{\partial u_*}{\partial d} \tag{B14}$$

mit

$$\phi_{m,0} \simeq 1 \tag{B15}$$

$$\phi_{m,i} = \begin{cases} 1 + \dfrac{5}{L} (z_i - d) & , \text{ falls } \quad 0 \leqslant Ri < Ri_{cr} \\[3ex] y_i^{-1} & , \text{ falls } \quad Ri < 0 \end{cases} \tag{B16}$$

sowie

$$\frac{\partial u_*}{\partial d} = \begin{cases} \dfrac{1}{N-1} \displaystyle\sum_{i=1}^{N-1} \dfrac{\dfrac{1}{z_{i+1} - d} - \dfrac{1}{z_i - d}}{\ln \dfrac{z_{i+1} - d}{z_i - d}} \, u_{*,i} & , \text{ falls } \quad 0 \leqslant Ri < Ri_{cr} \\[6ex] \dfrac{1}{N-1} \displaystyle\sum_{i=1}^{N-1} \dfrac{\dfrac{y_{i+1}^{-1}}{z_{i+1} - d} - \dfrac{y_i^{-1}}{z_i - d}}{\ln \dfrac{z_{i+1} - d}{z_i - d} - \psi_{m,i}} \, u_{*,i} & , \text{ falls } \quad Ri < 0 \end{cases} \tag{B17}$$

y_i und y_{i+1} sind im Sinne von (9) zu bestimmen, wobei L_i für jedes Schichtintervall $[z_i, z_{i+1}]$ aus $u_{*,i}$, $\Theta_{*,i}$ und $q_{*,i}$ (entsprechend (B7)) gebildet wird.

Das Iterationsverfahren wird abgebrochen, wenn nach dem k-ten Iterationsschritt die gewünschte Genauigkeit von

$$| z_0^{(k+1)} - z_0^{(k)} | < 0.1 \text{ mm}$$

$$| d^{(k+1)} - d^{(k)} | < 0.1 \text{ mm}$$

erreicht wird.

Theoretische Grundlagen der Aerosol-Scavenging-Modellierung

F. Herbert

1. EINLEITUNG

Bei der Entfernung von Fremdstoffen aus der Luft, so insbesondere von natürlichem und anthropogenem Aerosol, spielen Wolken und Niederschlag eine sehr bedeutende Rolle. Für die Aufnahme von Aerosolteilchen durch Tropfen sind eine Reihe von sog. Scavenging-Prozessen verantwortlich. Dies geht klar aus Beobachtungen und experimentellen Untersuchungen hervor.

Den durch Aerosol-scavenging bedingten Selbstreinigungseffekt der Atmosphäre numerisch zu simulieren, ist Gegenstand zahlreicher mathematischer Modellexperimente. Mit dem Einsatz der mathematischen Modellierung gelang es, die komplexen physikalischen Mechanismen, die beim Scavenging von Teilchen wirksam sind, genauer zu verstehen. Mithin können Scavenging-Koeffizienten und Auswaschraten von Teilchen in Abhängigkeit der verschiedenen internen und externen Einflußkräfte rechnerisch bestimmt werden. Es scheint, daß dadurch die wichtigsten Probleme, zumindest vom grundsätzlichen theoretischen Verständnis her, als weitgehend gelöst angesehen werden können. Man darf aber trotz dieses Fortschritts durch den Einsatz der mathematischen Modellierung nicht verkennen, daß bis heute kein Modellkonzept entwickelt werden konnte, das für beliebige atmosphärische Situationen und Entwicklungen Auswaschverhalten und -effizienz in einem meteorologischen Prognosemodell mit ausreichender Genauigkeit zu simulieren gestattet.

Die Problematik und die theoretischen Grundlagen der Aerosol-Scavenging-Physik, sowie einige Modellanwendungen werden in den folgenden Kapiteln besprochen.

2. THEORETISCHE GRUNDLAGEN DER NAS-PHYSIK

Fremdstoffteilchen in der Luft können in Wolkentropfen inkorporiert werden, indem sie als Kondensationskerne dienen. Dies ist dann der Fall, wenn Schadstoffe, gutdurchmischt mit der Umgebungsluft, in ein wasserdampfgesättigtes Gebiet der Atmosphäre eindringen, so daß ein Teil der Aerosolteilchen zu Kondensationskernen (CN) aktiviert wird. Die Aktivierung von Aerosolteilchen zu CN geschieht durch Nukleation, wobei die Zahl der CN wesentlich von der Partikelgrößenverteilung und der kritischen Wasserdampfübersättigung abhängt.

Bei Eiswolken sind außer CN auch IN (Eiskerne) als aktivierte Teilchen für den Evolutionsprozeß bedeutsam; das theoretische Verständnis von scavenging durch Schnee- und Eisteilchen ist aber noch recht unvollkommen, weswegen diese Prozesse hier nicht behandelt werden.

In der meteorologischen Behandlungsweise wird die Nukleation zur CN-Bildung als quasiunendlich rascher Prozeß im thermodynamischen Gleichgewicht angesehen. Dabei spielt die Zeit keine Rolle. Die bei gegebenem Übersättigungszustand der Atmosphäre so aktivierten CN dienen dann als Initialmassen für weiteres, irreversibles Wachstum durch Kondensation und Koagulation. Dieses Gedankenmodell ist in Abb. 1 schematisch dargestellt.

Dadurch können aktivierte Teilchen zu Wolkentropfen weiterwachsen und so schon während der Embryo-Phase der Wolkenentstehung Fremdstoffe aus der Luft entfernen. In diesem Sinne ist die CN-Bildung als ein Aerosol-scavenging-Prozeß (NAS = nucleation aerosol scavenging) zu verstehen.

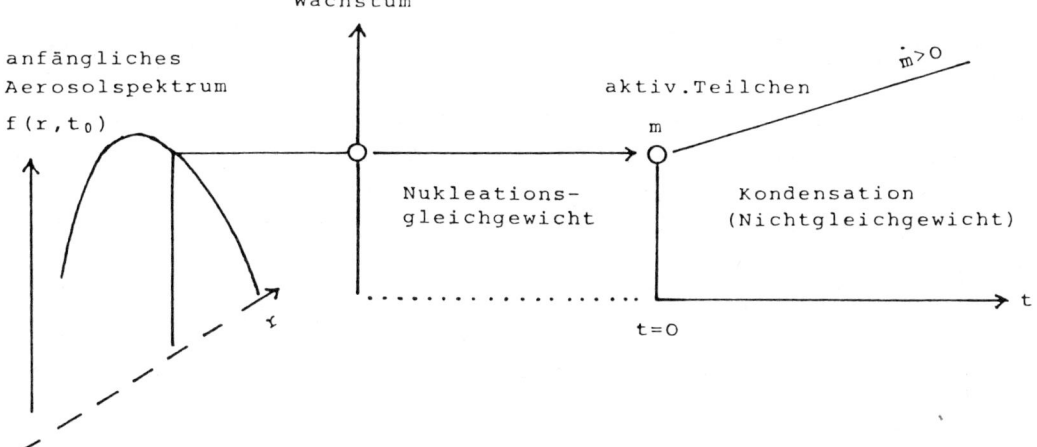

Abb. 1. Nucleation scavenging: aus dem anfänglichen Größenspektrum entsteht ein aktiviertes Teilchen durch eine (quasi-unendlich rasche) thermodynamische Transformation im sog. Nukleationsgleichgewicht

Damit dieser Effekt aber letztlich auch zur Selbstreinigung der Luft beiträgt, ist die weitere Wolkenevolution erforderlich - Bildung von größeren Tropfen, Verbreiterung der Größenspektren, Niederschlagsbildung, Aerosolscavenging durch stochastische Kollektion, Deposition.

Mit der Grundannahme, daß die CN-Bildung durch quasi-statisch <u>reversible</u> Prozeßführung erfolgt, wird die Gültigkeit bekannter Sättigungsdampfdruckrelationen erreicht, die die Koexistenz eines Tröpfchens mit seiner umgebenden (homogenen) Gasphase im mechanischen und thermischen Gleichgewicht beschreiben.

Im thermodynamischen Gleichgewicht gilt aufgrund verschwindender Entropieproduktion bzw. minimaler freier Energie des Systems, daß die Massenwachstumsrate per Tropfen verschwindet, $\dot{m} = 0$. Mit dieser Bedingung ist die bekannte Köhler-Formulierung für die Übersättigung S (z.B. Herbert, 1975), sowie die kritische Übersättigung S_c ableitbar:

$$ S = \frac{A}{r} - \frac{B}{r^3} \qquad\qquad r_c = \frac{2}{3} A \, S_c^{-1} \qquad\qquad . \qquad (1) $$

Hierin sind A und B als gegebene Konstanten zu betrachten. Befindet sich ein Lösungstropfen mit Radius r im Gleichgewicht, so gilt die Dampfdruckbeziehung $p_v(r) = p_v$ (= aktueller Dampfdruck), und es findet keine Massenänderung des Tropfens statt. Ist in diesem Gleichgewichtszustand der Radius des Tropfens kleiner als r_c, spricht man von einem stabilen Gleichgewicht: Eine Variation $\delta r > 0$ führt bei konstant gehaltenem Umgebungsdampfdruck p_v dazu, daß der Sättigungsdampfdruck des um δr vergrößerten Tropfens nun größer ist als p_v, wodurch der Tropfen spontan verdunstet ($\delta\dot{m}<0$) bis der ursprüngliche Radius wieder erreicht ist. Entsprechend führt eine Störung, durch die eine Verringerung des

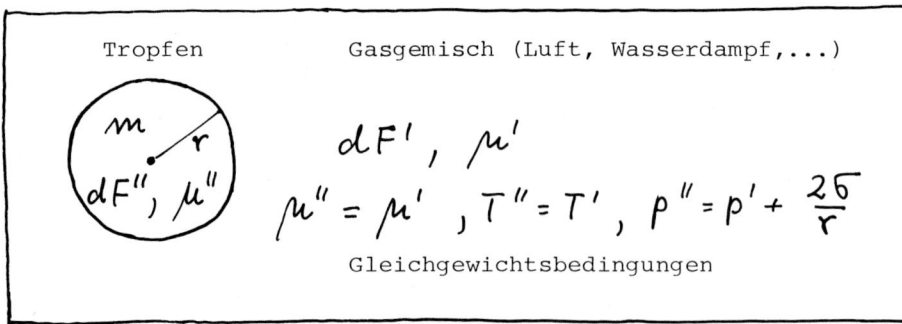

Abb. 2.   Das thermodynamische System für Nukleationsgleichgewicht (F = freie Energie oder Helmholtz-Potential, µ = spez. freie Enthalpie oder spez. Gibbs-Potential, σ = Oberflächenspannung).

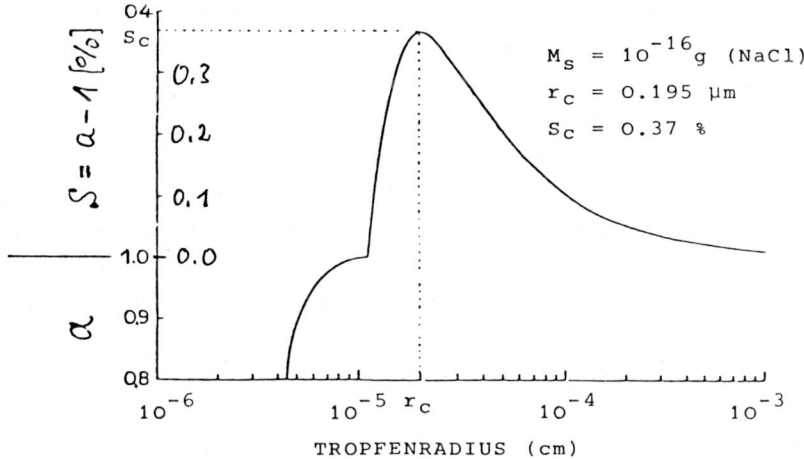

Abb. 3. Nukleationskurve für einen Lösungstropfen, der 10^{-16}g gelöstes NaCl bei T = 20 °C enthält (Mason, 1971)

Tropfenradius um $\delta r < 0$ hervorgerufen wird, zu einem geringeren Sätti­gungsdampdruck des Tropfens im Vergleich zum Dampfdruck p_V in der Um­gebung, wodurch spontan eine Massenzunahme ($\delta \dot{m} > 0$) erfolgt, bis der Tropfen auch hier wieder seinen ursprünglichen Gleichgewichtszustand erreicht. Ist dagegen der Radius des Tropfens größer als r_C, bezeichnet man das Gleichgewicht als labil ($r > r_C$: radius of germ): Eine Radiusvariation $\delta r > 0$ aufgrund einer Störung $\delta p_V > 0$ führt zu einer Verringerung des Tropfensättigungsdampfdrucks, wodurch bei vorausgesetzt konstantem p_V eine Massenzunahme ($\delta \dot{m} > 0$) resultiert.

[Umgekehrt wäre bei einer Variation $\delta r < 0$ aufgrund einer Störung $\delta p_V < 0$ eine Vergrößerung des Tropfensättigungsdampfdrucks und damit eine Massenreduktion (bei angenommen gleicher Umgebungsübersättigung) bis zum Erreichen des entsprechenden Radius auf dem stabilen Ast die Folge.]

Lösungstropfen mit $r > r_C$ können also 'unbeschränkt' wachsen. Um ein Teilchen vom stabilen in den labilen Zustand zu überführen (d.h. zu aktivieren), muß in seiner Umgebung die kritische Übersättigung S_C erreicht werden. So können sich also nur diejenigen Teilchen zu Wolkentropfen entwickeln, deren kritische Übersättigung geringer als die aktuelle Wasserdampfübersättigung ist.

Um die CN-Formation praktikabel zu beschreiben, erweist sich (1) mit B in einer genäherten Form als zweckmäßig, wodurch insbesondere Lösungströpfchen mit festem Kern betrachtet werden können. Hiermit werden das Massenverhältnis des löslichen Salzes zur Aerosoltrockenmasse (ϵ_S), der Trockenradius (r_d), und über einen Parameter β weitere chemische

214

Einflußgrößen wie der sog. praktische osmotische Koeffizient, die Zahl
der gebildeten Ionen von einer Molekel des gelösten Salzes,das Molmas-
senverhältnis von Wasser und Salz und das Verhältnis von Dichte der
trockenen Substanz zur Dichte des Wassers berücksichtigt. So findet man
zwischen den kritischen Größen aus (1) und dem Trockenradius folgende
Beziehungen:

$$r_c = \left(\frac{3\beta\varepsilon_s}{A}\right)^{1/2} r_d^{3/2} \tag{2}$$

$$S_c(r_d) = \frac{2}{3}\left(\frac{A^3}{3\beta\varepsilon_s}\right)^{1/2} r_d^{-3/2} \quad . \tag{3}$$

Demnach ist die kritische Übersättigung eines Lösungstropfens bei gegebenem Trockenradius r_d des nukleierten Aerosolteilchens ausschließlich
eine Funktion seiner chemischen Zusammensetzung. Bei gegebenen chemischen Parametern β und ε_s ist einem Aerosolteilchen mit dem Trockenradius r_d somit eindeutig eine kritische Übersättigung S_c zugeordnet. Umgekehrt kann bei gegebener Übersättigung S_c und chemischer Zusammensetzung (β, ε_s) der Trockenradius des Teilchens nach (3) berechnet werden.
Diese Beziehung wird noch eine wichtige Anwendung finden.

Bevor nun die Bestimmung der Anzahl Kondensationskerne/EV (= N_{CN}) auf
theoretische Zusammenhänge zurückgeführt wird, soll erwähnt werden,
daß Messungen von N_{CN} als Funktion der Übersättigung klar zeigen, daß
N_{CN} mit wachsendem S zunimmt. Für Übersättigungen im Bereich $0.1\% < S < 2\%$
werden die Meßwerte häufig empirisch approximiert durch die Formel
(Twomey 1959) $N_{CN} = cS^k$, wobei N_{CN} und c in cm^{-3}, S in % und k dimen-
sionslos angegeben werden. Die Werte der Parameter c und k hängen von
den speziellen Aerosoleigenschaften ab; i.a. werden k-Werte zwischen
0.4 und 1.0 gemessen. Charakteristische Werte (Twomey und Wojciechowski
1969) sind:

$c = 100/cm^3$ und $k = 0.7$ (maritime Luftmassen) ,
$c = 600/cm^3$ und $k = 0.5$ (kontinentale Luftmassen) .

Ein Potenzgesetz für $N_{CN}(S)$ kann nun offensichtlich allein aus theoretischen Überlegungen hergeleitet werden. Zur Vereinfachung dieser Betrachtung wird die Annahme eingeführt, daß die Aerosolteilchen gleiche
Salzzusammensetzung besitzen, d.h. ε_s = const. und β = const.

Wir haben zuvor gesehen, daß bei gegebener Übersättigung S diejenigen
Teilchen aktiviert werden, für die $S_c < S$. Nach (3) sind Aerosolteilchen dann aktivierte Partikel, d.h. CN, wenn sie die Bedingung

$r_d > r_d(S_c=S)$ erfüllen.

Bezeichnet nun $f_p(r_d)$ die Verteilungsfunktion der Aerosolpartikel und

$$N(r_d) = \int_{r_d}^{\infty} f_p(r)\, dr = -F_p(r_d) \quad \text{die Gesamtzahl der Partikel pro Volumen-}$$

einheit mit Radien größer als r_d, so definiert dieses Integral mit $r_d = r_d(S_c=S)$ (Voraussetzung: $\varepsilon_s = \text{const.}$, $\beta = \text{const.}$) die Anzahl der bei einer gegebenen Übersättigung S aktivierten Nukleationskerne

$$N(r_d[S_c=S]) = N_{CN}(S)$$

$$= -F_p\left(r_d = \left[\frac{2}{3}\left(\frac{A^3}{3\beta\varepsilon_s}\right)^{1/2}\right]^{2/3} S^{-2/3}\right) . \tag{4}$$

Mit dieser Relation wird unmittelbar klar, daß zur Bestimmung von N_{CN} als Funktion der Übersättigung S das Partikelspektrum $f_p(r_d)$, sowie bestimmte thermodynamische und chemische Parameter, über die r_d mit S_c nach (3) verknüpft ist, bekannt sein müssen. Dieses sehr anschauliche Resultat steht auch mit der Erfahrung im Einklang. Neben der Möglichkeit, mit Hilfe der Beziehung (4) bei gegebener Verteilungsfunktion und chemischer Zusammensetzung der Aerosolteilchen $N_{CN}(S)$ zu berechnen, kann bei gegebenen $N_{CN}(S)$, β und ε_s die Größenverteilung der Aerosolteilchen aus dem Ausdruck

$$f_p(r_d) = -\frac{d\,S_c}{d\,r_d}\left(\frac{d\,N_{CN}}{d\,S}\right)_{S=S_c(r_d)} \quad \text{bestimmt werden.}$$

Wir wählen nun, um (4) zu spezifizieren, für die Aerosolverteilung einen Junge-Potenzansatz

$$f_p(r_d) = \frac{c_1}{\ln 10}\, r_d^{-(\alpha+1)} \quad ; \tag{5}$$

der Zusammenhang zwischen $f_p(r_d)$ und der üblicherweise verwendeten 'logarithmischen' Junge-Verteilung $f_p^*(r_d)$ wird durch $f_p^*(r) = \ln(10)\,r\,f_p(r)$ vermittelt.

Verwendet man nun (5) zur Bestimmung der Stammfunktion F_p in (4), so ergibt sich hieraus die Relation

$$N_{CN}(S) = c \; S^k \; , \qquad \text{mit}$$

$$c = \frac{c_1}{\ln 10} \left[\frac{2}{3} \left(\frac{A^3}{3\beta} \right)^{1/2} \right]^{-2\alpha/3} \varepsilon_s^{\alpha/3} \; , \qquad k = \frac{2\alpha}{3} \tag{6}$$

und damit das bemerkenswerte Resultat, daß der empirisch angenommene Zusammenhang $N_{CN} = c \; S^k$ tatsächlich in gewünschter Form aus theoretischen Überlegungen hervorgeht. Wie (6) zeigt, wird der Exponent k allein durch die Form des Aerosolpartikelspektrums bestimmt (über den Parameter α der Junge-Verteilung), wogegen der Faktor c sowohl von der Verteilungsfunktion (über die Parameter c_1 und α) als auch von den physikochemischen Eigenschaften der Kondensationskerne (ε_s und β) und über die Größe A von der Temperatur abhängt ($c \sim T^\alpha$).

Unterstellt man das klassische Junge-Spektrum, d.h. $\alpha = 3$, so folgt aus (6)

$$N_{CN} = \overbrace{\frac{9c_1}{4 \ln 10} \frac{\beta \varepsilon_s}{A^3}}^{=c} S^2 \; . \tag{7}$$

In diesem 'theoretischen' Fall wird N_{CN} mit dem Quadrat der Übersättigung ansteigen, der Faktor c ist proportional zum Salzgehalt ε_s der Aerosolpartikel und umgekehrt proportional zum Molekulargewicht des Salzes ($\beta \sim \bar{m}_s$). Die quadratische Abhängigkeit von der Übersättigung stimmt allerdings nicht mit Messungen im Übersättigungsbereich $0.2\% \lesssim S \lesssim 2\%$ überein, die für den Exponenten k nur Werte zwischen k=0.4 und k=1.0 ergeben. Es ist sicher ein komplexes Problem, will man diese Diskrepanz aufklären. Zweifellos spielen dabei auch die speziellen Annahmen eine Rolle, die (7) zugrundeliegen. Grundsätzlich ist die Annahme physikochemisch uniformer Aerosolteilchen eine recht idealisierte Bedingung, weil dadurch Teilchen nur 'der Größe nach' aktiviert werden, was sicherlich nicht ihrem natürlichen Verhalten entspricht. Die restriktivste Zwangsbedingung scheint jedoch die Annahme eines Junge-Gesetzes für das gesamte Partikelspektrum zu sein. Grund dafür ist, daß die natürliche Größenverteilung der Aerosolteilchen nur für Radien $r_d > 0.1$ μm (große Kerne und Riesenkerne) durch die Potenzverteilung (5) approximierbar ist. Im allgemeinen besitzt die Verteilungsfunktion $N_p(r_d)$ in dem Größenbereich 0.01 μm$<r<0.1$ μm ein sekundäres Maximum oder weist in diesem Bereich eine sehr viel geringere Abnahme der Teilchendichte mit zunehmendem Radius auf als die theoretische Verteilungsfunktion (5) mit $\alpha=3$, welche im gesamten Größenbereich der Aitkenteilchen ($r_d < 0.1$ μm) mit abnehmendem r_d weiterhin proportional r^{-4} ansteigt. Eine S^2-Abhängigkeit wie in (7) sollte daher nur für Übersättigungen angewandt werden, bei denen Teilchen aus dem 'Junge-Bereich' des Aerosolspektrums - $r_d > 0.1$ μm - aktiviert werden.

Für NaCl-Partikel von 0.1 μm und 0.5 μm Radius nehmen z.B. die zugehörigen kritischen Übersättigungen ungefähr die Werte 0.04% und 0.004% an, die kritische Übersättigung eines Ammoniumsulfat-Teilchens von 0.1 μm Radius beträgt ungefähr 0.06% bei T = 20 ^{0}C. Nimmt man an, daß natürliche Aerosolteilchen Mischkerne sind, die zu 50% aus Ammoniumsulfat und zu 50% aus einer unlöslichen Substanz bestehen, so ist die kritische Übersättigung der Teilchen mit Radien $r_d \geqslant 0.1$ μm geringer als 0.1%. Gleichung (7) kann also nur für S < 0.1% 'realistische' Werte für N_{CN} liefern. Wendet man dagegen (7) auch bei Übersättigungen S > 0.1% an, so folgt im Vergleich zu entsprechenden Messungen ein sehr viel größerer Wert für die Anzahl der aktivierten Teilchen, da für (7) vorausgesetzt wurde, daß auch Aerosolteilchen mit Radien $r_d < 0.1$ μm Junge-verteilt sind, während das natürliche Partikelspektrum i.a. eine sehr viel geringere Anzahl von Teilchen mit $r_d < 0.1$ μm aufweist.

Im Übersättigungsbereich 0.0% < S < 0.1% ist die Messung von Aktivitätsspektren mit üblichen Meßgeräten (Diffusionskammern) schwer durchführbar. Man kann daher (7) zur Abschätzung der Anzahl der Teilchen verwenden, die bei geringen Übersättigungen unterhalb 0.1% als Kondensationskerne aktiviert sind. Neuere N_{CN}-Messungen bei Übersättigungen 0.01% < S < 0.2% ('haze'chambers) ergaben k-Werte zwischen 2 und 3 (Jiusto und Lala, 1980). Dies ist konsistent mit Junge-Verteilungen für Teilchen mit $r_d > 1$ μm, wobei der Verteilungsparameter α Werte zwischen 3 und 4 annimmt.

Die empirische Formel $N_{CN} = cS^k$ mit 0.4 < k < 1 basiert auf N_{CN}-Messungen im Übersättigungsbereich 0.2% < S < 2%. Bei diesen verhältnismäßig hohen Übersättigungen werden Teilchen aktiviert, die sicherlich nicht mehr gemäß dem Junge-Gesetz (5) mit $\alpha \approx 3$ größenverteilt sind, denn für S > 0.1% ist der zugehörige Trockenradius der aktivierten Teilchen i.a. kleiner als o.1 μm. Man kann jedoch aus diesen Meßwerten für c und k zumindest qualitativ auf die Größenverteilung der Kondensationskerne mit Radien unterhalb 0.1 μm zurückschließen. Man kann zeigen, daß - bei Gültigkeit der Beziehung $N_{CN}(S) = cS^k$ in einem bestimmten Übersättigungsbereich $S_1 \leqslant S \leqslant S_2$ und unter der Annahme gleicher chemischer Zusammensetzung der Aerosolteilchen - für $f_p(r_d)$ eine Potenzverteilung (5) in dem zugehörigen Größenbereich $r_d(S_c=S_2) \leqslant r \leqslant r_d(S_c=S_1)$ resultiert. Die

Parameter c_1 und α dieser Verteilungsfunktion können bei gegebenem c, k, β und ε_s mit (6) berechnet werden. Nimmt man beispielsweise als Aerosolteilchen Ammoniumsulfat mit ε_s = 0.5 an, so werden bei Übersättigungen zwischen 0.1% und 2% Teilchen aus dem Größenbereich 0.03 µm $\leq r_d \leq$ 0.1 µm aktiviert. Mit dem charakteristischen Wert k=0.6 folgt für die Verteilungsfunktion $f_p(r_d)$ in diesem Größenbereich $f_p(r_d) \sim r_d^{-1.9}$, d.h. α = 0.9. Somit weisen die üblichen k-Werte zwischen k = 0.4 und k = 1.0 darauf hin, daß die Verteilungsfunktion der Aerosolpartikel für Teilchenradien r_d < 0.1 µm eine weit geringere Abnahme der Teilchendichte mit zunehmendem Radius aufweist ($0.6 \leq \alpha \leq 1.5$) als im Junge-Bereich des Spektrums ($3 \leq \alpha \leq 4$).

Eine alternative N_{CN}-Bestimmungsmethode ist auf der Grundlage von Tropfenspektren $f_w(r)$ möglich; das 'trockene' Aerosolspektrum kann dabei außer Betracht bleiben. Dieses Vorgehen steht im Zusammenhang mit der Frage nach dem (instationären) Nichtgleichgewichtsverhalten von Tröpfchen, d.h. mit der Aufgabe, die Entwicklung von Tropfenspektren aufgrund des Kondensationswachstums numerisch zu simulieren. Ab welchen Radien hierbei aktivierte Teilchen vorliegen, kann dann wiederum anhand der Beziehungen für Nukleationsgleichgewichte errechnet werden.

Über das Verhalten der Verteilungsfunktion f_w und der Massenwachstumsrate $\dot{m}$ in der Umgebung des instabilen ('aktivierten') Gleichgewichtsradius r_e hat Wacker (1984) numerische Untersuchungen durchgeführt. Die obere und mittlere Figur in Abb. 4 zeigen eine Momentaufnahme der Funktionen $f_w(r)$ und $\dot{m}(r)$ um den Punkt r = r_e. Anhand der Sättigungskurve in Abb. 4 (untere Figur) macht man sich leicht klar, daß bei einer gegebenen Feuchte (oder Übersättigung S) für die instabilen Gleichgewichtsradien r_e die Bedingungen

$$\left. \dot{m}(r) \right|_{r_e} = 0 \quad , \quad \text{d.h.} \quad \left(r^3 - \frac{A}{S} r^2 \right)_{r_e} + \frac{B}{S} = 0$$

$$\text{und} \quad (\delta \dot{m})_{r_e} > 0 \quad , \quad \left. \frac{\partial S}{\partial r} \right|_{r_e} < 0 \quad \text{(Instabilitätsbedingung)} \tag{8}$$

gelten müssen. Aus dem r-Polynom in (8) können exakte oder genäherte analytische Lösungen für r_e abgeleitet werden. Ist (8) Teil eines atmosphärischen Simulationsmodells, so wird r_e zweckmäßigerweise auch mit Hilfe eines numerischen Verfahrens ermittelt.

Nun ist eine vernünftige analytische Näherungslösung für r_e errechenbar, indem zur Definition von Radien $r_s < r_c$ auf dem stabilen Kurven-

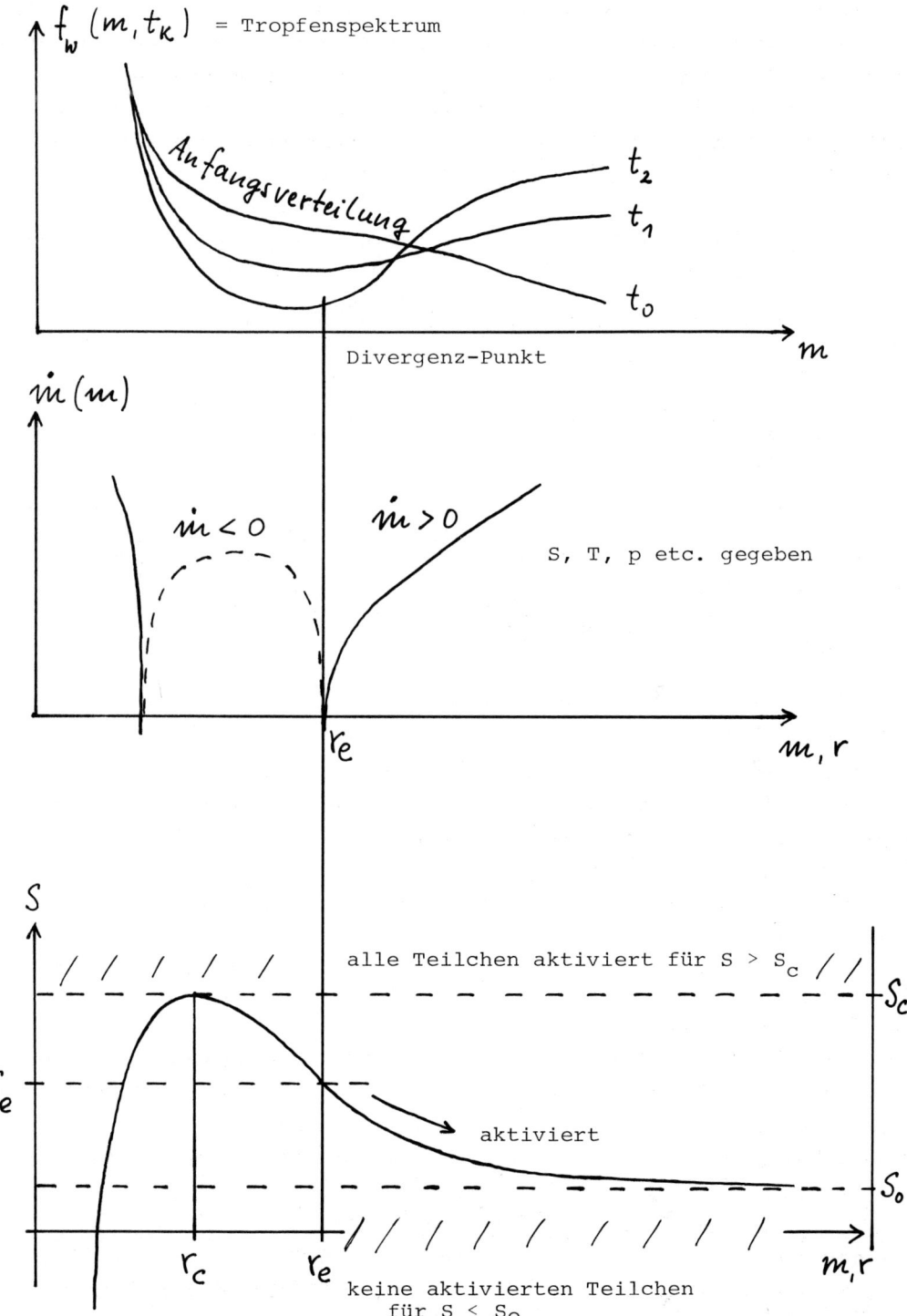

Abb. 4. Zustandsdiagramme zur CN-Bildung.

ast Gl. (8) durch die Annahme r_s < A/S approximiert wird. Das Verhältnis A/S beschreibt die Gleichgewichtsradien nach der Kelvin-Beziehung. Mit der so gewonnenen r_s-Wurzel reduziert sich (8) auf ein Polynom 2. Grades mit 2 weiteren reellen Wurzeln für den instabilen Ast der r(S)-Kurve. Daraus ergibt sich für die Radien aktivierter Teilchen im Nukleationsgleichgewicht die Lösung:

$$r_e = \frac{1}{2} \left(\frac{A}{S} - \sqrt{\frac{B}{A}} \right) \left(1 + \sqrt{1 + \frac{4}{\frac{A}{S}\sqrt{\frac{A}{B}} - 1}} \right) . \tag{9a}$$

Statt (9a) kann in vielen Fällen für r_e auch die Näherung

$$r_e = \frac{A}{S} \left(1 - \frac{S^2 B}{A^3} \right) \tag{9b}$$

und speziell im Bereich sehr kleiner Übersättigungen die Kelvin-Lösung

$$r_e = \frac{A}{S} \tag{9c}$$

verwendet werden.

Mit der Bestimmung von r_e ist bei dieser Methode der entscheidende Schritt getan. Offenbar sind nun im Größenspektrum $f_w(r)$ alle Tröpfchen mit Radien r_e < r < r_{max} aktivierte Teilchen, so daß N_{CN} hier durch das Integral

$$N_{CN} = \int_{r_e(S)}^{\infty} f_w(r) \, dr = - F_w(r_e(S)) \tag{10}$$

zu definieren ist. N_{CN} ist dann mit (9a oder b) berechenbar, wenn die Tropfengrößenverteilung bekannt ist. Eine für eine Reihe typischer Tropfenspektren repräsentative Beziehung ist

$$f_w(m) = \frac{b_1(r)}{N_{ges.}} \exp(- b_2 r^n) \text{ , wobei die Differentialbedingung}$$

$$f_w(r) \, dr = f_w(m) \, dm = f_w(m) \, 4\pi r^2 \rho_w dr \text{ sowie die Integralbedingung}$$

für die Gesamtteilchenzahl $N_{ges.} = \int f_w(m) \, dm$ zu beachten sind. Die Größen b_1, b_2 und n hängen vom Zustand (Entwicklungsstadium) der Wolke ab und können dementsprechend gewählt werden. Beispiele hierfür sind:

Clark (1974): b_1, b_2 = const., n = 1; gültig für Anfangsstadium der Wolkenentwicklung ohne Tropfen mit Radien r > 10 μm;

Marshall/Palmer-Spektrum (Pruppacher & Klett, 1978): $b_1 \sim r^{-2}$, b_2 = 82 $RI^{-0.21}$, n = 1, RI = Regenintensität in mm/h; beschreibt Regentropfenspektrum mit vielen sehr großen Tropfen, r > 10^2 μm;

Arnason & Greenfield (1972): $b_1 \sim r^{-2}$, b_2 = const., n = 1/2; für Aerosolspektrum aus der Passatregion.

3. THEORETISCHE GRUNDLAGEN DER CAS-PHYSIK

In verunreinigter Luft können Fremdstoffteilchen auch durch sog. collision aerosol scavenging (CAS) entfernt werden. Physikalisch ist der Unterschied zwischen CAS und NAS evident. Demgemäß ist die Aerosolaufnahme durch CAS vor allem nach der anfänglichen Wolkenevolutionsphase wirksam, und zwar als In-cloud-Effekt, wobei Teilchen von typischen Wolkentropfen aufgenommen werden, sowie als Below-cloud-Effekt, wobei Teilchen von Niederschlagstropfen aufgenommen werden. Voraussetzung für CAS sind also schon formierte Tropfen von in der Regel $\gtrsim$ 10 µm Radius, die Teilchen des gesamten Größenspektrums $10^{-2} \leqslant r \leqslant 10$ µm durch Stoßwirkung aufsammeln (vgl. hierzu die schematische Darstellung in Abb. 5). Die Mikrophysik des CAS-Phänomens hängt von einer Reihe atmosphärischer Antriebskräfte ab, die durch irreversible Mechanismen, wie Brown'sche

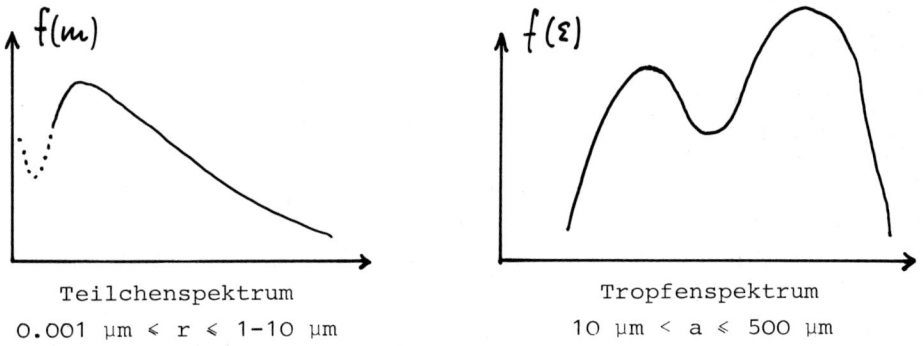

Teilchenspektrum
0.001 µm $\leqslant$ r $\leqslant$ 1–10 µm

Tropfenspektrum
10 µm < a $\leqslant$ 500 µm

Kinetische Wechselwirkungen ("Reaktionen"):

Tropfen + Tropfen $\longrightarrow$ Tropfen

Teilchen + Tropfen $\longrightarrow$ Tropfen

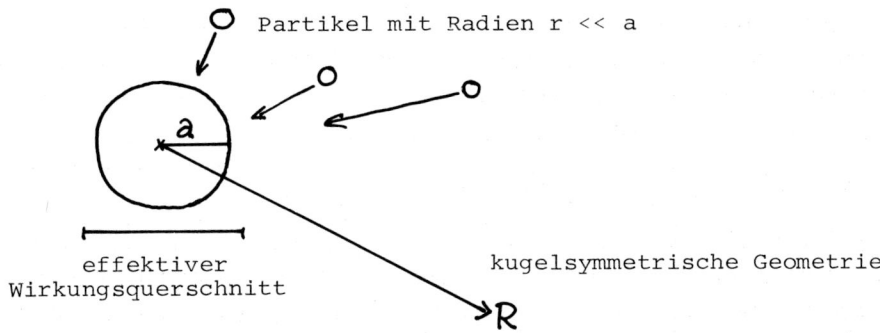

Partikel mit Radien r << a

effektiver
Wirkungsquerschnitt

kugelsymmetrische Geometrie

Abb. 5. Veranschaulichung der CAS-Entstehung durch kinetische Wechselwirkungen zwischen Wolken(Regen)-Tropfen und Aerosolteilchen.

222

Bewegung, thermo- und diffusiophoretische Attraktion, hydrodynamische und elektrische Einwirkungen induziert werden. Offenbar und im Gegensatz zu NAS durch CN-Bildung spielt also bei CAS die Zeit eine wichtige Rolle.

Das physikalische Verständnis des komplexen CAS-Mikromechanismus konnte in den letzten Jahren durch den Einsatz der mathematischen Modellierung wesentlich vertieft werden. Stark beeinflußt durch die wichtigen Arbeiten von Greenfield (1957) und Young (1974) sind solche neueren mathematischen Modelle auf der Grundlage von mehr und mehr verbesserten theoretischen Konzepten für CAS entwickelt worden. Die zentralen Probleme sind hierbei zum einen die Entwicklung des theoretischen Gerüsts, in dem alle signifikanten Mikromechanismen von CAS in Kombination beschrieben sind, und zum anderen die Berechnung des Auswascheffekts durch CAS, d.h. den Teil der Aerosolmasse, der durch Tropfen absorbiert wird und auf der Grundlage stochastischer Gleichungen bestimmt werden kann. In früheren Modelluntersuchungen werden oftmals unvollständige und fehlerhafte physikalische Konzepte für den Teilchentransport verwendet. Solche Modelle kranken daran, daß sie mit speziellen Koagulationsfunktionen für CAS operieren, die nicht einheitlich im gesamten Größenspektrum der Partikel anwendbar sind. In neueren Arbeiten, wie etwa Wang et al. (1978), Martin et al. (1981) u. a. werden weiterführende theoretische Ansätze erarbeitet. Diese Bemühungen liefern sukzessive Verbesserungen des physikalischen Grundkonzepts gegenüber früheren Modellvarianten. Damit wurde ein geschlossenes Modellierungsschema der CAS-Mikrophysik entwickelbar (Herbert & Beheng 1984; Beheng & Herbert 1984), das erstmals gestattete, im gesamten Größenspektrum In-cloud- und Below-cloud-Kollektion von Teilchen in Abhängigkeit von allen bekannten mikrophysikalischen Einflüssen einheitlich zu beschreiben.

Zentrale Größe in einem numerischen Modellierungsschema ist die Koagulationsfunktion K (sog. collection kernel) für CAS, durch die ein effektives Volumen pro Zeiteinheit für das Sammeln von Teilchen definiert wird. Als eine charakteristische Geschwindigkeit für die Partikelabsorption ist K verwandt mit der sog. Depositionsgeschwindigkeit, die zur Beschreibung der trockenen Abscheidung von Fremdstoffen in der ABL (oder am Boden) eingeführt wird. Die Formulierung von K verlangt eine genaue Kenntnis der Partikelflußgeschwindigkeit. Eine elegante Methode, eine Partikelflußgleichung zu gewinnen, in der alle Mikromechanismen, die für CAS wirksam sind, signifikant repräsentiert sind, ist in Herbert (1980) diskutiert. Hierin wird für die gesamte Partikelflußdichte $\vec{J}_p$ die Beziehung

$$\vec{J}_p = - \rho D_p \text{ grad } x_p + \rho x_p B_p \Sigma \vec{F}_k \qquad (11)$$

abgeleitet. In (11) stellen der erste Term den Brown'schen Effekt (ρ = Dichte, D_p = Teilchendiffusionskoeffizient, x_p = Teilchenkonzentration = Massenbruch), der zweite Term die nicht-Brown'schen, sog. externen Effekte (B_p = Teilchenbeweglichkeit) dar. Die Antriebskräfte durch phoretische, elektrische und hydrodynamische Einflüsse wurden symbolisch durch $\sum_k \vec{F}_k$ ausgedrückt. Die Formulierung von (11) erfolgte in strenger Anlehnung an die Theorie irreversibler Prozesse, modifiziert durch die Annahme, daß die Atmosphäre einem quasi-mechanischen Gleichgewichtszustand relativ zu Transportphänomenen wie Teilchen-, Dampf- und Wärmediffusion genügt. Diese Gleichgewichtsannahme dient als eine Art 'Dynamische Schließung' in der $\vec{J}_p$-Gleichung.

Aus dieser Gleichung und weiteren Bedingungen für die Kinematik und das Verhalten des Teilchenflusses an der Tropfenoberfläche ergibt sich ein mathematisches Konzept, mit dem die Feinstruktur von CAS allgemein genug modelliert werden kann. Demgemäß ergibt sich hieraus die K-Funktion

$$K(a,r) = \frac{4\pi B_p \, C(a,r)}{\exp\left(\dfrac{B_p \, C(a,r)}{D_p \, f_p^* \, a}\right) - 1} + \pi y_c^2 m B_p g \qquad (12)$$

worin a = Tropfenradius, r = Teilchenradius, m = Teilchenmasse, g = Schwerebeschleunigung, y_c = effektiver Kollisionsradius. In (12) ergibt sich der erste Summand aus der Annahme, daß über die simultane Wirkung von Brown'scher Diffusion, phoretischer Attraktion und Coulombkräften ein sphärisch-symmetrischer Teilchentransport zur Tropfenoberfläche $4\pi a^2$ erfolgt. Der zweite Summand hingegen erklärt sich durch die Annahme, daß Schwerkraft und andere dynamische Kräfte in K einen zusätzlichen Beitrag leisten, der stark von einem effektiven Kollisionsquerschnitt πy_c^2 abhängt. Die Einflüsse durch phoretische Kräfte und Coulomb-Kräfte (falls geladene Tropfen und Teilchen vorliegen) kommen explizit in dem Faktor C(a,r) zum Ausdruck. Die Funktion C(a,r) ist in Wang et al. (1978) oder Herbert (1982) angegeben und soll hier nicht näher spezifiziert werden. Geht C(a,r) $\to$ 0, so geht dieser Teil von K in den einfachen Brown'schen collection kernel über; statt (12) gilt dann

$$K(a,r) = 4\pi a \, f_p^* \, D_p + \pi y_c^2 m B_p g \qquad (13)$$

224

Mit f_p^* ist in $K(a,r)$ ein Ventilationskoeffizient berücksichtigt, um den Einfluß der Tropfeneigenbewegung im Effekt durch Brown'sche Diffusion korrekturmäßig zu erfassen; mit $f_p^* = 1$ bleibt die Tropfenbewegung außer Betracht. In Analogie zu f_p^* werden auch Korrekturfaktoren für die phoretischen Effekte in der Funktion $C(a,r)$ berücksichtigt.

Der y_C-Term in K wird offensichtlich erst für relativ große Teilchen ($r \geqslant 1$ µm) bedeutsam und führt in diesem Bereich zu einer Vergrößerung von K. Damit wird im Vergleich zu anderen Flußmodellen (etwa Wang et al. 1978; Martin et al. 1981) ein zusätzlicher Effekt erfaßt, der die theoretisch postulierte Abnahme von K mit zunehmender Teilchengröße verringert und im sog. Greenfield-Minimum-Bereich sogar einen Anstieg von K bewirkt (siehe auch Diskussion zu Abb. 7).

Für numerische Simulationsexperimente ist der in Gleichung (12) bzw. (13) noch offene effektive Kollisionsradius y_C zu bestimmen. Die y_C-Spezifikation dürfte generell ein sehr kompliziertes kinetisch-dynamisches Problem sein, wohingegen praktische Abschätzungen recht leicht möglich sind. So ist beispielsweise schon

$$y_C = a \tag{14}$$

eine brauchbare, aber rohe Approximation, womit der effektive Kollisionsquerschnitt zu πa^2 angenommen wird. Vom Grundkonzept der Partikelflüsse her ist es klar, daß der Ansatz (14) zu um so ungenaueren K-Werten führt, je größer die Teilchen sind. Mit dieser y_C-Näherung ergibt sich $K \sim r^2$ und damit ein zu flacher Anstieg für den rechten Kurvenast in Abb. 6. Um diesen Mangel zu beheben, wäre wohl eine Polynomregression für y_C angebracht, wobei die Koeffizienten so zu bestimmen sind, daß

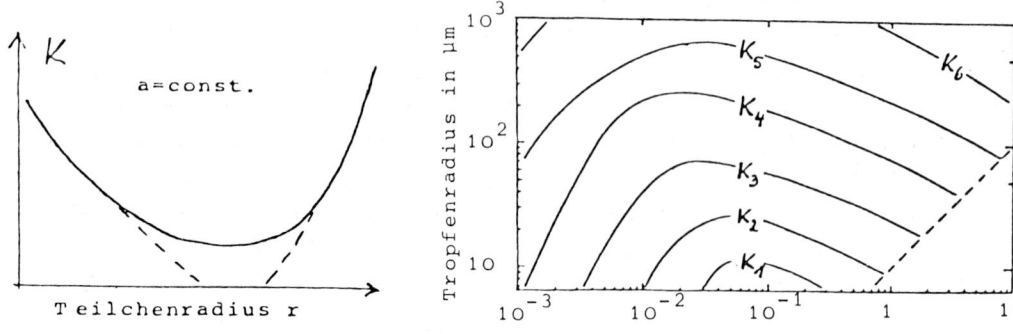

Abb. 6. Der Verlauf der scavenging-Koagulationsfunktion im Prinzip.
links: K als Funktion von r bei festem a, $K(a=\text{const.},r)$;
rechts: Isopletendarstellung $K(a,r) = \text{const.}$, $K_1 < K_2 < K_3$ etc.

beobachtete Werte von K für Teilchen mit Radien größer als 0.5-1 µm
möglichst genau angeglichen werden.

Zur Zeit sind Beobachtungsdaten, die eine zuverlässige Polynombestim-
mung zuließen, allerdings nicht verfügbar. Daher wird, um zumindest
eine Teillösung dieses Problems zu erreichen, der Ansatz

$$y_c = a \left(\frac{r}{r_0}\right)^{\alpha} \tag{15}$$

verwendet, da in diesem Fall weit weniger K-Daten benötigt werden, um
die beiden Parameter r_0 und α zu bestimmen. Eine nähere Untersuchung
zeigt, daß der exakte Verlauf von K im kritischen Teilchenbereich und
für größere Teilchen sehr stark von der Kenntnis des Referenzradius r_0
und des Exponenten α in dem Faktor $\left(\frac{r}{r_0}\right)^{2\alpha}$ abhängt.
Für einige wenige Spezialfälle können solche durch Adjustierung berechneten Werte mit den scavenging efficiency-Daten des Trajektorienmodells
von Grover et al. (1977), sowie den Beobachtungsdaten von Leong et al.
(1982) gefunden werden; dabei werden dann α und r_0 durch numerische
Interpolation von jeweils zwei Punkten dieser Datensätze berechnet.
Numerische Auswertungen mit dem Modell können für Teilchenradien zwischen $10^{-3}<r<10$ µm und Tropfenradien zwischen $10<a<(500-600)$µm durchgeführt werden mit variablen Umgebungswerten für Temperatur, Druck und
relative Feuchte, sowie internen Parametern wie elektrischen Ladungen
(auf Teilchen und Tropfen) und Wärmeleitfähigkeitsverhältnis. Fallge-
schwindigkeiten werden nach einem eigenen Berechnungsschema separat bestimmt.
Ein Beispiel des berechneten Verlaufs von K als Funktion des Partikelradius r ist in Abb. 7 dargestellt. Die Bedingungen hierbei sind:
RH = 30%, T = 24°C, p = 1000 mb, ungeladene Teilchen und Kollektortrop-
fenradien a = 72 µm und 66 µm. Diese Fallstudien offenbaren die Effekte
durch Diffusio- und Thermophorese und insbesondere durch den y_c-Term,
der alternativ mit dem einfachsten Ansatz (14), sowie mit dem hydrody-
namisch korrigierten Ansatz (15) verwendet wurde.

Zusammenfassend für alle numerischen Fallstudien kann man festhalten,
daß, unabhängig davon, ob y_c mit einem korrigierten Ansatz berechnet
wird oder nicht, die Resultate die typische Struktur der kernel-Funk-
tion K liefern. Dies heißt, im Gegensatz zu früheren Flußmodellen für
K, ein Minimum von K in einem gewissen Größenbereich (0.1<r<1-2 µm,
dem sog. Greenfield-Minimum-Bereich) und einen raschen Anstieg für grös-
sere Teilchen. Mit den berechneten α- und r_0-Werten findet man, daß
$K \sim r^n$ (n>4) ansteigt bis zu Partikelradien von ungefähr 5-7 µm, wohingegen mit einem nichtkorrigierten y_c-Term der rechte Ast der Kurve einheitlich $\sim r^2$ ansteigt. Obgleich mikrophysikalisch gesehen dieser $K \sim r^2$
für größere Teilchen (ab r > 1-2 µm) sicher zu flach ist, so darf man

226

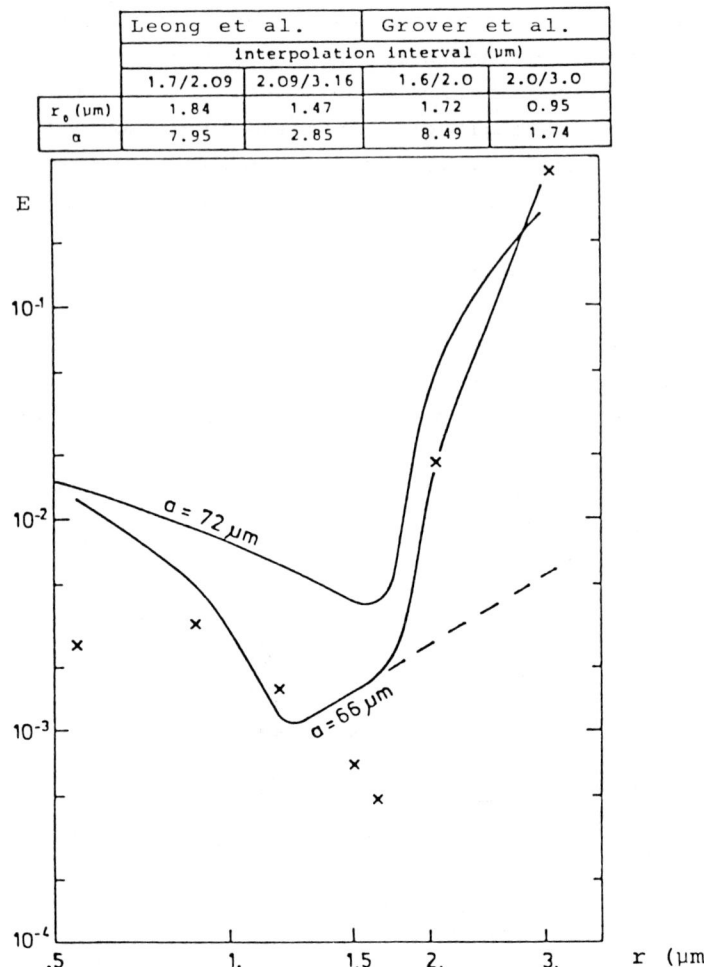

Leong et al.		Grover et al.	
interpolation interval (µm)			
1.7/2.09	2.09/3.16	1.6/2.0	2.0/3.0
r_0 (µm) 1.84	1.47	1.72	0.95
α 7.95	2.85	8.49	1.74

Abb. 7. Die sog. Kollisionseffizienz E (äquivalent mit K) als Funktion des Teilchenradius r. Für den Tropfenradius a = 72 µm wurde eine E-Angleichung an die Trajektorienmodellwerte von Grover et al. (1977) und für a = 66 µm an die experimentellen Daten (Kreuze) von Leong et al. (1982) vorgenommen. Die Tabelle enthält die errechneten Interpolationsparameter α und r_0.

dennoch erwarten, wenn man y_C = a annimmt, daß eine numerische Berechnung des Auswascheffekts für natürliche Teilchengrößenspektren keine unrealistisch hohe Unterschätzung liefert.

Die zweite zentrale Fragestellung im Zusammenhang mit CAS ist mit der sehr komplexen Aufgabe verbunden, daß der Scavenging-Mechanismus in ein numerisches Simulationsmodell der Atmosphäre eingebettet werden soll, das Auswaschraten für luftbeigemengte Fremdteilchen in Abhängigkeit der äußeren Bedingungen zu berechnen gestattet. Dazu sind offensichtlich

Kontinuitätsgleichungen für spektrale Koagulationsmechanismen erforderlich. Das Kernproblem bei dieser Aufgabe ist die (numerische) Integration der kinetischen Gleichungen, mit gegebenen K-Funktionen, woraus
die Veränderung des Partikelgrößenprektrums, sowie die Abnahme von
Anzahl und Masse der Teilchen durch den Scavenging-Prozeß zu errechnen
ist.

Im folgenden wird ein reduziertes Berechnungsschema für die Tropfen-
und Teilchenmikrophysik besprochen. Dabei wird angenommen, daß Änderun-
gen der Tropfengrößenverteilung $f_w(\varepsilon)$ (ε = Tropfenmasse) ausschließlich
über Erzeugungs- und Verlustterme bedingt sind, welche durch Koagula-
tions- und Break Up-Prozesse hervorgerufen werden, d.h. daß durch Kondensation bedingte Advektionseffekte, sowie Beiträge durch Tropfen/
Partikelstöße außer Betracht bleiben. Die mathematische Formulierung
der f_w-Gleichung ist dann klar

$$\frac{\partial f_w(\varepsilon)}{\partial t} = C_+(ww) - C_-(ww) + B_+(w) - B_-(w) \qquad (16)$$

In (16) sind die stochastischen Gewinn- und Verlustintegrale der Ein-
fachheit halber nur in symbolischer Form angegeben, und zwar für die
Koagulation von Tropfen untereinander mit $C_+(ww)$ und $C_-(ww)$, für Break
Up mit $B_+(w)$ und $B_-(w)$. Zahlenwerte für die erforderlichen Tropfen-
Efficiencies können aus de Almeida (1979) entnommen werden. Weiterhin
wird angenommen, daß die kinetische Gleichung des Größenspektrums der
Teilchen $f_p(m)$ soweit vereinfacht werden kann, daß nur ein durch den
CAS-Effekt bedingtes Verlustintegral auftritt, das die Teilchenkollek-
tionsprozesse beschreibt:

$$\frac{\partial f_p(m)}{\partial t} = - f_p(m) \int_0^\infty K(\varepsilon,m) \, f_w(\varepsilon) \, d\varepsilon \quad . \qquad (17)$$

Mit (17) ergibt sich nun die Möglichkeit, die Wirksamkeit des CAS-
Effekts sowohl spektral als auch für die Teilchen insgesamt explizit
zu berechnen. Dabei können entsprechend den gegebenen Bedingungen noch
mehr oder weniger starke Vereinfachungen eingeführt werden.

Ein Modellbeispiel soll diesen Sachverhalt plausibel machen. Dazu wird
der Fall betrachtet, daß hinsichtlich des Teilchenkollektionsprozesses
ein stationäres Tropfengrößenspektrum angenommen werden kann, d.h.
$f_w(\varepsilon) = f_{w,o}(\varepsilon)$ = Anfangstropfenspektrum; Gl. (16) wird somit bedeu-
tungslos. Außerdem wird angenommen, daß innerhalb des Aerosolgrößen-
spektrums ein Größenbereich Δm (bzw. Δr) definierbar ist, wo $K \approx K(\varepsilon)$

gesetzt werden kann; beispielsweise ist $K(\varepsilon)$ durch Mittelung über Δm (bzw. Δr) zu erhalten. Unter solch vereinfachenden Voraussetzungen läßt sich nun die Teilchenkollektion in bequemer Weise als Relaxationsprozeß beschreiben. Integration von (17) liefert nämlich das zeitliche Verhalten des Größenspektrums $f_p(m)$ in der Form

$$f_p(m) = f_{p,o}(m) \, H(t) \tag{18}$$

worin

$$H(t) = \exp(-t/\tau) \tag{19}$$

als eine charkteristische Scavenging-Funktion zu verstehen ist, die einen Relaxationskoeffizienten

$$\tau^{-1} = \int_0^\infty K(\varepsilon) \, f_{w,o}(\varepsilon) \, d\varepsilon = \text{const.} \tag{20}$$

einschließt. Die gesamte Scavenging-Physik kommt in diesem Fall in der Funktion $H(t)$ bzw. τ zum Ausdruck. Mit diesen Parametern wird dann außer dem zeitlichen Verlauf des Größenspektrums $f_p(m)$ auch der aller Momente

$$\int_0^\infty m^k \, f_p(m) \, dm$$

in Analogie zu (18) unmittelbar berechenbar, wobei das anfängliche Größenspektrum $f_{p,o}(m)$ vorzugeben ist.

Es sei hier erwähnt, daß es auch möglich ist, unter anderen Voraussetzungen zumindest ein Quasi-Relaxationsschema zu definieren (Herbert & Beheng 1984). Dabei wird über eine spezielle Verfügung der Funktion $C(a,r)$ ein Relaxationskoeffizient $\tau^{-1}(m)$ eingeführt.

Generell ermöglicht ein Relaxationsverfahren eine rechnerisch sehr ökonomische Behandlung des CAS-Problems und ist für charakteristische Fälle leicht standardisierbar. Physikalisch gesehen gelingt aber mittels Relaxation häufig nur eine stark idealisierte und dadurch recht grobe Beschreibung des Scavenging-Problems. Die meisten Größenspektren machen es daher erforderlich, die kompletten Gleichungen auszuwerten. Auch die Resultate, die der folgenden Diskussion zugrunde liegen, wurden auf dieser Basis gewonnen. Für ein charakteristisches Wolkentropfenspektrum $f_w(\varepsilon)$ und ein kontinentales Aerosolspektrum $f_p(m)$ wurden (16) und (17) numerisch ausgewertet. Im folgenden werden drei Fälle diskutiert, wobei

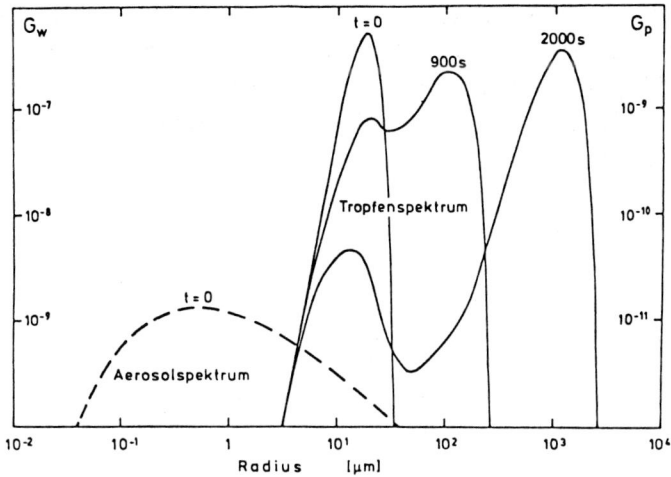

Abb. 8. Dichteverteilung zur Zeit t=0 für ein kontinentales Aerosol-spektrum G_p und ein maritimes Wolkentropfenspektrum G_w. $G_{p,w}$ in g cm^{-3} (ln (Masse/Einheitsmasse))$^{-1}$. Die beiden übrigen Kurven stellen die Entwicklung des Tropfenspektrums nach 900 s und 2000 s Modellzeit dar,

die K-Funktion für y_c = a unter verschiedenen Bedingungen berechnet wurde. In Fall 1 und 2 variiert die relative Feuchte und damit die Wir-kung der phoretischen Kräfte; dabei werden ungeladene Teilchen angenom-men, so daß keine Coulomb-Kräfte zu berücksichtigen sind. Der Fall 3 beinhaltet zusätzlich die Wirkung von Coulomb-Attraktionskräften. Das anfängliche Teilchenspektrum besitzt eine Teilchenzahldichte von 2.2×10^4 cm^{-3} und einen Massengehalt M_o = 0.14 ng cm^{-3}. Das Wolkentrop-fenspektrum besitzt eine Anfangsteilchendichte von 87 cm^{-3} sowie einen (über die Zeit konstanten) Wassergehalt von 1 g m^{-3}. In Abb. 8 sind die anfänglichen Teilchen- und Tropfenspektren sowie zwei (berechnete) Ent-wicklungsstadien des Tropfenspektrums nach 900 und 2000 s dargestellt. Für die numerischen Berechnungen wurde eine spezielle Größenklassenein-teilung (Berry-Schema) und entsprechende Dichteverteilungsfunktionen G_W und G_p verwendet, die mit f_W und f_p über elementare Transformationen zusammenhängen. In Abb. 8 ist insbesondere bemerkenswert, daß vom Modell die Bildung großer Wolken- und Regentropfen und die damit zusammenhän-gende bimodale Struktur von G_W prägnant erfaßt wird.

Die Frage, ob bei den angenommenen relativen Feuchten < 100% eine Ent-wicklung des Tropfenspektrums nach Abb. 8 tatsächlich möglich ist, ist im Zusammenhang mit der hier gestellten Aufgabe bezüglich des Aerosol-abbaus unwesentlich, da mit den Untersuchungen lediglich die Simula-tionsfähigkeit des Modells getestet werden soll.

In Abb. 9 ist das aus meteorologischer Sicht wichtigste Resultat der Modellrechnungen, die Abnahme der Gesamtteilchenmasse M(t) infolge

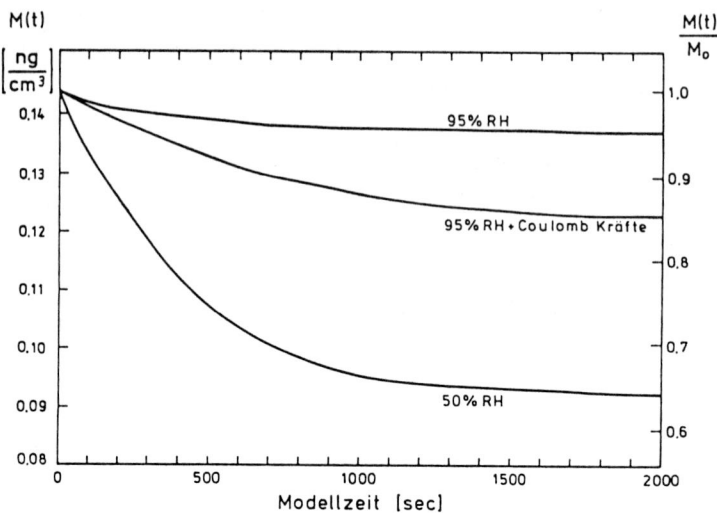

Abb. 9. Gesamtmassenverlust des Aerosolspektrums als Funktion der Zeit
für die drei Fälle aus Abb. 8,

Tropfenkollektion, dargestellt. Der zeitliche Verlauf von M(t) wurde
durch simultane Auswertung der f_w- und f_p-Gleichungen ermittelt, wobei
die Anfangstropfen- und Teilchenspektren nach Abb. 8 zugrunde liegen.

Unter diesen Bedingungen ergibt sich, daß der Teilchenauswaschprozeß
bei geringerer relativer Feuchte effektiver abläuft. So wird beispielsweise nach ca. 15 Min. bei RH = 95% nur eine relative Abnahme von 4.2%,
bei RH = 50% jedoch eine relative Abnahme von 32.2% erreicht. Außerdem
verstärkt der immense Einfluß von Coulomb-Attraktionskräften (bei gleicher relativer Feuchte, d.h. gleichen phoretischen Kräften) die Massenabnahme auf mehr als das Doppelte; dieses Ergebnis konnte erwartet werden. In allen drei Fällen ist die Wirkung des Scavenging-Effekts in den
ersten 15-20 Min. am stärksten; danach wird M(t) nur noch geringfügig
verändert. Da der Partikelfluß auf einen Tropfen zu dessen Oberfläche
proportional ist, könnte die Ursache für diese abnehmende Tendenz im
Zusammenhang mit der vom Tropfenspektrum insgesamt zur Verfügung gestellten Kollektionsoberfläche zu suchen sein. Die Gesamtoberfläche
des hier zugrunde gelegten Tropfenspektrums ist nämlich zu Beginn maxi-
mal und nimmt nach ca. 1000 s Modellzeit auf etwa 1/10 ihres anfänglichen Wertes ab. So ließe sich spekulieren, daß beispielsweise ein Regentropfenspektrum, das eine noch geringere Gesamtoberfläche besitzt,
allein aus diesem Grund keinen bedeutenden Einfluß auf den Auswaschpro-
zeß von Aerosolteilchen ausübt, auch wenn unterhalb einer Wolke eine
verhältnismäßig niedrige Feuchte vorherrscht. Dies wiederum könnte ein

Hinweis darauf sein, daß die Effektivität des Auswaschvorgangs von Teilchen durch die Anwesenheit vieler kleiner Tropfen, wie etwa in kontinentalen Wolken, stark begünstigt wird.

Abschließend sei darauf hingewiesen, daß die bereits angesprochene modellmäßige Unterschätzung der Auswascheffizienz von relativ großen Teilchen mit r ⩾ 0.5-1 μm nur einen unwesentlichen Fehler in der prognostizierten Massenabnahme verursacht, da im vorliegenden Fall äußerst wenige Teilchen dieses Größenbereichs für den CAS-Prozeß zur Verfügung stehen.

Literatur

Arnason, G., Greenfield, R.S., 1972: Micro- and macrostructures of numerical simulated convective clouds. J.Atm.Sci., 29, 342-367.

Beheng, K.D., Herbert, F., 1984: Modelling the variation of aerosol concentration in drops as a result of scavenging and redistribution by coagulation. Proc. 9. Intern. Cloud Physics Conf., Tallinn, 207-208.

Clark, T.L., 1974: A study in cloud phase parameterization using the Gamma-distribution. J.Atmos.Sci., 31, 142-155.

De Almeida, F.C., 1979: The collision problem of cloud droplets moving in a turbulent environment. Part 2: Turbulent collision efficiencies. J.Atmos.Sci., 36, 1564-1576.

Greenfield, S., 1957: Rain scavenging of radioactive particulate matter from the atmosphere. J.Meteor., 14, 115-125.

Grover, S.N., Pruppacher, H.R. and Hamielec, A.E., 1977: A numerical determination of the efficiency with which spherical aerosol particles collide with spherical water drops due to inertial impaction, and phoretic and electric forces. J.Atmos.Sci., 34, 1655-1663.

Herbert, F., 1975: A reexamination of the equilibrium conditions in the theory of water drop nucleation. Tellus, 27, 406-413.

Herbert, F., 1980: Prigogine's Diffusion Theorem and its application to atmospheric transfer processes,Part 1: The governing theoretical concept. Contr.Atmos.Phys., 53, 181-203.

Herbert, F., 1982: On the flux and collision mechanism of the scavenging process of atmospheric aerosol particles.-In: Herbert, F. (ed.): Atmospheric Trace Constituents. Vieweg & Sohn,117-128.

Herbert, F., Beheng, K.D., 1984: A mathematical simulation model of aerosol scavenging microphysics. Proc. 9. Intern. Cloud Physics Conf., Tallinn, 213-216.

Jiusto, J.E., Lala, G.G., 1981: CCN-supersaturation spectra slopes (k). 3.Int.Cloud Condes.Nuclei Workshop.NASA Conf.Publ. 2212, Reno, 64-68.

Leong, K.H., Beard, K.V. and Ochs III,H.T., 1982: Laboratory measurements of particle capture by evaporating cloud drops. J.Atmos.Sci., $\underline{39}$, 1130-1140.

Martin, J.J., Wang, P.K., Pruppacher, H.R. and Pitter, R.L., 1981: A numerical study of the effect of electric charges on the efficiency with which planar ice crystals collect supercooled cloud drops. J.Atmos.Sci., $\underline{38}$, 2462-2469.

Mason, B.J., 1971: The physics of clouds. Clarendon Press, Oxford.

Pruppacher, H.R., Klett, J.D., 1978: Microphysics of clouds and precipitation. D.Reidel Publ.Comp., Dordrecht.

Twomey, S., 1959: The nuclei of natural cloud formation.Part 2: The supersaturation in natural clouds and the variation of cloud droplet concentration. Geofis. Pura et Appl., $\underline{43}$, 243-249.

Twomey, S., Woiciechowski, T.A., 1969: Observation of the geographical variation of cloud nuclei. J.Atmos.Sci., $\underline{26}$, 684-688.

Wacker, U., 1984: Modelluntersuchungen zur Kondensation und Spurengasabsorption für stationäre und instationäre Tropfenspektren. Berichte Inst. f. Meteorol. u. Geophys. Univ. Frankfurt/M., Nr. $\underline{56}$.

Wang, P.K., Grover, S.N. and Pruppacher, H.R., 1978: On the effect of electric charges on the scavenging of aerosol particles by clouds and small rain drops. J.Atmos.Sci., $\underline{35}$, 1735-1743.

Young, K.C., 1974: The role of contact nucleation in ice phase initiation in clouds. J.Atmos.Sci., $\underline{31}$, 768-776.

Modellrechnung zur Chemie der Atmosphäre

E.-P. Röth

Neben den Messungen von Komponenten der Luft im Feldexperiment und Untersuchungen des chemischen Verhaltens dieser Substanzen im Laboratorium werden Modellrechnungen zur Chemie der Atmosphäre herangezogen, um Aussagen über die Zusammensetzung des Gasraumes der Erde, der Atmosphäre, zu machen. Hier sollen folgende Fragen beantwortet werden: Was sind Modellrechnungen zur Atmosphärischen Chemie? Wozu werden solche Rechnungen benötigt? Aus welchen Hauptkomponenten sind die Modelle aufgebaut? Wo liegen zur Zeit die Probleme der Arbeit mit diesen Modellen?

Einordnung der Modellrechnungen

Modelle zum physikalischen und chemischen Verhalten der Atmosphäre stellen die mathematische Formulierung der Theorie der Atmosphäre dar. Sie sind Lösungsansätze der grundlegenden Gleichungen, die das Geschehen in der Atmosphäre beschreiben.

Das Verhalten der Atmosphäre wird durch die Erhaltungssätze von Energie, Impuls und Masse bestimmt. Hinzu kommen die Gesetze des Strahlungstransports, um die Verteilung der Energie zu beschreiben. Die Schwierigkeiten der Modellrechnungen beginnen dann, wenn es gilt, quantitative Aussagen über das Verhalten der Atmosphäre zu machen.

Es genügt nicht zu wissen, daß der Energieinhalt des Systems "Atmosphäre" konstant ist. Es muß vielmehr bekannt sein, und zwar in Abhängigkeit von der Energieverteilung, wieviel Energie von der Sonne eingestrahlt wird, wie sich diese Energie im System verteilt, wie die Erdoberfläche einwirkt und wieviel Energie abgestrahlt wird.

Der Erhaltungssatz des Impulses geht in den Rechnungen zum Verhalten der Atmosphäre über in eine detaillierte Beschreibung der Luftbewegungen und ihrer Abhängigkeit von Ort und Zeit.

234

Bei chemischen Modellen steht der Erhaltungssatz der Masse im Mittelpunkt. Diese Grundgleichung verknüpft die einzelnen Komponenten der Luft über das chemische Reaktionssystem miteinander und mit der von der Sonne eingestrahlten Energie.

Da die Atmosphäre kein abgeschlossenes System ist, müssen in die Beschreibung ihres Verhaltens auch die vielfältigen Wechselwirkungen mit der Bio-, der Hydro- und der Lithosphäre einbezogen werden.

Außerdem liegen die Erhaltungssätze der Energie, des Impulses und der Masse als zeitabhängige Differentialgleichungen vor. Damit wird es notwendig, die Randwerte zu definieren, wobei entweder ein bestimmter Ausgangszustand bekannt sein muß oder es wird angenommen, daß sich die Atmosphäre im dynamischen Gleichgewicht befindet, also der Endzustand definiert ist. Eine schematische Darstellung der Atmosphäre als chemischer Reaktor ist in Abb. 1 gegeben.

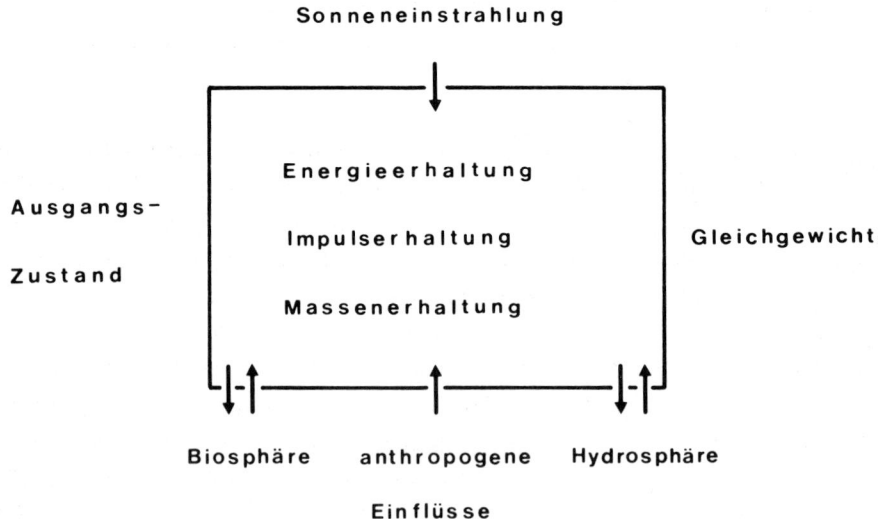

Abbildung 1: Schematische Darstellung der Atmosphäre als chemischer Reaktor. Die räumlichen Randwerte sind als Wechselwirkungen durch Pfeile dargestellt, zeitliche Randwerte sind entweder ein Ausgangszustand oder die Gleichgewichtsbedingung.

Modelle der Atmosphäre versuchen, auf mathematischem Weg mittels Rechenanlagen Aussagen zu machen über Einzelheiten der Atmosphäre, z.B. über die Temperatur-Verteilung, über die Luftströmungen oder über die Zusammensetzung der Luft. In den Bereich der Atmosphärenmodelle gehören somit auch die Programme, die zur Wettervorhersage benutzt werden. Chemische Modelle fassen die Atmosphäre als riesigen Reaktor auf, der seine Energie von der Sonne bekommt und der im Massenaustausch mit der Erdoberfläche steht. Sie wollen Aussagen machen über die chemische Zusammensetzung der Luft in Abhängigkeit vom Ort und von der Zeit.

Anwendung von Modellrechnungen

Das Aufstellen von Modellen der Atmosphäre kann rein wissenschaftlich damit begründet werden, daß diese den Kenntnisstand über die Atmosphäre repräsentieren und die Zusammenhänge innerhalb der Atmosphäre darstellen sollen.

Aber neben ihrer Bedeutung für die Grundlagenforschung werden Atmosphärenmodelle auch anwendungsbezogen benötigt. Eine solche problem-orientierte Anwendung ist z.B. die Wettervorhersage, aber auch die Frage nach anthropogenen Veränderungen in der Zusammensetzung der Luft.

Durch seine Tätigkeiten verändert der Mensch nicht nur das Aussehen der Erdoberfläche, sondern er greift damit auch in die Wechselbeziehungen zwischen der Atmosphäre und der Bio-, Hydro- und Lithosphäre ein. Seit Beginn der Industrialisierung produziert der Mensch als Nebenprodukte auch Gase und Aerosole, die in die Atmosphäre aufsteigen und deren Zusammensetzung verändern können. Solche Änderungen im Spurenstoff-Gehalt der Luft können mittelbare oder unmittelbare Folgen für das Geschehen auf der Erdoberfläche haben. So wird z.B. eine Verminderung der Konzentration von Ozon, das in der Stratosphäre den hochenergetischen Teil der Sonnenstrahlung im Bereich zwischen 220 und 350 nm absorbiert, zu einer erhöhten Belastung durch diesen für Lebewesen schädlichen Bereich der Ultraviolett-Strahlung führen. Dies ist der Grund, warum gerade diese spezielle Komponente der Luft und ihre chemischen Reaktionen besonders aufmerksam verfolgt werden. Andere Gase, wie z.B. das Kohlendioxid (CO_2), sind für den Energiehaushalt der Erde bestimmend. Ihre Konzentrationsänderungen lassen Änderungen im Klima erwarten.

In Laborexperimenten können zwar Einzelheiten getestet werden, das
ganze, komplexe Geschehen der Atmosphäre ist jedoch nicht im Labormaß-
stab zu reproduzieren. Experimente innerhalb der Atmosphäre verbieten
sich von selbst und daher greift man auf eine numerische Simulation,
nämlich auf Modelle, zurück. Denn, sofern die Zusammenhänge innerhalb
der Atmosphäre richtig wiedergegeben werden, können in solchen Simula-
tionen die Konsequenzen der vom Menschen bewirkten Änderungen vorher-
gesagt werden.

Probleme, zu deren Untersuchung man bisher Modellrechnungen heranzog,
sind u.a. die Auswirkung der Verbrennungsprodukte aus Flugzeugen, die
in der unteren Stratosphäre fliegen, auf die Ozonschicht (Robinson,
1980) oder die Verteilung von erhöhter SO_2-Produktion in den Industrie-
gebieten auf andere Regionen (Rodhe, 1980). Auch die Wirkung der Kühl-
und Treibmittel $CFCl_3$ und CF_2Cl_2 auf den stratosphärischen Ozonhaushalt
wurde untersucht (Ehhalt, 1980), ebenso wie die troposphärische Bildung
von Oxidantien im photochemischen Smog, wo durch chemische Umsetzungen
aus primären Substanzen unter der Einwirkung der Sonnenstrahlung schäd-
liche Stoffe entstehen können.

Aufbau von Rechenmodellen

Die Beantwortung der Frage, wie Modelle der Atmosphäre aufgebaut sind
und aus welchen Haupteinheiten sie bestehen, soll hier auf Modelle zur
Chemie der Atmosphäre beschränkt werden. Als Beispiel möge das in Abb.
2 dargestellte eindimensionale Modell- System für die Stratosphäre dienen. Höherdimensionale Modelle sind im Prinzip ähnlich aufgebaut, wobei
die Berechnung des Transports, d.h. die Lösung der räumlichen Differentialgleichung, aufwendiger wird.

Eine Einschränkung auf nur einen Modellaspekt ist notwendig, da heutige
Rechenanlagen nicht in der Lage sind, alle Daten der Atmosphäre gleichzeitig und mit gleicher Genauigkeit zu bestimmen. Man ist daher genötigt,
für unterschiedliche Fragestellungen verschiedene Modelle zu entwickeln,
die die jeweiligen Randprobleme in stark vereinfachter Form wiedergeben.
In chemischen Modellen werden daher die Energieverteilung und die Dynamik
der Atmosphäre in stark parametrisierter Form behandelt. Die Zulässig-
keit solcher Vereinfachungen muß immer wieder in ergänzenden Modellen
untersucht werden.

Gleichgewichts-version **Langzeitversion** **Kurzzeitversion**

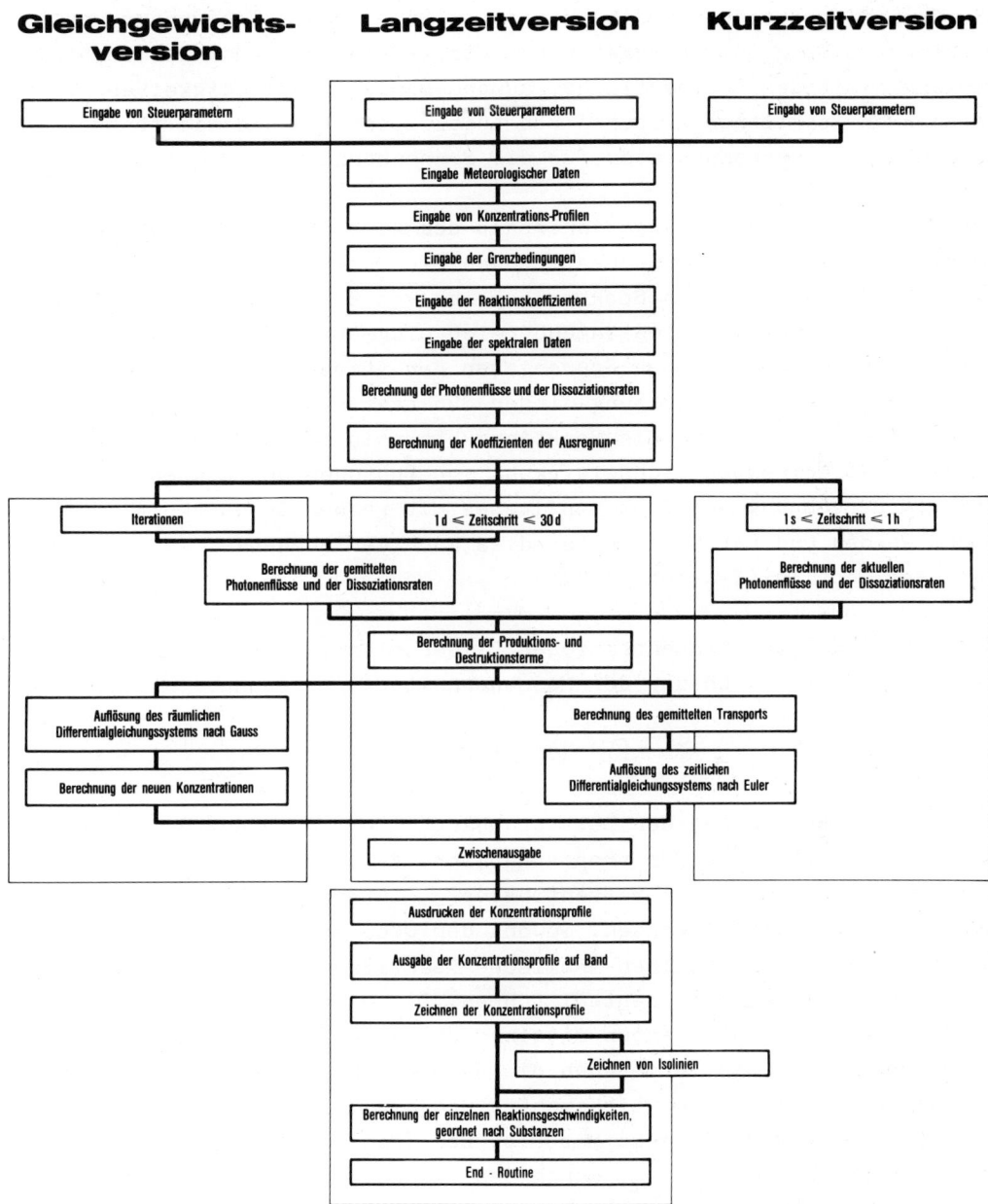

Abbildung 2: Ablaufdiagramm eines eindimensionalen Modell-Systems als Beispiel für Modelle der Atmosphärischen Chemie. Das Modell wird im Institut für Atmosphärische Chemie der Kernforschungsanlage Jülich verwendet.

Als Grunddaten benötigen die chemischen Modelle die Temperatur-und
Dichteverteilung, die Parameter des Stoff-Transports und der Wechselwirkungen mit der Erdoberfläche, außerdem die Geschwindigkeiten der
chemischen Reaktionen zwischen den Luftkomponenten und die Absorptions-
querschnitte der Komponenten für die Sonnenstrahlung.

Der Motor für alle Vorgänge innerhalb der Atmosphäre ist die Sonnen-
energie. Für die hier interessierenden Bereiche der Troposphäre und
der Stratosphäre ist der Spektralbereich von 200 nm bis 700 nm bestimmend. Die in diesem Wellenlängenbereich eingestrahlten Photonen (Ener-
giequanten) werden von den Spurengasen der Atmosphäre absorbiert und
können so zu einer Zersetzung dieser Substanzen in hochreaktive Bruchstücke führen, die dann die Reaktionsketten in der Atmosphäre starten.
Aufgrund der direkten Wechselwirkung von Photonen und Spurenstoffen
muß die Berechnung des Photonenflusses mit großer Genauigkeit durchgeführt werden und tatsächlich ist dies auch der rechenzeit-aufwendigste
Teil des Modells (Isaksen, 1977).

Die Berechnung der Konzentrationen C_i der einzelnen Komponenten der
Luft erfolgt durch Lösung der Massenerhaltungsgleichung,

$$\frac{\partial C_i}{\partial t} = P_i - D_i C_i + \frac{\partial j_i}{\partial z}$$

die von der Höhe z und der Zeit t abhängt. Bei zwei- und dreidimensionalen Modellen, z.B. für troposphärische Rechnungen, muß auch die Di-
vergenz des spezifischen Massenflusses j_i in den horizontalen Raumrichtungen berücksichtigt werden. Sowohl der Quellen-Term P_i als auch der
Senken-Term $D_i \cdot C_i$ enthalten chemische Reaktionen, die zur Bildung bzw.
zur Zerstörung der Komponente i führen. Diese beiden Terme verknüpfen
so die einzelnen Komponenten miteinander. Außer den chemischen Reaktionen enthalten diese Terme auch die Wechselwirkungen der Atmosphäre
mit der Bio-, Hydro- und Lithosphäre und die Einwirkung der Sonnenstrahlung auf die atmosphärische Materie. Der Transport-Term enthält den
spezifischen Massenfluß j_i, durch den die einzelnen Orte miteinander
verknüpft werden.

Die Lösung der Massenerhaltungsgleichung wird in drei Schritten vollzogen. Im ersten werden die chemischen Produktions- und Destruktionsterme
bestimmt. Danach wird der Transport, der sich aus großräumigen Strömungen und aus Turbulenzen, die zu einer Art Diffusion führen, zusam-

mensetzt, berechnet. Unter der Voraussetzung, daß sowohl Produktion
und Destruktion als auch Transport während eines Zeitschritts konstant
sind, kann die dann nur noch zeitabhängige Massenerhaltungsgleichung
mit üblichen numerischen Methoden gelöst werden. Tatsächlich sind die
drei Terme jedoch nicht zeitunabhängig und man ist gezwungen, insbesondere bei Rechnungen über größere Zeiträume, geeignete Mittelungen
einzuführen und dann mit Durchschnittswerten für Produktion, Destruktion und Transport die verbleibende zeitliche Differentialgleichung
zu lösen.

Wie bereits erwähnt ist kein Rechner zur Zeit in der Lage, alle Parameter der Atmosphäre gleichzeitig zu bestimmen. Daher müssen die Modelle der Fragestellung angepaßt werden, wobei unnötiger Rechenaufwand
vermieden wird. Die globale Dynamik der Atmosphäre kann nur in räumlich dreidimensionalen Modellen studiert werden, wobei auf die chemischen Wechselwirkungen nahezu gänzlich verzichtet werden muß. Jahres-
zeitvariationen von Konzentrationen wird man in zweidimensionalen Modellen, die die Nord-Süd-Richtung und die Höhe enthalten, studieren
und der Einfluß langlebiger Spurenstoffe, wie den der Chlorofluorome-
thane, kann mit ausreichender Genauigkeit auch in Modellen berechnet
werden, die nur die Höhenabhängikgeit enthalten. Für die Untersuchung
von Tagesgängen verzichtet man normalerweise ganz auf jede räumliche
Wechselwirkung und rechnet nur zeitabhängig, wobei die Randbedingungen
natürlich ortsabhängig sind und in vorgeschalteten Modellrechnungen
definiert werden.

Probleme der Modellrechnungen

Das mathematische Rüstzeug, das zur Berechnung der chemischen Zusammensetzung der Atmosphäre benötigt wird, ist vorhanden und Allgemeingut
der Modellrechner geworden. Es werden weltweit die gleichen numerischen
Verfahren zur Berechnung der Terme der Massenerhaltungsgleichung und
zu ihrer Lösung herangezogen. Die Abweichungen, die sich aus unterschiedlichen Fragestellungen ergeben, sind verständlich und durchschaubar.

Damit ist die Arbeit an den chemischen Modellen jedoch nicht abgeschlos-
sen, da die Frage der Richtigkeit der Rechenergebnisse noch offen ist.
Grundsätzlich ist es nicht möglich, die Richtigkeit eines Modells zu
beweisen, hingegen gibt es eindeutige Kriterien, um seine Unrichtigkeit
aufzuzeigen. Gibt ein Modell die Daten, die aus Feldmessungen gewonnen

werden, nicht richtig wieder, so ist es zu verwerfen.

Hier tun sich jedoch bereits die ersten Schwierigkeiten der Validierung von Modellrechnungen auf, da jedes Modell mit gemittelten Daten rechnet, während Messungen immer ort- und zeitspezifisch sind. Daher müssen die gleichen Mittelungsprozeduren, wie sie in den Modellen angewendet werden, auch zur Mittelung der Meßdaten verwendet werden. Leider gibt es meistens nicht ausreichend Daten, um den Vergleich mit der wünschenswerten Genauigkeit durchführen zu können. Für langlebige Substanzen sind zwar schon recht viele Daten gemessen worden, aber diese Komponenten der Luft sind eben wegen ihrer Reaktionsträgheit nicht sehr empfindlich auf Änderungen im Reaktionssystem. Andererseits sind die hochreaktiven Teilchen, die Radikale, meßtechnisch nur sehr schwer zugänglich. Als Schlüsselsubstanzen gelten heute die temporären Reservoire der Radikale. Das sind Substanzen, die aus je zwei Radikale gebildet werden, wobei die Reaktivität verloren geht. Diese Komponenten ($ClNO_3$, H_2O_2, HNO_4, N_2O_5, HOCl) sind zwar instabil, aber doch in relativ großen Konzentrationen vorhanden, so daß ihre Messung möglich sein sollte.

Ein weiteres, wichtiges Kriterium für die Genauigkeit der Rechenergebnisse ist der Vergleich mit zeitlichen Trends, insbesondere mit dem Tagesgang der Konzentrationen. Hier zeigt es sich am ehesten, ob alle chemischen Vorgänge der Atmosphäre bekannt sind und richtig wiedergegeben werden. Ein weiteres Hilfsmittel, insbesondere die Richtigkeit des Reaktionssystems zu testen, ist der Vergleich des Verhältnisses von simultan gemessenen Substanzen mit den Modellvoraussagen.

Aber nicht nur in Bezug auf die Meßdaten sind die Modelle abhängig von den Ergebnissen anderer Wissenschaftler. Die Güte der Modellvorhersagen hängt auch in entscheidender Weise von der Qualität der Eingabeparameter - und dabei für chemische Modelle ganz besonders der Reaktionskonstanten - ab. Als Daten zur Bestimmung des Reaktionssystems werden normalerweise von Expertengruppen aus dem Bereich der Gaskinetik empfohlene Datensätze verwendet. Solche Datensätze werden in unregelmäßigen Abständen veröffentlicht (Baulch, 1983; NASA, 1983), so daß hier für Willkür kaum Spielraum bleibt.

Bei der Anwendung dieser Datensätze wird jedoch nicht berücksichtigt, daß die eingegebenen Reaktionskonstanten und anderen Parameter Unsicherheitsbereiche haben, die zwangsläufig zu Unsicherheiten in der Modell-

aussage führen müssen. Anstelle eines einzigen errechneten Konzentra-
tionsprofils, mit dem dann Meßdaten verglichen werden, müßten Profil-
bereiche angegeben werden, die dieser Unsicherheit Rechnung tragen.

Untersuchungen über den Unsicherheitsbereich von Modellaussagen sind
erst sehr wenig durchgeführt worden (NAS, 1976 und 1979; Butler, 1979;
Röth, 1981), da solche Vorhaben sehr rechenzeit- intensiv sind. Um statistisch einwandfreie Aussagen machen zu können, müßten 5000 bis 10 000
Rechenläufe durchgeführt werden, und selbst wenn die Anforderungen reduziert werden, bleiben es immer noch einige Hundert der an sich schon
sehr aufwendigen Einzelläufe. Hier könnte eine Weiterentwicklung der
Modelle in Hinblick auf Rechengeschwindigkeit dazu führen, daß wenig-
stens von Zeit zu Zeit solche Qualitätsanalysen durchgeführt werden
können. Da die relativen Unsicherheitsbereiche nicht sehr stark von
dem Reaktionssystem abhängen, können diese Analysen in größeren Zeit-
abständen durchgeführt werden.

Die Koppelung zwischen der Chemie und der Dynamik der Atmosphäre ist
besonders wichtig auch bei Modellen, die regionale Ereignisse, wie
z.B. die Smog-Bildung, wiedergeben sollen. Abgesehen von den Schwierigkeiten bei der Erfassung der Randwerte ist der Bedarf an Rechenzeit
und Speicherkapazität so groß, daß das vollständige Problem nicht be-
arbeitet werden kann. Das chemische Reaktionssystem eines solchen Modells müßte neben den 40 Komponenten der Reinluft mit etwa 200 Reaktionen noch einmal die gleiche Anzahl von Spurenstoffen und Reaktionen
für die organischen Komponenten der belasteten Atmosphäre enthalten.
Man ist daher gezwungen, hier mit zwei Modellen zu arbeiten, einem,
das die Dynamik bei einer stark reduzierten Chemie der Atmosphäre enthält, und ein anderes, das die Gültigkeit der Einschränkungen in Bezug
auf das Reaktionssystem überprüft. Bis Rechenanlagen vorhanden sind,
die ein vollständiges Modell der Atmosphäre bearbeiten können, wird
eine solche Kombination von chemischen und dynamischen Modellen auch
für globale Voraussagen notwendig sein. Obwohl einzelne Vorstöße in
dieser Richtung unternommen wurden, muß doch gesagt werden, daß bis
heute die Zusammenarbeit zwischen "Dynamikern" und "Chemikern" noch
nicht genügend intensiv ist.

Ein weiteres Gebiet, auf dem die Modellrechnungen vervollständigt werden müßten, ist die Aerosolchemie. In den chemischen Modellen fehlt
die Wechselwirkung zwischen Aerosolen und Lichtquanten bzw. zwischen

Aerosolen und den Komponenten der Luft nahezu vollständig. Tatsächlich sind unsere Kenntnisse über Aerosole noch nicht so groß, daß dieser wichtige Bestandteil der Luft in alle Modelle eingehen könnte. Während die Reaktionen am trockenen Aerosol noch weitgehend unbekannt sind, kann man heute versuchen, die Reaktionen zwischen den Gasen und dem Wasser in Wolken- und Regentropfen in die Modelle mit einzubeziehen.

Die grundsätzlichen Probleme von Modellrechnungen zur Chemie der Atmosphäre scheinen heute gelöst zu sein. Die numerischen Methoden zur Lösung der physikalischen und chemischen Gesetze der Atmosphäre sind bekannt und auch die besonderen Schwierigkeiten, die sich z.B. aus dem Rechnen mit Durchschnittswerten ergeben, können prinzipiell gelöst werden. Trotzdem müssen die Modelle noch intensiv weiterentwickelt werden, um spezielle Fragestellungen beantworten zu können oder um die Koppelung mit dynamischen Modellen vorzubereiten, denn das Endziel sollte ein einziges, großes Modell der gesamten Atmosphäre sein.

Zitate

Baulch DC, Cox RA, Hampson Jr. RF, Kerr JA, Troe J, Watson RT (1980) Evaluated Kinetic and Photochemical Data for Atmospheric Chemistry. J. Phys. Chem. Ref. Data 9: 295-405

Butler DM (1979) Input Sensitivity Study of a Stratospheric Photochemistry Model. PAGEOPH 117: 430-435

Commission of the European Community (1981) Evaluation of the Effects of Chlorofluorocarbons on Atmospheric Ozone. (Ed: A. Ghazi) Workshop-Report, Brüssel 15.-18.1.1981

Ehhalt DH (1980) Chlorfluormethane und ihr Einfluß auf die stratosphärische Ozonschicht. Report Nr. JÜL-1545 der Kernforschungsanlage Jülich

Isaksen ISA, Midtbø KH, Sunde J, Crutzen PJ (1977) A Simplified Method to Include Molecular Scattering and Reflection in Calculations of Photon Fluxes and Photodissociation Rates. Geophys. Norvegica 31: 11-26

NASA-Panel for Data Evaluation (1981) Chemical Kinetic and Photochemical Data for Use in Stratospheric Modelling. JPL-Publication 81-3, NASA Jet Propulsion Laboratory, Pasadena, Cal.

National Academy of Science (1976) Halocarbons: Effects on the Stratospheric Ozone. Publ. Office, NAS, Washington, D.C.

National Academy of Science (1979) Stratospheric Ozone Depletion by Halocarbons: Chemistry and Transport. Publ. Office, NAS, Washington, D.C.

Robinson GD (ed.) (1980) The Perturbation of Some Atmospheric Mechanisms by Emissions from Aircraft. Report Nr. FAA-EE-80-16, U.S. Departm. Transport

Rohde H, Isaksen ISA (1980) Global Distribution of Sulfur Compounds in the Troposphere Estimated in a Height/Latitude Transport Model. J. Geophys. Res. 85: 7401-7409

Röth EP (1980) Modellrechnungen zur atmosphärischen Reaktionskinetik zur Untersuchung des Einflusses von Spurenstoffen auf die Troposphäre und Stratosphäre mit Analyse der Schwankungsbreiten. BPT-Bericht 2/82, Ges. f. Strahlen- u. Umweltforschung München.

Chemische Umsetzungen in Ausbreitungsrechnungen

E.-P. Röth

Ziel von Ausbreitungsrechnungen ist die Erfassung der Einflüsse möglichst vieler Größen auf die Zusammensetzung der Luft, um so mögliche
Belastungen abschätzen zu können und die Einhaltung von Immissionswer-
ten zu gewährleisten. Da sich häufig Quellen verschiedener Spurenstoffe im Untersuchungsgebiet befinden, muß die Ausbreitungsrechnung nicht
nur die emittierten Primärsubstanzen, sondern in zunehmendem Maße auch
Folgeprodukte chemischer Umsetzungen berücksichtigen. Dies gilt umso-
mehr, je größer das Untersuchungsgebiet und damit die Verweilzeit der
Belastung dort ist.

Parameter der Modelle

Parameter, die die Zusammensetzung der Luft beeinflussen können, sind
zum Beispiel neben den Emissionsraten Advektion und Turbulenz, Bewölkung und Stärke der Sonnenstrahlung. Aber auch die Topographie des betrachteten Raumes und Austauschgeschwindigkeiten der Atmosphäre mit
der Bio-, Hydro- und Lithosphäre gehen in die Rechnungen ein. Dies sind
nur einige wenige Beispiele für Größen, die in Ausbreitungsrechnungen
eingehen können und es ist selbstverständlich, daß es nur näherungsweise gelingt, alle diese Parameter zu erfassen und in die Modelle
einzubauen. Je nach Fragestellung wird man die Einflüsse der verschiedenen Kenndaten unterschiedlich stark bewerten und entsprechende Mo-
dellansätze auswählen.

Bisher sind insbesondere Modelle entwickelt worden, die die Ausbreitung von Schadstoffen unter diversen meteorologischen Bedingungen
berechnen. Dies u.a. auch in Hinblick auf Genehmigungsverfahren im
Rahmen von Industrieansiedlungen. Weniger Beachtung ist jedoch der
Tatsache gewidmet worden, daß Umsetzungen in der Atmosphäre nicht nur
als Senken der emittierten Substanz auftreten, sondern vielmehr auch
Quellen von Folgeprodukten bilden, die ihrerseits Schadstoffe sein

können. Es ist dabei durchaus möglich, daß aus weniger schädlichen Substanzen, wenn sie in der Luft miteinander reagieren, agressivere Folgeprodukte entstehen können.

Diese Folgewirkungen von Emissionen sind zwar prinzipiell im Immissionsschutzgesetz und der "Technischen Anleitung zur Reinhaltung der Luft" berücksichtigt; da jedoch Rechenmodelle fehlen, die die Ausbreitung auch der Folgeprodukte berücksichtigen, ist eine Anwendung in der Praxis bisher nicht üblich. Bereits die Ausbreitungsrechnungen von einzelnen, nicht reaktiven Spurengasen sind sehr rechenzeitaufwendig. Bei der Berücksichtigung mehrerer Spurenstoffe in einem Modell steigt die Rechenzeit nicht linear an, sie ist vielmehr exponentiell von der Anzahl der berechneten Emissionsgase abhängig, da durch Kombination neue Substanzen entstehen, die ihrerseits wieder in ihrer Ausbreitung verfolgt werden müssen. Erst der Einsatz der neuen, schnellen Großrechenanlagen erlaubt daher die Berücksichtigung der chemischen Umsetzungen in Ausbreitungsrechnungen. Wie der Einbau der Chemie der Atmosphäre in einigen der bisher entwickelten Modelle aussehen könnte, soll im folgenden besprochen werden.

Bevor die Lösung eines Ausbreitungsproblems angegangen werden kann, muß die räumliche und zeitliche Größenordnung der Fragestellung geklärt sein. Modelle zur Chemie der Atmosphäre überdecken die Spanne der räumlichen Dimensionen von z.B. einer Straßenschlucht bis zu globalen Größenordnungen mit den ihnen entsprechenden Zeiträumen von Minuten bis zu Jahrzehnten. Die Modelle, die sich intensiv mit der Belastung der Luft beschäftigen, sind in Tabelle 1 in eine grobes Raster gepreßt worden, um die räumlichen und zeitlichen Maßstäbe anzuzeigen. Je nach der Größenordnung des zu untersuchenden Gebiets wird die Auflösung der Randbedingungen und Eingabeparameter für das Modell unterschiedlich sein. Ein Modell, das zur Untersuchung der Luftverhältnisse in einer Straßenschlucht aufgestellt wurde, braucht verständlicherweise z.B. eine sehr viel detailliertere Beschreibung der Quellstärken von Emittenden als das Modell eines Ballungsgebietes, wo Einzelquellen zu einer Flächenquelle zusammengefaßt werden können. Die angestrebte Größenordnung ist zugleich auch eine erste Entscheidungshilfe für die Wahl des Modellansatzes und für den Umfang des zu berücksichtigenden Systems chemischer Reaktionen.

Tabelle 1: Maßstab-Einteilung von Ausbreitungsproblemen

	lokal	urban	regional
Beispiel:	Verkehr in einer Straßenschlucht	Abgasfahnen von Industrie- anlagen	Belastung von Ballungs- gebieten
Quellen-Art:	Punktquellen	Punktquellen	Flächenquellen
räumliche Aus- dehnung:	10 - 500 m	0,5 - 50 km	50 - 5000 km
Zeiteinteilung:	Minuten	Stunden	Tage

Grundlagen von Ausbreitungsrechnungen

Für Ausbreitungsrechnungen ist das Gesetz der Massenerhaltung die zentrale Gleichung, die es zu lösen gilt:

$$\frac{\partial C}{\partial t} = P - D \cdot C + \nabla(\vec{v} \cdot C) \tag{1}$$

Die Konzentration C einer Komponente der Luft ändert sich einmal dadurch, daß durch ein Volumenelement vom Wind Luftmassen hindurch getragen werden. Außerdem diffundieren, falls ein Konzentrationsgefälle besteht, die Teilchen in Bereiche geringerer Konzentrationen. Neben diesen Transportvorgängen, die durch den Term $\nabla(\vec{v} \cdot C)$ beschrieben werden, beeinflussen auch lokale Quellen und Senken (P und $D \cdot C$) die Konzentrationen der Spurenstoffe. Zu den Quellen und Senken gehören auch die chemischen Reaktionen, insbesondere Umwandlungen in der Gasphase und Lösungsvorgänge in Wolken- oder Regentropfen und an Aerosolen. Neben den Reaktionen im Volumenelement beinhalten die Quell-und Senkenterme auch die Wechselwirkungen mit der Bio- und der Lithosphäre, wie beispielsweise biogene Produktionen von Gasen oder die nasse und die trockene Deposition.

Bisher wurden die Quell- und Senkenterme in Ausbreitungsrechnungen größtenteils als konstant angesehen, Thema der Rechnungen war die Bestimmung der Transportvorgänge. Bei Hinzunahme von luftchemischen Reaktionen ist der Ansatz konstanter Umsetzungsterme nicht mehr möglich, vielmehr verknüpfen diese jetzt die Gleichungen der einzelnen Komponenten miteinander. Dadurch werden die Parameter zeitabhängig und die Algorithmen der Lösung des Massenerhaltungssatzes müssen dieser Tatsache gerecht werden.

Die Integration der Massenerhaltungsgleichung wird in zwei Schritten vollzogen: Zuerst wird der Transportterm für die Raumrichtungen bestimmt, wobei unter Umständen Mittelungen über den Zeitschritt Δ t zu berücksichtigen sind. Danach wird die verbleibende, einfache Eulersche Differentialgleichung

$$\frac{dC}{dt} = A - B \cdot C \tag{2}$$

entweder mit einem linearen Ansatz für die Zeitabhängigkeit der Konzentration (Runge-Kutta-Verfahren), oder durch einen exponentiellen Ansatz, der der exakten Lösung entspricht, gelöst:

$$C_{t+\Delta t} = \frac{A}{B} + \left[C_t - \frac{A}{B} \right] e^{-B \Delta t} \tag{3}$$

Die Ausbreitungsrechnungen unterscheiden sich im wesentlichen durch den Lösungsansatz für den Transportterm. Als Beispiele sollen hier vier Ansätze besprochen werden, die alle auf der Voraussetzung beruhen, daß die Windgeschwindigkeit aufgespalten werden kann in einen mittleren Term v_0 und einen turbulenten Term v_1:

$$\vec{V} = \vec{V_0} + \vec{V_1} \tag{4}$$

Der turbulente Term v_1 kann lokal sehr groß sein, in der Integration über die Abstände des räumlichen Gitters des Modells verschwindet v_1 jedoch. Trotzdem muß die Wirkung der Turbulenz berücksichtigt werden, was durch den Ansatz der "turbulenten Diffusion" geschieht. Analog zur molekularen Diffusion wird der turbulente Fluß in eine lineare Beziehung zu den Gradienten der Konzentration gesetzt. Damit ergibt sich für die zeitliche Änderung der Konzentration:

$$\frac{\partial C}{\partial t} = P - DC + \frac{\partial}{\partial x}(uC) + \frac{\partial}{\partial y}(vC) + \frac{\partial}{\partial z}(wC) + \frac{\partial}{\partial x}\left(K_x \frac{\partial C}{\partial x}\right) + \frac{\partial}{\partial y}\left(K_y \frac{\partial C}{\partial y}\right) + \frac{\partial}{\partial z}\left(K_z \frac{\partial C}{\partial z}\right) \tag{5}$$

Die Komponenten der mittleren Windgeschwindigkeit v_o sind u, v und w.
Die Terme $\frac{\partial}{\partial x}$(uC), $\frac{\partial}{\partial y}$(vC) und $\frac{\partial}{\partial z}$(wC) beschreiben die Advektion, die drei
letzten Glieder von Gleichung 5 die Diffusion. Analog zur Diffusions-
konstanten der molekularen Diffusion wurde hier der Diffusionstensor
K eingeführt als Proportionalitätsgröße zwischen den Vektoren des Massenflusses und des Konzentrationsgradienten. Da Scherkräfte auftreten,
sind die Außerdiagonalglieder des Tensors ungleich Null, wurden in
Gleichung 5 jedoch vernachlässigt.

Das Box-Modell

Der einfachste Ansatz zur Berechnung der Zusammensetzung von Luftmassen ist das sogenannte "Box-Modell". Hier wird vorausgesetzt, daß die
Luft innerhalb des betrachteten Volumens vollständig durchmischt ist,
d.h. die turbulente Diffusion bleibt unberücksichtigt, ebenso wie die
Windströmungen.

Konzentrationsänderungen ergeben sich nur durch chemische Reaktionen
und durch den Austausch mit dem Boden. Einige dieser Modelle berücksichtigen den horizontalen Transport in Form eines Flusses vC durch
die seitlichen Begrenzungen des betrachteten Raums. Als Begrenzungen
der Box wird unten der Erdboden und oben eine Inversionsschicht angenommen, die seitlichen Abgrenzungen ergeben sich aus der horizontalen
Ausdehnung des Untersuchungsgebiets.

Solche Box-Modelle eignen sich besonders gut, die Chemie der Luft zu
berücksichtigen, da praktisch nur ein einziger Gitterpunkt berechnet
werden muß. Sie sind selbstverständlich nicht geeignet, Gebiete mit
stark inhomogener Quellen- und Senkenverteilung zu berechnen.

Anwendungen des Box-Modells sind von Hanna (1973) für das Los Angeles-
Gebiet, von Nieboer et al (1978) für einen mit Autoabgasen belasteten
Raum und auch von Hov et al (1978) durchgeführt worden. Graedel et al
(1978) erweiterten das einfache Box-Modell dadurch, daß sie den Transport zwischen 3 aneinanderliegenden Räumen miteinbezogen.

Das Trajektorien-Modell

Als einen speziellen Fall des Box-Modells kann das Trajektorien-Modell
aufgefaßt werden. Hier wird ein einzelnes Luftpaket in seiner zeitlichen Entwicklung verfolgt. Während also im Box-Modell der geometrische
Raum erhalten blieb, bleibt jetzt die Luftmasse erhalten und bewegt
sich auf einer Trajektorie fort. Bei dieser Bewegung über Quellen und
Senken werden vom Luftpaket Spurenstoffe aufgenommen oder abgegeben.
Außerdem ändert sich das Volumen des Luftpakets entsprechend dem Druck.

Die Vorteile des Trajektorien-Modells liegen insbesondere in der Ver-
meidung des Advektionsterms; als Transport kommen hier nur horizontale
und vertikale Diffusion in Frage, wobei die horizontale Diffusion in
beiden Richtungen als gleich groß angenommen wird. Die Luftchemie kann
mit ausreichender Genauigkeit behandelt werden.

Nimmt man als Luftpaket eine Säule, die vom Erdboden und einer Inversionsschicht begrenzt wird (Eschenroeder und Martinez, 1971; Drivas
et al, 1977), so können mit einem Trajektorien-Modell zum Beispiel
Ursachenanalysen durchgeführt werden, da hier eine direkte Beziehung
zwischen den Quellen und den Wirkorten der Luftkomponenten besteht.
Allerdings müssen bei einem solchen Modell Windscherungen ausgeschlossen werden.

Das Gauß-Modell

Für Ausbreitungsrechnungen ist besonders der Lösungsansatz einer Gauß'
schen Diffusion von Bedeutung, da die für Genehmigungsverfahren praktisch eingesetzten Rechenprogramme diesen Ansatz benutzen.

Legt man das räumliche Koordinatensystem so, daß die x-Achse in Windrichtung zeigt, so verschwinden die Größen v und w der Gleichung (5)
und, wenn die Advektion gegenüber der turbulenten Diffusion überwiegt,
kann auch die Diffusion in x-Richtung unberücksichtigt bleiben. Als
weitere Vereinfachung wird angenommen, daß die Diffusionen in y- und
z-Richtung in Form einer Gauß-Verteilung verlaufen. Die Parameter der
Gauß-Verteilung sind dabei abhängig von den Diffusionskoeffizienten
und der Zeit.

Für eine Substanz, die nur eine Punktquelle in der Höhe z = h besitzt,
ergibt sich dann explizit:

$$C = P \frac{1}{2\pi u \sigma_y \sigma_z} \exp\left(-\frac{y^2}{2\sigma_y^2}\right) \exp\left(-\frac{(z-h)^2}{2\sigma_z^2}\right) \tag{6}$$

Bei Einbeziehung von nicht-konstanten Senken, wie sie bei chemischen
Reaktionen vorliegen, kann jedoch eine explizite Lösung nicht angegeben werden, die Lösung ist vielmehr in Schritten von t stückweise
durchzuführen. Trotzdem ließe sich das Gauß-Modell bei geeigneter Wahl
des chemischen Reaktionssystems auch bei Berücksichtigung von Umsetzungen in der Atmosphäre verwenden.

Ein solcher Modellansatz wurde von Lusis (1976) ausgearbeitet und auch
auf die SO_2-Oxidation in Abgasfahnen angewendet (Lusis und Phillips,
1977). Eine Modell-Studie mit einem recht umfangreichen chemischen
Reaktionssystem wurde von Bottenheim und Strausz (1982) auf der Grundlage des Lusis-Modells durchgeführt. Einen davon verschiedenen Modellansatz, der aber auch auf einer schrittweisen Lösung des Gauß-Modells
beruht, haben Carmichael und Peters (1981) verwendet.

Das Eulersche Modell

Die Modelle, die am besten zeitlich und räumlich variierende Parameter
berücksichtigen, arbeiten mit einem festen Raumgitternetz, bei dem das
Untersuchungsgebiet in eine Vielzahl von Unterräumen aufgeteilt wird.
Da bei diesen Eulerschen Modellen die vollständige Diffusionsgleichung
für alle Gitterpunkte gelöst werden muß, sind sie jedoch sehr rechen-
zeitintensiv und benötigen große Speicherkapazitäten. Ihr Einsatz wird
damit wohl auch in Zukunft auf einige wenige, wissenschaftliche Fragestellungen beschränkt bleiben. Dies umso mehr als gerade die besondere
Möglichkeit der variablen Parameter den Aufwand zur Bestimmung dieser
Größen sehr groß werden läßt.

Ein solches Modell wurde von Reynolds et al (1973) entwickelt und auf
das Los Angeles-Gebiet angewendet. Ein einfacheres Gittermodell wurde
von MacCracken et al (1978) aufgestellt, wobei die Diffusionsgleichung
in der Vertikalen integriert auftritt.

Einbeziehung von Umsetzungen in Ausbreitungsmodelle

Es wurde bereits gesagt, daß die Einbeziehung von chemischen Umsetzungen
die Ausbreitungsmodelle stark vergrößern und damit unhandlich machen.
Man wird sich daher bemühen, das chemische Reaktionssystem so zu ver-
einfachen, daß für möglichst wenige Komponenten die Diffusionsgleichung
gelöst werden muß. Dieses erreicht man einmal dadurch, daß für die Radikale der Ansatz des stationären Zustandes gemacht wird. Dadurch wird
erreicht, daß die räumliche Verknüpfung ihrer Konzentrationen aufgeho-
ben wird und damit die Diffusionsgleichung nicht mehr gelöst zu werden
braucht. Zum anderen wird auch die Anzahl der stabilen Komponenten der
Luft gering gehalten. Dies geschieht entweder durch die Verwendung eines
sogenannten "lumped mechanism" oder durch die ausführliche Berechnung
einiger weniger Luftkomponenten, die dann als Leitsubstanzen genommen
werden können.

Beim lumped Mechanismus werden insbesondere die Kohlenwasserstoffe zu
solchen Gruppen zusammengefaßt, innerhalb derer die Abbaumechanismen
gleichartig verlaufen. Außerdem werden hier Zwischenprodukte nicht
verfolgt, sondern jeweils die gesamte Reaktionskette zu einer einzigen
Bruttoreaktion zusammengezogen. Bei dieser Betrachtung gehen verständlicherweise Informationen verloren, vor allem können Seitenreaktionen
kaum Berücksichtigung finden. Der Vorteil liegt jedoch in dem sehr
kompakten Reaktionssystem, dessen Lösung relativ wenig Rechenzeit benötigt. Ein "lumped mechanism" für Kohlenwasserstoffe wurde von Friedlander und Seinfeld (1969) entwickelt.

Die zweite Möglichkeit, die Anzahl der zu berechnenden Komponenten zu
verringern, besteht in der Verfolgung eines einzigen Kohlenwasserstof-
fes, der dann Modellcharakter für alle anderen haben sollte. Hier können auch Seitenwege und Zwischenprodukte verfolgt werden, aber die
Frage der Übertragung der Ergebnisse auf andere Kohlenwasserstoffe,
insbesondere auf solche aus anderen Stoffklassen, bleibt offen. Hov
et al (1978) haben ein solches Modell für den Kohlenwasserstoff Butadien berechnet.

Der Anteil der chemischen Umsetzungen in der Atmosphäre am Rechenaufwand für ein Modell ist abhängig von den räumlichen Dimensionen, für
die das Modell gelten soll. Je kleiner der betrachtete Raum ist, umso
weniger beeinflussen chemische Reaktionen die Konzentrationen der Spu-

252

renstoffe, da sich die Aufenthaltszeit eines Luftpaketes im betrachteten Raum verkürzt.

Zitate

Carmichael GR, Peters LK (1981) Application of the Mixing-Reaction in Series Model to NO_x-O_3 Plume Chemistry. Atm. Environm. 15, 1069-1074

Bottenheim JW, Strausz OP (1982) Modelling Study of a Chemically Reactive Power Plant Plume. Atm. Environm. 16, 85-97

Drivas P, Chan M, Wayne L (1977) Validation of an Improved Photochemical Air Quality Simulation Model. Proc. 4. Symp. Atmospheric Turbulence, Diffusion and Air Quality, AMS, Boston

Eschenroeder A, Martinez J (1971) Concepts and Application of Photochemical Models. Techn. Mem. 1516, GRC, Santa Barbara

Friedlander SK, Seinfeld JM (1969) A Dynamic Model of Photochemical Smog. Env. Sci. Techn. 3: 1175-1181

Graedel TE, Farrow LA, Weber TA (1978) Urban Kinetical Chemical Calculations with Altered Source Conditions. Atm. Environm. 12, 1403-1412

Hanna SR (1973) A Simple Dispersion Model for the Analysis of Chemically Reactive Pollutants. Atm. Environm. 7: 803-817

Hov Ø, Isaksen ISA, Hesstvedt E (1978) Diurnal Variations of Ozone and Other Pollutants. Atm. Environm. 12: 2469-2475

Lusis MA (1976) Mathematical Modelling of Chemical Reactions in a Plume. Proc. 7th Internat. NATO/CCMS Technical Meeting on Air Pollution Modelling and its Application, Airlie, Virginia 7.-10. Sept., pp. 831-855

Lusis MA, Phillips CR (1977) The Oxidation of SO_2 to Sulfates in Dispersing Plumes. Atm. Environm. 11, 239-241

MacCracken M, Wuebbles D, Walton J, Duewer W, Grant K (1978) The
   Livermore Regional Air Quality Model: Concept and Development.
   J. Appl. Met. 17: 254-272

Nieboer H, v.d. Eikhoff J, Wittebrood L (1978) An Accuracy Evaluation
   of a Simple Air Quality Simulation Model. In: Photochemical Smogfor-
   mation in the Netherlands. TNO

Reynolds S, Roth P, Seinfeld J (1973) Mathematical Modelling of Photochemical Air Pollution. Atm. Environm. 7: 1033-1061

Sachwörterverzeichnis

Austauschkoeffizient s. Diffusionskoeffizient
Auswaschen s. Below Cloud Scavenging
Auswaschrate   210
Azetylen s. Ethin
Azidität des Regens   70

B

Benzine   6
Benzol   6, 72
Blei   139, 147, 167
Box-Modell   248
Bromatome   50
Bromid   159
Butadien   6
Butan(n-)   6, 33, 71, 72, 73
Buten   6

C

Cadmium   139, 147
Calcium   139, 153, 159, 161, 162, 164, 167
Carbonat   153
Chlor-Atome   50, 84, 85
Chlorfluormethane s. Fluor-Chlor-Kohlenwasserstoffe
Chlorid   143, 144, 145, 153, 159, 162, 164, 167
Chlornitrat   84, 85, 86
Chlorzyklus, stratosphärischer   84
CH_3O 53, 63
CH_3O_2 49, 54, 63
Chrom   115, 139, 155
Clapeyron-Gleichung   119
CO   3, 4, 5, 16, 17, 18, 19, 49
COS   17
CS_2 3, 4, 5, 17

D

Datensammlungen   43
Deposition   1, 129 ff
Deposition, feuchte   1, 67, 69, 129 ff, 166, 210 ff
   -, nasse s. feuchte D.

258

J

Johannesburger Kurve   106
Junge-Verteilung   215, 216, 217

K

Kalium   139, 153, 159, 162, 167
Kaskadenimpaktor   100
Katalysatoren   115, 116, 133, 155
Kernbildung   122 ff, 211
Ketone   7, 61, 70
Koagulation   120, 121, 222, 227
Koagulationsfunktion   222, 224, 225
Kobalt   139
Köhler-Gleichungen   212
Kohlenwasserstoffe   17, 43, 50, 67, 68, 70, 154, 156
Kohlenstoff   155
Kohlenstoffdioxid   17, 19, 90, 157
Kolloide   92
Kondensation   132, 211
Kondensationskerne   95, 116, 118, 119, 121, 130, 211, 214
Konvektion   170, 171, 180
    -, erzwungene   206
    -, freie   206
Konzentrationsprofil, vertikales   183, 196, 198
Koronaentladung   104
Kupfer   115, 139, 155

L

LAMMA   108, 110
Lebensdauer   13, 50, 69, 71, 72, 129
Leitfähigkeit (Ionen)   159
Löschreaktion   39, 60
London-Smog   180
Los Angeles Smog s. Photochemischer Smog
Lumped models   74, 251

M

Magnesium   139, 153, 159, 162, 167
Mangan   115, 116, 133, 139, 148, 155

-, katalytische   116, 133, 155

-, monomolekulare   37

-, photochemische   38, 39

-, Redox   154, 166

-, trimolekulare   30, 35, 36

Reaktionsgeschwindigkeit   31, 32, 36, 39, 51

Reaktionsgeschwindigkeitskonstante s. Geschwindigkeitskonstante

Reaktionsmechanismus   42

Reaktionswahrscheinlichkeit   32, 33, 35

Regen   132, 157

-, saurer   67, 69, 133, 134, 140, 157

-, Niesel   140

Regentropfen   132

Reibungsgeschwindigkeit s. Schubspannungsgeschwindigkeit

Reibungsschicht   170

Relaxationskoeffizient   228

Relaxationszeit   92

Reynolds-Analogie   198

Reynoldszahl   98, 197

Richardson-Zahl   205, 206, 208

RO_2 49, 67, 155

Röntgendiffraktion   108

Röntgenfluoreszenzanalyse   108

<u>S</u>

Sättigungsdampfdruck (Tropfen)   212, 213, 215, 216

Sauerstoff, molekularer   77, 133, 154, 155

-, O_2 ($^1\Delta$)   53, 56

Sauerstoffatom   33, 41, 44, 48, 53, 56, 63, 83

-, O (^{1}D)   41, 42, 48, 50, 56, 80

Scavenging   131, 210

-, below cloud   131, 132, 134, 166, 221, 226

-, in cloud   131, 210 ff, 221

Scavenging-Koeffizient   131, 132, 210, 225

Sedimentation   92, 98, 148

Seesalz   143, 153, 161, 163, 164, 167

Schichtung, isotherme   175

-, labile (instabile)   175, 176, 177, 195

-, neutrale (indifferente)   175, 177, 195

-, stabile   175, 176, 177, 195

262

Schmidt-Zahl   197

Schnee   157

Schubspannungsgeschwindigkeit   181, 196

Schwermetalle   9, 139, 147, 162

SF_6 17

SO_2 3, 4, 5, 17, 18, 19, 50, 60, 61, 63, 64, 65, 116, 133, 134, 142, 155, 201

SO_3 61

Sonnenlicht   33, 39

  - spektrum   40, 41, 47, 66, 77, 78

Sperrschicht   170, 176, 180

Stabilität s. Schichtung

Stabilitätsfunktion   185, 205

Stabilitätsklasse   186

Stanton-Zahl   197

Staub (s. auch Aerosole)   3, 4, 5, 8, 18, 92, 161

  - niederschlag   113, 114

Steady state   43, 44

Stokes'sche Formel   98

Stokes-Zahl   100, 101

Stoßkomplex   34

Stoßkonstante   33

Stoßtheorie   29, 32

Stratosphäre   11, 77, 78, 79

Streuungen   181

Streulichtintensität   96, 97

Sulfat   19, 61, 70, 116, 133, 142, 143, 144, 145, 153, 154, 159, 162, 164, 167

<u>T</u>

Temperatur, potentielle   177, 196

Temperaturgradient   175

Temperaturprofil, vertikales   182 ff, 198

Temperaturschichtung   175

Thermalgeschwindigkeit   92

Thermalpräzipitator   103

Thermophorese   92, 103, 222

Titan   115, 155

Toluol   6, 72

Trajektorie   167